NOMURA

野村證券㈱ フード＆アグリビジネス・コンサルティング部［編］

佐藤光泰・石井佑基［著］

フード＆アグリテックの
グローバル・ユニコーン

脱炭素社会で躍進するサステナブルなビジネスモデル

同文舘出版

※本文中に「太字」で表記された企業は、本書で見開きの事例として取り上げている企業である。

※本書では、特に説明のない限りは、ドルはUSドルを示す。

※特に注記がない場合は、各社の記載情報は2024年10月1日時点の情報である。

はじめに

　前著「2030年のフード＆アグリテック」を出版したのは、2020年3月末であった。国内の事業会社や金融機関、投資会社、官公庁、大学などの関係者から多くの反響をいただいた他、海外の投資ファンドや事業会社、出版社からの問い合わせも多かった。フード＆アグリテックへの関心の高さは、筆者の想定を超えるものであった。

　それから4年半が経過した。この間、グローバル経済や社会に影響を与える出来事が立て続けに発生し、フード＆アグリテックを取り巻くグローバル経営環境も大きく変化した。

　まず、2020年以降の新型コロナウイルス（COVID-19）感染症の拡大である。コロナ禍では働き方や日常生活の新しいスタイルが定着し、消費者向けでは、Uber Eats（米国、以下全て同じ）やInstacartなどのフード・デリバリーサービスの他、Misfits MarketやGrubMarketなどの生鮮ECサービスを提供する新興・スタートアップ企業が躍進した。また、実需者（企業）向けでは、サプライチェーンの脆弱性も浮き彫りとなった。世界最大の食肉メーカーであるTyson Foodsの食肉施設が、数百人規模の従業員のコロナ感染により稼働を停止し、食肉のグローバル・サプライチェーンに大きな混乱を来たしたのは記憶に新しい。持続可能な食肉流通を補完する1つの手段として、Beyond MeatやImpossible Foodsなどの代替肉の普及が加速した。

　2020年以降の新型コロナウイルスは、消費者や企業の「マインドセット」を改め、新しい技術やサービスを受け入れる風土の醸成に寄与した。総じて、フード＆アグリテック・スタートアップ企業にとっては追い風となった。

　しかし、2022年半ば以降、経営環境は「180度」転換した。主に、世界的な物価高と金融緩和政策の転換、米国による上場スキームの規制強化が影響した。まず、ロシアによるウクライナ侵攻の長期化による世界的な資源高は、スタートアップ企業の損益分岐点を高め、各社は収益計画の見直しを迫られた。また、各国による金融政策の歴史的な転換（金融引き締め）に伴う金利の急激な上昇と流動性の縮小は、「流動性相場」の終焉とともに世界の新興市場の混乱を誘発し、投資家心理を冷え込ませた。同時に、世界のスタートアップ投資

i

額のおよそ半分を占める米国において、金融投資家の主要な投資回収手法の1つであった特別買収目的会社（SPAC）上場の道が、2022年5月の米国証券取引委員会（SEC）による規制強化で困難になったことも、投資抑制の引き金となった。

　実際、2022年を境に、スタートアップ企業の資金調達環境は大幅に悪化した。それまでは、各国の金融緩和策による世界的な「カネ余り」を背景に、国連の「持続可能な開発目標（SDGs）」の採択（2015年）も相まって投資テーマが多様化し、スタートアップ企業の資金調達は増加の一途を辿っていた。米国CB Insightsによると、世界のスタートアップ企業による資金調達額は2021年に前年比2倍強の約6,500億ドルに達した。

　しかし、2022年第1四半期の同調達額は前四半期比で7四半期ぶりのマイナスとなり、その後は断続的に調達額が前四半期比で減少し、2023年第4四半期は528億ドルと、直近のピークであった2021年第4四半期から実に7割減少した。2024年第1四半期の同調達額は、前四半期比11％プラスの584億ドルと復調の兆しを見せはじめたものの、その金額は依然として、スタートアップ企業への投資が急増した直前の2019年の水準に留まる。

　2022年以降、投資会社によるスタートアップ投資の視点は本質的に見直されており、カネ余りを背景とする流動性相場の局面に戻ることは当面ないものと考える。すなわち、スタートアップ各社の技術や製品、サービスを軸に「成

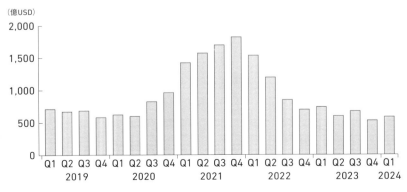

スタートアップ企業のグローバル資金調達額推移

出所：CB Insights「State of Venture Q1'24 Report」などより、野村證券フード＆アグリビジネス・コンサルティング部作成

長ストーリー」を語る局面から、「収益化(黒字化)」を語る局面へと潮目が変化した。グローバルでスタートアップ各社の「生き残り戦略」がはじまっている。

その一方、フード&アグリ産業のグローバル社会課題は山積している。まず、川上(アップストリーム)に目を向けると、世界の食料需要は増加するものの、農地の減少、気候変動などから食料供給が不安視されている。1960-70年代の世界的な食料危機の際には、「緑の革命」と呼ばれる品種改良や化学肥料、灌漑などの農業技術の革新で乗り切ったが、脱炭素社会へ移行しつつある最中、環境・資源制約などの観点からも化学肥料や水を大量に投下できる時代ではない。当然、食料危機は、国家間のフードセキュリティと途上国における飢餓蔓延などの甚大な社会問題を巻き起こす。

また、川下(ダウンストリーム)に目を向けても、コロナ禍で露呈した分断

フード&アグリ産業の社会課題とフード&アグリテック分野(ソリューション・テーマ)

出所:野村證券フード&アグリビジネス・コンサルティング部

的な生鮮流通のサプライチェーン、産地から消費地に輸送する際のフードマイレージ（食料の輸送における環境負荷を数値化した指標）、そして世界の食料生産量の約3分の1が廃棄されているフードロスの課題などがある。

　換言すると、フード＆アグリ産業は「食料供給の持続的拡大」と「脱炭素社会に向けた持続可能な事業モデルへの再構築」の両立を迫られている。そのソリューションの柱として期待されているのがフード＆アグリテックである。フード＆アグリテック分野（ソリューション・テーマ）は多岐にわたるが、筆者は、2030年代にかけて市場成長を予想するセクターとして、（1）サステナブル代替食品、（2）サステナブル代替資材、（3）植物工場、（4）先端養殖ファーム・プラットフォーム、（5）農業デジタルプラットフォーム ―の5つのセクターに注目している。

　本書では、このようなフード＆アグリテックのグローバル環境と注目セクターを踏まえ、まず、脱炭素社会で構造的に変化するフード＆アグリ産業の経営環境を述べる（第1章・第2章）。2022年以降、ニュージーランド政府による世界初の「家畜げっぷ課税」計画やオランダ政府の「窒素排出量規制」計画、EUの「フードマイレージ課税」計画など、各国政府のフード＆アグリ産業における脱炭素への取り組みが活発になりはじめた。また、エシカル消費が拡大し

フード＆アグリ産業を取り巻くグローバル事業環境と市場展望、本書の全体構成

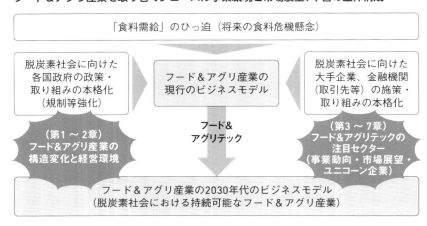

出所：野村證券フード＆アグリビジネス・コンサルティング部

つつある最中、流通企業を中心に脱炭素の取り組みも増進し、消費者や取引先からの要請として、脱炭素の各種施策がフード＆アグリ産業に浸透しつつある。そのため、脱炭素社会は、フード＆アグリ産業の現行のビジネスモデルを構造的に変化させる可能性がある。それと同時に、カーボンクレジット関連をはじめとする新たなビジネスの芽も生まれつつある。

次に、フード＆アグリ産業のグローバル社会課題にチャレンジし、2030年代の脱炭素社会で躍進するフード＆アグリテックの5つの注目セクターを紹介する（第3章〜第7章）。各章では個別セクターの概要とグローバル事業動向を述べた後、グローバルベースでの市場規模予測を中心とする市場展望を行う。各章の最後に、筆者が現地で取材した、脱炭素社会を見据えたビジネスモデルで先行するフード＆アグリテックのグローバル・ユニコーン企業（5つのセクターで合計70社）を紹介する。

本書における「ユニコーン企業」は、世間一般にいわれている定義（設立10年以内＆時価総額10億ドル以上）ではなく、筆者による独自定義（基準）を設けた。まず、前提として、基本的に設立時期は問わない。そのうえで、定性基準と定量基準の2つがある。定性基準は、フード＆アグリ産業のグローバル社会課題の解決に資する優れた技術や製品、サービス、そして経営者が確固たる事業ビジョンを有しているかどうかである。

定量基準は、それらの開発やローンチ、事業展開、ビジョン実現に向けて、第三者から成長資金を調達している（未上場）スタートアップ企業かどうかである。もちろん、外部から資金を調達していない企業の中にも優れた未上場企

本書における「ユニコーン企業」の独自定義と3区分

	本書呼称	本書定義	
		定性基準	定量基準（一部定性含む）
1	Unicorn企業	フード＆アグリ産業のグローバル社会課題の解決に資する優れた技術や製品、サービス、そして経営者が確固たる事業ビジョンを有していること	累計資金調達額2億ドル以上
2	Next Unicorn企業		累計資金調達額1億ドル以上、2億ドル未満
3	Future Unicorn企業		累計資金調達額1億ドル未満（5年内にUnicorn／Next Unicorn企業になる可能性のある企業）

出所：野村證券フード＆アグリビジネス・コンサルティング部

業は存在する。一方で資金調達の多寡は、金融投資家や事業会社などの第三者によるビジネスモデルと成長性を評価する重要なモノサシの1つである。そのため、資金調達額が大きなグローバル・スタートアップ企業の取り組みを分析することは、フード＆アグリ産業の潮流を把握し今後の市場を展望する際に大いに役立つ。

　そのような基準で、累計資金調達額をベースに、本書ではユニコーン企業を1. Unicorn企業（累計資金調達額2億ドル以上）、2. Next Unicorn企業（同1億ドル以上、2億ドル未満）、3. Future Unicorn企業（同1億ドル未満だが、5年以内にUnicorn企業もしくはNext Unicorn企業になる可能性のある企業）の3つに区分した。

　2020年以降、フード＆アグリテックの技術や製品、サービスは日進月歩で進化している。2010年代後半に「夢の技術」といわれていた培養肉が、2020年末のシンガポールを皮切りに、既に3カ国で流通している点や、2020年に設立されたスタートアップ企業がわずか3年で精密発酵ミルクを米国で流通させている点などはその象徴であろう。

　本書の内容が、フード＆アグリ産業に携わる関係者はもちろん、サステナビリティ分野で新規ビジネスを模索している企業の皆さまに、少しでもお役に立てれば幸いである。

　最後に、この場を借りて、本書の訪問取材にご協力いただいたグローバル・ユニコーン企業70社の皆さまに心より御礼を申し上げる。また、前著に続いて、出版の労を取って頂いた同文舘出版の青柳裕之様と大関温子様に深謝する。

2024年11月

野村證券株式会社

フード＆アグリビジネス・コンサルティング部

エグゼクティブ・ディレクター　佐藤　光泰

フード＆アグリテックのグローバル・ユニコーン ● 目次

はじめに　i

第1章　持続可能社会が促す　フード＆アグリ産業の構造変化

1 フード＆アグリ産業がもたらす地球環境への影響 —————— 2
- （1）農林水産業は環境負荷が大きい産業　2
- （2）緑の革命による人口爆発と成長の限界　4
- （3）生物多様性の喪失に大きな影響を与えた近代農業　5

2 エシカル消費行動の拡大によるフード＆アグリ産業の変化 —————— 6
- （1）エシカル消費とは　6
- （2）持続可能な17の開発目標　7
- （3）動物愛護の広まりと肉食の忌避　7

3 フード＆アグリ産業が直面する社会課題と持続可能性 —————— 8
- （1）フード＆アグリ産業の社会課題　8
- （2）フード＆アグリ産業と持続可能性　9

4 持続可能な社会を推進するフード＆アグリ産業のグローバル政策動向 —— 11
- （1）脱炭素と生物多様性保全に関する国際動向　11
- （2）主要国の脱炭素・生物多様性保全政策の概要　13
- （3）農業生産のパラダイムシフト〜土地利用効率から持続可能性へ〜　15

5 脱炭素社会におけるフード＆アグリ産業の役割 —————— 15
- （1）フード＆アグリ産業と炭素貯留源　15
- （2）カーボンファーミングの概要　17
- （3）ブルーカーボンの概要　17

6 「カーボンクレジット」がもたらすフード＆アグリ産業の変化 —————— 18
- （1）カーボンクレジットの概要　18
- （2）カーボンクレジットの市場動向　20

vii

（3）カーボンクレジットの市場展望　21

（4）カーボンニュートラルと生物多様性保全の投資展望　22

第2章 持続可能社会における フード＆アグリ産業の経営環境

1 フード＆アグリ産業のグローバル社会課題と技術革新 —————— 26

（1）グローバル社会課題とフード＆アグリテックの注目セクター　26

（2）カーボンクレジット規制の厳格化とイノベーション　28

2 カーボンクレジットの浸透で重要性が増す農畜産業 —————— 29

（1）カーボンファーミングで強化される農業の存在意義　29

3 メタン排出規制で業界構造が変わる酪農・畜産分野 —————— 32

（1）予想される畜産業の構造変化　32

（2）酪農・畜産分野の脱炭素手法　33

（3）酪農・畜産分野における持続可能な脱炭素ソリューションの考え方　35

（4）酪農・畜産分野における脱炭素を推し進める際の課題　35

4 ブルーカーボンで生まれ変わる水産業分野 —————— 37

（1）ブルーカーボンの経済効果　37

（2）ブルーカーボンの展望　38

（3）ブルーカーボン推進の重要性　39

（4）ブルーカーボンの推進動向　39

（5）ブルーカーボンと陸上養殖（RAS）　40

（6）ブルーカーボンと天然水産資源の管理・維持　41

5 急速に発展する精密発酵と合成生物学による飲食品製造 —————— 42

6 エシカル表示で調達モデルが刷新される食品・流通業界 —————— 43

（1）嗜好品で先行するエシカル表示　43

（2）エコロジカル・フットプリントを削減するサプライチェーンへの移行　44

（3）ヴィーガンとフレキシタリアン人口の拡大　44

第**3**章 サステナブル代替食品（代替タンパク）
——温室効果ガスの削減や動物福祉の課題に挑む フードテック最注目のセクター

1 概要 ——————————————————————————— 46

2 代替ミルク・乳製品のグローバル事業動向 ——————————— 49
- （1）植物ミルク・乳製品　49
- （2）精密発酵ミルク・乳製品　52

3 代替肉のグローバル事業動向 ————————————————— 55
- （1）植物肉　55
- （2）培養肉　66
- （3）発酵肉（精密・バイオマス発酵肉）　74

4 代替シーフードのグローバル事業動向 ——————————————— 79
- （1）植物性シーフード　79
- （2）培養シーフード　86

5 代替卵のグローバル事業動向 ————————————————— 91
- （1）植物卵製品　91
- （2）精密発酵卵製品　93

6 その他代替食品のグローバル事業動向 ——————————————— 95
- （1）その他植物製品　95
- （2）その他培養・精密発酵製品　99

7 グローバル市場展望 ————————————————————— 102
- （1）代替ミルク・乳製品　105
- （2）代替肉　108
- （3）代替シーフード　112
- （4）代替卵　115
- （5）その他代替食品　119

8 グローバル・ユニコーン企業 ———————————— 120

サステナブル代替食品のグローバル・ユニコーン企業リスト 121

- (1) 代替ミルク・乳製品

  Perfect Day 122　　The Not Company 124　　Re-Milk 126

  TurtleTree Labs 128　　Imagindairy 130　　Better Dairy 132

  Biomilq 134

- (2) 代替肉

  UPSIDE Foods 136　　Sustainable Bioproducts（Nature's Fynd）138

  Believer Meats 140　　Emergy（Meati Foods）142

  Redefine Meat 144　　Planted Foods 146

  Mosa Meat 148　　Next Gen Foods 150　　V2food 152

  Aleph Farms 154　　Meatable 156

  Ivy Farm Technologies 158　　SuperMeat The Essence of Meat 160

  Green Monday Holdings 162　　Orbillion Bio 164

- (3) 代替シーフード

  Wildtype 166　　Finless Foods 168　　Shiok Meats 170

- (4) 代替卵

  Eat Just 172　　The EVERY Company 174

- (5) その他代替食品

  MycoTechnology 176　　Wicked Foods 178　　Geltor 180

  MeliBio 182

第4章 サステナブル代替資材
——農畜水産業のエコロジカル・フットプリントの
削減に挑むアグリテック最注目のセクター

1 概要 ———————————————————————— 186

2 グローバル事業動向 ———————————————— 191

- (1) 代替化学農薬 191
- (2) 代替化学肥料 194
- (3) 代替種苗（ゲノム編集種苗）196
- (4) 代替香料・甘味料 199
- (5) 代替皮革（マッシュルームレザー）201
- (6) 代替梱包・内装材（キノコ由来製品）203

（7）代替飼料（昆虫・SCP飼料） 205

3 グローバル市場展望 ———————————————————— 207
（1）代替化学農薬 207
（2）代替化学肥料 209
（3）代替種苗（ゲノム編集種苗） 211
（4）代替香料・甘味料 214
（5）代替皮革（マッシュルームレザー） 215
（6）代替梱包・内装材（キノコ由来製品） 216
（7）代替飼料（昆虫・SCP飼料） 217

4 グローバル・ユニコーン企業 ———————————————— 219
サステナブル代替資材のグローバル・ユニコーン企業リスト 219
（1）代替化学農薬
AgBiome 222
（2）代替化学肥料
Indigo Ag 224
（3）代替種苗（ゲノム編集種苗）
Inari Agriculture 226　　Pairwise Plants 228
（4）代替香料・甘味料
Manus Bio 230　　Conagen 232
（5）代替皮革（マッシュルームレザー）・（6）代替梱包・内装材（キノコ由来製品）
Newlight Technologies 234　　Ecovative 236
Mycotech Lab 238
（7）代替飼料（昆虫・SCP飼料）
Ÿnsect 240　　InnovaFeed 242　　Calysta 244
NTG Holdings（Nutrition Technologies） 246
Oakbio（NovoNutrients） 248

第5章

植物工場
──デジタル・ロボット技術を駆使した
「農業の工業化」で、気候変動やフードロス・
マイレージ削減等の社会課題に挑む
アグリテックの象徴セクター

1 概要 ——————————————————————————— 252

2 グローバル事業動向 ———————————————————— 252

3 グローバル市場展望 ———————————————————— 265

4 グローバル・ユニコーン企業 ——————————————— 276
植物工場のグローバル・ユニコーン企業リスト 277
植物工場
Plenty 278   Bowery Farming 280
Soli Organic 282   Dream Greens（AeroFarms） 284
80 Acres Urban Agriculture（80 Acres Farms） 286
Oishii Farm 288   Freight Farms 290
施設園芸
Gotham Greens Farms 292

第6章

先端養殖ファーム・プラットフォーム
──デジタル技術を駆使した「水産業の工業化」
で、海洋汚染防止や生物多様性保全、
気候変動抑制などの社会課題に挑む
フィッシュテック・セクター

1 概要 ——————————————————————————— 296
（1）水産物のグローバル需給 296
（2）水産養殖のグローバル生産量 297
（3）水産養殖のグローバル課題 298

（4）水産養殖の有望テーマ　298

（5）先端養殖の注目サブセクター　299

2 グローバル事業動向 ────────────────────── 299

（1）陸上養殖（RAS）　299

（2）養殖管理システム　301

（3）外洋養殖　302

3 グローバル市場展望 ────────────────────── 304

4 グローバル・ユニコーン企業 ────────────────── 306

先端養殖ファーム・プラットフォームのグローバル・ユニコーン企業リスト　306

（1）陸上養殖（RAS）

Premium Svenk Lax（RE:OCEAN）　308　　InnovaSea Systems　310

（2）養殖管理システム

PT Multidaya Teknologi（eFishery）　312

Coastal Aquaculture Research Institute（Aquaconnect）　314

第7章 農業デジタルプラットフォーム
── ロボット＆デジタル技術を駆使したスマート農業とサステナブル流通で、農業生産の省力化＆生鮮流通のフードロス削減等の社会課題に挑むフード＆アグリテックのコア・セクター

1 概要 ──────────────────────────── 318

2 グローバル事業動向 ────────────────────── 321

（1）自律型農業ロボット　321

（2）農業生産プラットフォーム　330

（3）生鮮流通プラットフォーム　338

3 グローバル市場展望 ────────────────────── 349

（1）自律型農業ロボット　350

（2）農業生産プラットフォーム　353

xiii

（3）生鮮流通プラットフォーム　355

4 グローバル・ユニコーン企業 ——————————— 357

農業デジタルプラットフォームのグローバル・ユニコーン企業リスト　357

（1）自律型農業ロボット

Guangzhou Jifei Technology（XAG）　358

Beewise Technologies　360　　Blue White Robotics　362

FarmWise Labs　364　　Tevel Aerobotics Technologies　366

（2）農業生産プラットフォーム

Farmer's Business Network　368　　Greenlabs　370

Green Agrevolution（DeHaat）　372

（3）生鮮流通プラットフォーム

Weee!　374　　Misfits Market　376　　GrubMarket　378

Delightful Gourmet（Licious）　380　　63Ideas Infolabs（Ninjacart）　382

おわりに —グローバルスタートアップ企業の今後の経営シナリオと
日本企業のビジネス戦略—　　385

（1）持続成長シナリオ　387

（2）「ダウンラウンド」による持続成長シナリオ　388

（3）事業構造再構築による「再」成長シナリオ　388

（4）大手企業傘下入りによる持続成長シナリオ　389

第1章

持続可能社会が促す
フード＆アグリ産業の
構造変化

1 フード&アグリ産業がもたらす地球環境への影響

(1) 農林水産業は環境負荷が大きい産業[1]

　農業はほとんどの人が自然との調和というイメージを持つが、実態は環境負荷が極めて大きな産業である。それは主に、森林・草原・湿原の開発、温室効果ガス（GHG）排出、水資源の消費、土壌劣化からなる。

　有史以来、人類は森林の3分の1、草原の3分の2を農地として開拓してきた。結果として、地球上の陸地の46%が農業及び放牧などの畜産に利用されている。さらに、転用された農地でも土壌流出や窒素肥料・農薬の過剰使用など、農業の環境破壊はグローバルに及び、その影響は深刻化しつつある。参考までに、生存可能陸地のうち市街地は僅か1%で、他の多くを第一次産業が占める（**図表1-1**）。

図表1-1　地球上の陸地（砂漠・氷河除く）の利用割合の変化

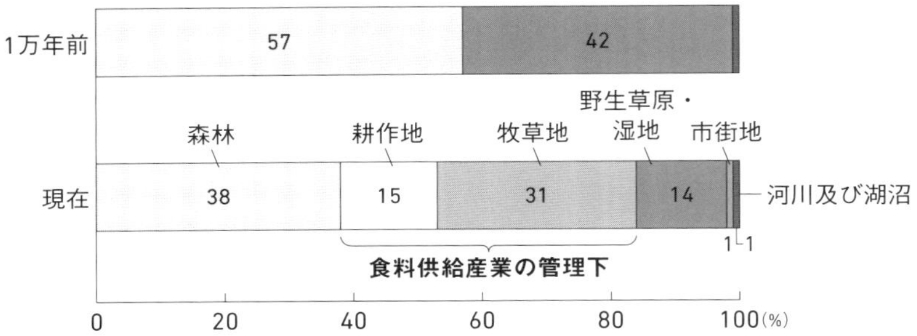

	森林	耕作地	牧草地	野生草原・湿地	市街地	河川及び湖沼
1万年前	57		42			
現在	38	15	31	14	1	1

食料供給産業の管理下

出所：「History Database of the Global Environment」、FAO STATの図に、野村證券フード＆アグリビジネス・コンサルティング部加筆

　農業は水の消費量も多く、世界の水資源利用量の約72%が農業用水で、工業用水の約15%を大きく上回る（**図表1-2**）。河川や湖沼が多い日本は一見すると水資源が豊かに見えるが、1人当たりの水資源量は世界91位で、決して多くはない。日本では大量の穀物を輸入することで水不足を補っているという側

---

1) フード＆アグリ産業は、農業生産から加工、流通までのサプライチェーン全体を指すが、本章では圧倒的に環境負荷が大きい農業生産分野を中心に述べる。

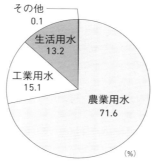

図表1-2 世界の水資源利用割合（2021年）

総計3兆9,900㎥/年

- その他 0.1
- 生活用水 13.2
- 工業用水 15.1
- 農業用水 71.6

(%)

出所：FAO AQUASTATより野村證券フード＆アグリビジネス・コンサルティング部作成

面がある。日本が穀物として輸入する水の割合は、日本人が利用する水の約5割に達する。このように何かの形に姿を変えた水を「仮想水（バーチャルウォーター）」という。

なお、「化石水」という持続不可能な水資源を利用する農業も存在する。化石水とは太古の昔に地層に閉じ込められた地下水の一部で、化石燃料と同じように有限な資源である。化石水に依存した農業は持続的ではなく、環境負荷も大きい。

GHGに注目すると、農業及びその他土地利用[2]によって発生するGHGは全排出量の24％に及ぶ（**図表1-3**）。また、牛などの反芻動物のげっぷから出るメタン、糞尿処理過程で発生する一酸化二窒素とメタンで全排出量の50％を農業分野が占める。さらに、家畜糞尿は地下水などの窒素汚染の元凶ともなり、特に欧州では規制強化が進むなど、畜産業の持続可能性の低さが近年問題視されている。

また、家畜飼料に使用される穀物は世界の穀物生産量の約4割に及び、現代農業は家畜を肥育するために行っているのが現状である。食肉の安定供給は人類の栄養状況の改善に大きく貢献した一方で、大きな環境負荷が指摘されてい

---

[2] 生存可能陸地の1％を占める市街地以外の人工管理下にある土地（耕作地、牧草地、人工林等）を指す。生存可能陸地の46％以上を占める。

図表1-3　世界の温室効果ガス排出割合

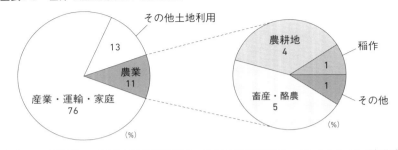

出所：IPCC報告書、FAOSTATより野村證券フード＆アグリビジネス・コンサルティング部作成

る。ちなみに、農耕開始以来、土壌から排出された二酸化炭素量は4,500億tと見積もられており、これは1850年以降の化石燃料燃焼によって排出した二酸化炭素量2,700億tを大きく上回る。

（2）緑の革命による人口爆発と成長の限界

　人類の人口は長らく5億人程度で推移していたが、欧州で産業革命が起こり、医療や栄養環境が劇的に向上すると、それまで主な死因であった感染症と飢餓が激減した。さらに、緑の革命や遺伝子組換え作物による農業生産性の劇的な改善は人類の人口増加に貢献し、20世紀初頭に人口は20億人を突破、21世紀に入ると60億人を超えた。

　しかし、もともと地球の生態系は太陽エネルギーを源にした食物連鎖で成り立っており、利用できるエネルギーの上限は決まっている。人間が使うエネルギーは桁外れに多く、1人当たりではゾウの基礎代謝に匹敵する。世界中の人が日本人と同じ生活を行う場合、地球の環境収容力（持続可能な人口水準）は30億人と試算されている[3]。少なくとも現在は持続可能な水準を大きく上回っており、これを支えているのは品種改良や化学肥料・農薬といった近代農業技術である。

---

3)　環境省「平成30年版環境白書」。2023年の世界のエコロジカル・フットプリントベースでは47億人で、人類は地球1.7個分の資源を消費している。

一方、環境影響もまた無視できないレベルになっている。環境負荷の低減と食料増産を両立する技術革新がなければ、人類の生存も難しくなりはじめている。

（3）生物多様性の喪失に大きな影響を与えた近代農業

現代農業は化石燃料、化学肥料・農薬の投入によって成り立っているが、同時に農地の劣化も課題となっている。

耕作面積の推移をグローバルで見ると、過去50年間にわたって収穫面積は増加していない。熱帯雨林を切り開いて大規模な大豆、パームヤシ農園、放牧場などを運営する近代的な大規模農業の場合、森林破壊だけでなく、農地劣化や放棄など持続可能とはいえない手法で管理されている。放棄された後は生態系の回復に重要な問題があり、砂漠化を促進する点が問題視されている。

一方、環境破壊と誤解される伝統的な「焼き畑農業」は、こうした熱帯雨林乱開発とは全く異なる循環型農業である。これは長い年月をかけて地域の自然

図表1-4　持続可能な焼き畑農業例（タイ王国メーホンソーン県の焼き畑）

熱帯地域での伝統的な持続的農業：焼き畑農業の例

耕作中（焼き払い後）　　　　　　休耕中（山林への回復）

焼き畑農業の特徴
① 山林を焼き払い、灰を肥料にする
② 灰の肥料分がなくなれば放棄
③ 放棄された畑は草原を経て山林に戻る
④ ①～③を繰り返す循環型農業

環境への影響
① 焼き払いで生態系はリセットされる
② ①が適度なかく乱となり、原生林とは異なる生物相が形成される
③ 化学肥料を使わないので土壌汚染が少ない
④ 結果的に生物多様性の保全に役立つ

出所：野村證券フード＆アグリビジネス・コンサルティング部

と調和してきた先住民の伝統的な農業であり、こうした適度なかく乱は、草原地に生息する生態系の維持や若い森林に生息する生物相に生活の場を与えるため、結果的に生物多様性の保全に貢献している（**図表1-4**）。

　このように、ブラジルやスマトラ島で行われている熱帯雨林の大規模なプランテーション化と熱帯地域で伝統的に行われている無肥料の循環型焼き畑農業は、どちらも環境破壊と誤認されがちである。しかし、環境問題を考える際は、その行為が近代社会以前から続く循環可能な営みであるか、近代以降の場合は、投入資源や行為が環境や地域社会に多大な影響を与えていないかなどを総合的に判断して評価する必要がある。

　熱帯雨林破壊として問題視されているのは、山林・土壌炭素ストックの放出と二酸化炭素吸収源の喪失など、多大な環境負荷を与える熱帯雨林の乱開発である。当然、このような乱開発は生物多様性を減少させるため、持続可能とはいえない。現在、熱帯雨林の開墾によって生産された物品は、企業の調達にも影響を与えはじめている。その一例として、フェアトレード品が出回るようになったチョコレートやコーヒーをはじめ、ワシントン条約の付属書Ⅰまたは付属書Ⅱに記載された熱帯木材（マホガニー、ブラジリアンローズウッドなどの高級木）、それを使った家具などの製品、環境保護団体が問題視している熱帯雨林開発地で生産された牛肉、そして、欧州が輸入規制を敷いているパーム油などがある。

2 エシカル消費行動の拡大によるフード&アグリ産業の変化

（1）エシカル消費とは

　エシカル消費とは倫理的消費のことで、開発途上国の支援や動物愛護、環境保全などを意識した消費行動を指す。欧米から徐々に浸透してきており、特に社会課題に関心の高いミレニアム世代の消費行動に影響を与えている。次の項で説明する国連の持続可能な17の開発目標でも、「つくる責任、つかう責任」として盛り込まれている。

　フード&アグリ産業のうち、環境負荷は第一次産業分野に著しく偏っているものの、エシカル消費を意識した調達を行う製造業、流通業も徐々に増加して

きている点には注目したい。環境負荷を考慮する生産者と加工・流通に関係する企業が密接に関わるようになってきている。

(2) 持続可能な17の開発目標

現在の社会が持続不可能との危機感から、国連は持続可能な社会実現のために必要な項目を整理し、2015年に「持続可能な開発のための2030アジェンダ」として全会一致で採択された。この中で触れられている17の開発目標が、「持続可能な開発目標（SDGs）」として、近年、世界の企業経営に広く取り入れられている。

SDGsには、一般的に知られている17の開発目標の他に169のターゲットが定められ、フード＆アグリ産業が関連する部分が非常に多い。具体的には、**図表1-5**の開発目標に、生態系保全や土壌、水資源の保全、さらには遺伝資源（品種など）から生じる利益の公平な配分、児童労働の禁止などが紐付いている。

図表1-5　フード＆アグリ分野と関係が深い持続可能な開発目標

出所：国連広報センター

(3) 動物愛護の広まりと肉食の忌避

環境問題以外では、特に欧州の若い世代を中心に動物愛護の意識が高まっている。植物性タンパク質や培養肉、精密発酵などが注目される背景には、環境に負荷を与えるだけでなく、と殺を伴うプロセスで流通する動物肉を食べたくないという消費者意識の高まりがある。

こうした環境意識や動物愛護の考え方の浸透により、欧州や米国ではベジタ

リアンやヴィーガン人口が増加している。畜産業者や酪農業者の中でも、なるべく家畜にストレスを与えない肥育・飼育を志向する「アニマルウェルフェア（動物福祉）」が浸透するなど、事業者側でも配慮の動きが見られる。特に欧州においては、アニマルウェルフェアへの配慮は畜産・酪農産業で既に標準となりつつある。

　日本でもアニマルウェルフェアが報道される機会が増加している。今後、国内の畜産・酪農産業でも、アニマルウェルフェアの追求が必要になることが予想される。

3 フード＆アグリ産業が直面する社会課題と持続可能性

（1）フード＆アグリ産業の社会課題

　農業生産は自然資本に大きく依存している上に、グローバルで4兆ドルといわれる市場を有する巨大産業でもある。さらに、畜産や水産、食品加工、外食などの産業とともに、巨大なフードサプライチェーンを形成している。このように巨大な産業であるフード＆アグリ産業は、乱開発による土地の劣化や気候

図表1-6　フード＆アグリ産業が抱える社会課題例

課題	詳細
生物多様性保全	• 持続不可能な農地の開拓や過剰農薬による生物多様性の喪失 • 過剰施用肥料による水質汚染、温室効果ガスの排出 • 水産資源の乱獲による枯渇 • 沿岸養殖の拡大による水質汚染や遺伝子汚染
気候変動	• 気候変動による農作物の生長不良が顕在化 • 気候変動による災害の大規模化 • 大規模干ばつや、それに伴う森林火災の頻発 • 畜産生産の拡大による温室効果ガスの排出
水資源の保全	• 化石水や地下水の過剰使用等
飢餓撲滅	• 特に低位開発途上国での栄養状況の改善 • フードロスの解消（先進国：食べ残しと売れ残り、途上国：貯蔵、流通過程での不備） • 欧米諸国は食品廃棄物の再利用が課題

出所：野村證券フード＆アグリビジネス・コンサルティング部

変動による負の影響だけでなく、医療の発展による人口増加、開発途上国を中心とした栄養不足と先進国の栄養過多、プランテーションでの児童労働の横行など、サプライチェーン上に様々な社会課題を抱えている（**図表1-6**）。そのため、近年はサプライチェーンの川下にあたる企業において、川上の環境負荷やフードマイレージ、フードロスのモニタリングや削減要請などの取り組みがはじまっている。

　世界人口が増加を続ける中、食料だけでなく工業原料、バイオ燃料の原料を生産する農業は、気候変動や人口爆発に直面する世界においてリスクであると同時に、変化に対応するビジネスチャンスも内包している。特に重要なキーワードとして、「脱炭素」「炭素貯留」「生態系保全」「水資源管理」を掲げる。

（2）フード&アグリ産業と持続可能性

　フード&アグリ産業の持続可能性を考える中で、まず、持続可能性（サステナブル）の概念について考えてみたい。環境的な持続可能性と考えた場合、1970年代に提唱されたHerman Daly博士（メリーランド大学名誉教授）の以下の3原則が端的に示している。これは脱炭素をはじめとした持続可能社会の根幹にある考え方でもある。

①　再生可能な資源の消費ペースは、その再生ペースを上回ってはならない

②　再生不可能な資源の消費ペースは、それに代わり得る持続可能な再生可能資源が開発されるペースを上回ってはならない

③　汚染の排出量は、環境の吸収能力を上回ってはならない

　①の例として、ウナギなど天然魚の資源量管理が挙げられる。②は代替タンパク質や陸上養殖（RAS）などの持続可能なタンパク源への代替速度と天然水産資源消費量のバランスを指す。③は意外に知られていないものの、水産養殖の残餌などの汚染物排出は、自然界で分解できるレベルに抑えるべきであるという考え方である。現状、①～③については全て、既に持続可能なレベルを大きく逸脱している。

　このように、持続可能性とは非常に広い概念であり、脱炭素はそのうち、気候変動を抑制するための手段の1つに過ぎない。社会や経済は自然資本に立脚

しているという考えのもと、健全な生態系の維持、海洋や土地の浄化、大気汚染の防止、気候変動の抑制などが自然資本保全に該当する。その上で、労働環境の改善、栄養状況の改善、自由と平等などの社会資本が成立し、これらに立脚する存在として、持続可能な経済発展が成り立つという考え方である。

自然資本の説明では、Herman Daly博士のピラミッドが使われる（**図表1-7**）。これは生態系などの自然資本の上に、GDPなどの既存の経済評価部分である人工資本や人的資本、社会資本が存在する考え方である。そのため、自然資本を浪費し続けることは持続的な発展とはならず、自然資本や社会資本、人的資本を保全しつつ経済活動を営むことで、ピラミッドの頂点にある人類全体の「幸福」を高めることができるという。すなわち、「環境対策とビジネスが両立した状態」が持続可能な社会といえる。

図表1-7　Herman Daly博士のピラミッド

出所：Herman Daly博士の各種論文より、野村證券フード＆アグリビジネス・コンサルティング部作成

持続可能な社会の構築は世界的なテーマとなっているが、農業分野ではその実現にイノベーションが欠かせない。こうした社会問題は、裏返せばイノベーションとビジネス（事業化）の可能性があると考えられる。

こうした中、責任ある消費は世界で拡大しつつある。特に森林破壊や土壌劣化、気候変動、生物多様性保全、先住民との衝突、労働問題などが深刻な「パーム油」分野で取り組みが先行している。パーム油では2002年に非営利団体「持続可能なパーム油のための円卓会議（RSPO）」が設立されて、農園から最終製品ができるまでの過程において、持続可能な生産・製造が行われているかの認証が行われている（**図表1-8**）。RSPOには日本企業も多数参加しており、

責任ある原材料の調達に取り組む活動は、フード&アグリ産業において一般化しつつある。

図表1-8　RSPO認証制度

出所：RSPO

　また、欧州議会は2022年12月、森林伐採地で作られた特定の原材料の輸入を規制することで合意し、2023年から2年程度かけて大企業から中小企業へと段階的に適用されることとなった。違反した企業にはEU域内での売上高の最大4％の罰金を科すもので、輸入原料におけるトレーサビリティーのニーズが高まっている。

　規制対象は、熱帯地域や赤道域の森林破壊の原因となるパーム油、牛肉、大豆、コーヒー、ココア、木材、木炭、ゴム、紙であり、これらを原料に用いた用いた革やチョコレート、家具なども含まれる。

　環境規制は欧州が先行する傾向にあり、近年は気候変動が生態系の破壊と密接な関係にあるとの考え方から、徐々に、総合的な対策にシフトしつつある。

4　持続可能な社会を推進するフード&アグリ産業のグローバル政策動向

(1) 脱炭素と生物多様性保全に関する国際動向

　2021年11月、国連気候変動枠組条約の第26回締約国会議（COP26）で「グラスゴー合意」が採択されたが、世界平均気温の上昇を産業革命前に比べて

1.5℃以内に抑える努力を追求することが盛り込まれ話題となった。その合意の中で、特に以下の4点はフード＆アグリ産業に関連する。

① 二酸化炭素排出量を2030年に2010年比で45％削減し2050年にゼロとする。
② メタンを含むGHGを2030年までに削減する。
③ 気候変動への対処及び対応における先住民、地域社会及び市民社会と協力的な行動を緊急に必要とする。
④ 気候変動及び生物多様性の損失を世界全体の危機と考え、自然及び生態系の保護、保全及び回復が気候変動への適応及び緩和のための利益をもたらすに当たり重要な役割を果たす。

このように、先住民や地域社会への配慮、生態系及び生物多様性保全への留意を盛り込んでいる点が特徴的である。この内容は2022年12月に、生物多様性条約の第15回締結国会議（COP15）で採択された「昆明・モントリオール生

図表1-9　昆明・モントリオール生物多様性枠組

出所：環境省

物多様性枠組」でも気候変動と生物多様性保全は密接な関係にあると言及されている。

昆明・モントリオール生物多様性枠組では、陸地と海の30％を保護地、30％を環境保全型の利用サイトとし、保護地と開発地のバッファー地域（OECM）を登録することとしている（30 by 30）（**図表1-9**）。このOECMでは農業などの活動は営むものの、有機農業や低農薬など環境保全に配慮した手法で、生物多様性保全に貢献しつつ利用することが求められる。この点はEUや日本の政策にも反映されている。さらに、実施に際しては地域社会、先住民の生活および利益に配慮すること、気候変動対策による生物多様性への負の影響を最小化し、自然を活用した防災・減災の行動を通じて、その強じん性を増強させるとある。今後は土地を保護地と緩衝地帯、開発地にゾーニングし、低負荷で使用することが求められる。

（2）主要国の脱炭素・生物多様性保全政策の概要

気候変動に関する各国の政策においても、農業や生態系の保全は注力分野となっている。主要国では、全産業及び家計で75〜95％のGHG削減目標（1990年比）となっているが、農業・土地利用分野では30〜50％の削減目標を掲げている国が多い（**図表1-10**）。これはGHGの性質（二酸化炭素とメタン）によるもので、気候変動に対して同等の影響がある水準で目標が設定されている。

具体的対策に目を向けると、次のような項目が掲げられている。例えば、①農業におけるメタン排出の削減、②化学肥料を含む化学物質投入量の削減、③保全牧草地の拡大、④湿地・泥炭地の保護、⑤農地への炭素貯留拡大、⑥森林再生による炭素固定などである。

フード・アグリ分野に関わる地球温暖化対策として、各国に共通しているのは化学肥料投入量の削減や不耕起農業の推進などである。注目に値する国は、米国とフランスであり、両国ともに「カーボンファーミング」の拡大を掲げている。カーボンファーミングは農地から排出される二酸化炭素を減らし、大気中の二酸化炭素を土壌に有機物として固定して土壌炭素量を増加させる手法であり、近年、巨大な二酸化炭素吸収源として注目されている。

また、各国が、畜産業に関わるメタンや一酸化二窒素の削減目標を掲げてい

る点も注目される。さらに、食品廃棄物の削減と再利用を掲げる国が多いことからも明らかなように、意外なことに、食品廃棄物の再利用は進展していない国が多い。この点は堆肥としての再利用体制が確立している日本とは異なる。

林業などを含む土地利用分野では、大きく3つのテーマが見える。1点目は、コンクリートや鉄から木材に切り替えていくというものである。鉄やコンクリートはGHG排出が大きい建材だが、これを吸収源である木材に切り替えることで環境負荷を減らすというものである。

2点目は、森林転用（開発）の抑制と管理されていない森林の管理適切化である。適切な施業により、炭素固定量を拡大させることを目的としている。

3点目は、湿地や草原の保全である。湿地は泥炭地の保全にも関わるが、重要な土壌炭素貯留源であるととともに、生物多様性保全でも重要な意味を持つ。草原は、国や地域によっては森林が育たない気候条件の地域もあり、こうした地域では草原が重要な炭素貯留源となっている。

政策目標はその国の国土、気候、文化などによって方法論が異なるものの、

図表1-10　主要国における農業関連の温室効果ガス削減目標（1990年比）

	EU	米国	ドイツ	フランス
2050年の目標 （全産業・家計）	• 80〜95％削減	• 80％削減	• 80〜95％削減	• 75％削減
2050年の目標 （農業・ その他土地利用）	• 42〜49％削減	• 30〜50％削減	• 31〜34％削減	• 50％削減
主な対策 （農畜産業）	• 肥料の効率的利用や管理の改善 • 飼料・家畜生産性の改善 • 有機農業の推進	• 全米農地の70％でカーボンファーミングを行う • アグロフォレストリーの拡大	• 有機農業の拡大 • 家畜糞尿や農業残渣発酵の拡大 • 食品廃棄物削減 • 革新的な技術開発	• カーボンファーミングの拡大 • 生物由来品利用の拡大 • 循環経済の推進
主な対策 （その他土地利用）	• 草原地の維持 • 湿地帯や泥炭地の修復	• 2050年までに1,619〜2023万haの正味森林拡大 • 森林転用の回避（5,261万ha） • 森林管理の改善 • 林産品利用の拡大 • 都市緑化推進 • 湿地保全	• 森林保護・持続可能な管理 • 永久草地の保護 • 泥炭地の保護 • 土地開発の削減	• 利用されてない森林管理を適切化 • バイオマス活用の拡大 • 木材採取量の増加

出所：各国政府公表資料より、野村證券フード＆アグリビジネス・コンサルティング部作成

テクノロジーを駆使してGHGを30〜50％削減する高い目標を掲げている点は各国で共通している。また、主要国のフード・アグリ分野の脱炭素対策は、再エネ・省エネなどの炭素発生削減策よりも、カーボンファーミングや森林拡大など、二酸化炭素吸収源としてのソリューションを期待している。アグロフォレストリー（耕畜連携農法）、有機農業の拡大、湿地や泥炭地の保護など、生態系を維持した上での炭素吸収源となる農地・森林の維持がポイントとなる。

（3）農業生産のパラダイムシフト〜土地利用効率から持続可能性へ〜

　20世紀の農業は品種改良、化学農薬・肥料、及び化石燃料による大規模耕作によって、土地生産性を最大化することを目的として進歩してきた。しかしながら、土地生産性の最大化はGHGの排出、生態系の破壊、地下水汚染、農地劣化による砂漠化など、様々な負の影響が残っているのも事実である。

　フード＆アグリ分野は自然資本に依存した産業である。水資源の消費、森林面積の減少、土壌炭素ストックの減少、メタン排出など、自然資本を毀損して拡大してきた20世紀の農業および食産業は劇的な変革を求められている。例えば、大量の穀物消費やGHG排出の主因といわれる畜産製品の消費抑制やフードロスの削減などである。環境調和型の有機農業などにすれば解決するというような単純な話ではなく、世界人口の飢餓を回避しつつ、自然資本の劣化を防ぐ難しい舵取りが必要とされており、代替タンパク質などの代替製品の利用の他、穀物収量の向上に資するゲノミクス育種や新しい肥料、農薬などのテクノロジーを積極利用していくしかないのが現状である。

5 脱炭素社会におけるフード＆アグリ産業の役割

（1）フード＆アグリ産業と炭素貯留源

　第一次産業は、全産業比でGHGの約24％を排出する大規模な排出源であるが、将来を見据えると決してマイナスの側面ばかりではない。グローバルで盛り上がりを見せている炭素貯留源としての期待である。例えば、林業における二酸化炭素の吸収、カーボンファーミングによる土壌への炭素貯留、ブルー

カーボンによる海洋への炭素貯留などがある。

　地球の炭素循環を見た場合、森林は5,000億tの炭素貯留量である一方、土壌は2兆t、海洋は39兆tもの炭素貯留量がある（**図表1-11**）。このように、土壌と海洋は森林をはるかに上回る巨大な貯留源であり、吸収源として期待されているだけでなく、フード＆アグリ産業の成長産業化を促進する可能性を有している。

　気候変動対策として考えた場合、「グラスゴー合意」にある目標（気温上昇1.5℃）の実現にはカーボンニュートラルは必須であるが、一歩踏み込んでカーボンネガティブを掲げる企業も現れはじめている。例えば、Microsoftは2030年までにカーボンネガティブを実現すると宣言している。カーボンネガティブを実現するためには巨大な炭素貯留源である海洋の利用は不可欠となる。

　土壌有機炭素貯留量2兆tのうち、4割の8,000億tが農業活動の影響下にあるが、このうちの1％でも固定量を増やせば化石燃料の燃焼に伴う72.3億tの排出を上回る量を固定できる。このように、農地は気候変動対策の切り札として非常に大きな可能性を持ち、その吸収ポテンシャルは森林のそれを大きく上回っている。その手法としてグローバルで注目を集めているのが不耕起農法やバイオ炭などを活用して、二酸化炭素を土壌中に戻すカーボンファーミングである。

図表1-11　地球の炭素循環と炭素フロー

資料：化石燃料の燃焼に伴う排出は（財）日本エネルギー経済研究所計量分析ユニット「EDMC/エネルギー・経済統計要覧」(2007年)、その他はOECD「土壌有機炭素に関する専門家会合報告書」(2002年)を基に農林水産省で作成
注：図中の重量は炭素換算の値

出所：農林水産省「食料・農業・農村白書（2008年）」

（2）カーボンファーミングの概要

　カーボンファーミングは、炭素貯留と同時に、米国などが推進を掲げるアグロフォレストリーなど、生物多様性の向上にも寄与する。フード＆アグリ産業に携わる企業だけでなく、Microsoftなどの異業種企業も注目している分野である。

　カーボンファーミングには、①バイオ炭のように長期間安定した手法で貯蓄するもの、②農場の管理手法の変更（不耕起農業やカバークロップの使用など）によって土壌炭素の分解を防ぐもの、③アグロフォレストリーのように農地の生態系を豊かにすることで炭素貯蓄量を増加させるなど、いくつかの種類がある。いずれも近代的な大規模生産とは異なる管理手法を採る。

　カーボンファーミングで期待されるイノベーションの1つに、土壌炭素の低コストかつ簡便な測定手法の開発が挙げられるが、現在の課題は、正確な測定と適切な貯留量の算出にある。また、カーボンファーミングは不耕起農法などで収量が減少する可能性があることから、収量の増加策に関するイノベーションも必要である。

（3）ブルーカーボンの概要

　ブルーカーボンは、海洋に吸収・貯留される炭素のことであり、2009年に国連環境計画によって定義された新しい言葉である。以前は陸域や海域の生物によって吸収・貯留されていた炭素を総称してグリーンカーボンと呼んでいたが、最近では陸域のものをグリーンカーボン、海域のものをブルーカーボンと区別するようになっている。

　ブルーカーボンといわれる炭素は、マングローブ林、海草藻場（アマモなどの維管束植物）、塩性湿地（アッケシソウやアシなど）がある浅海域生態系の堆積物中に貯留されている。もともと、砂の中に根を張らない海藻（コンブやホンダワラなどの藻類）はブルーカーボン貯留源とならないといわれていたが、近年の研究では海藻藻場の仮根も炭素貯留能力を有することがわかっている。

　一般的にブルーカーボンとして扱われるのは、沿岸海域の生態系が貯留している炭素で、貯留量は年間90〜180億t/年といわれる。また、コンブなどが炭

素貯留源となるため、高緯度地域にある国でもブルーカーボンを有効に利用することができる。

　ブルーカーボンは、活用できる海岸線の長さの順番でいうと、カナダ、ノルウェー、インドネシア、フィリピン、日本、豪州、米国などが注目している炭素貯留源である。しかしながら、沿岸域は開発の波にさらされやすい地域でもある。日本でも東京湾などの主要都市において、広大な干潟とアシ原が埋め立てによって消失し、東南アジアなどでもマングローブ林がエビ養殖池に開発されるなどして消失している。

　ブルーカーボンとして炭素を貯留する場合、重要なのは沿岸湿地やマングローブ林の保全、またアマモ場の拡大や海藻の育成と持続的な水産資源利用などの他、海藻がウニなどに食い尽くされる磯焼け予防や、海藻の生長に必要な鉄分やシリカを含む鉄鋼スラグの処方などである。そのため、漁業関係者とも連携した水産資源管理の厳格化や、海藻繁茂に必要な資材の投入、沿岸海洋域への微量元素供給源となっている陸上森林の整備などを行う必要がある。沿岸域は、もともと人類と密接な関係がある地域であり、「利用しつつ保全していく」という考え方が重要となる。

6 「カーボンクレジット」がもたらすフード＆アグリ産業の変化

(1) カーボンクレジットの概要

　カーボンクレジットは、設備や施設などを対象として、更新または管理方法の改善などによって、何もしなかった場合と比較して変化したGHG排出量の差分を測定・報告・検証（MRV）を通じて認証する仕組みである。認証されたクレジットは取引され、購入者はクレジットを償却することで、自身の排出量を相殺することができる。農林水産関連クレジットとして、第一次産業分野では主に、牛の消化管発酵や家畜糞尿処理、廃棄物管理、森林管理などがある。また、カーボンファーミング分野では草地保全、耕作地管理、バイオ炭などがあり、ブルーカーボン分野では沿岸域修復などが挙げられる（**図表1-12**）。

　カーボンクレジットと似た制度に、キャップ＆トレード方式がある。これは業界ごとに定められた排出枠を達成できなかった企業は、達成できた企業から

図表1-12　カーボンクレジットの種類と農林水産関連クレジット

排出回避／削減		固定吸収／貯留	
自然ベース	技術ベース	自然ベース	技術ベース
● REDD+※ ● ウシ消化管発酵 ● 家畜糞尿処理 ● その他自然保護　他	● 再生可能エネルギー ● 設備効率の改善 ● 燃料転換 ● 輸送効率改善 ● 廃棄物管理　他	● 植林・再植林 ● 森林管理 ● 草地保全 ● 泥炭地修復 ● 耕作地管理 ● 沿岸域修復　他	● CCS 　（炭素回収・貯留） ● DACCS 　（直接炭素回収・貯留） ● BECCS 　（バイオマス発電＋CCS） ● バイオ炭　他

※先進国が途上国の森林保全を支援する活動

注　：　　　　　第一次産業分野　　　　うち、カーボンファーミング分野　　　　うち、ブルーカーボン分野
出所：各認証団体等の情報を元に野村證券フード＆アグリビジネス・コンサルティング部作成

削減分を購入できる制度である。キャップ＆トレード方式の代表例として、航空業界やエネルギー業界などを対象とした欧州のEU域内排出量取引制度（EU-ETS）がある。欧州やカリフォルニアでカーボンクレジットの利用が拡大した背景には、炭素税に加え、こうしたキャップ＆トレード方式による炭素市場の存在が挙げられる。国や地域によってはキャップ＆トレードに一部のカーボンクレジットを利用できるため、カーボンクレジットとキャップ＆トレード方式は、相乗的に炭素排出権取引市場の拡大に大きく寄与してきた。

　カーボンクレジットは、大きく規制市場とボランタリークレジット市場の2つに分かれる。規制市場は政府や国連が主導する制度で、日本のJ-クレジットや豪州のACCUsといった国内制度、開発途上国などでのGHG削減を自国のものとできる二国間クレジット制度（JCM）、国連が主導する京都メカニズムクレ

図表1-13　カーボンクレジット制度の種類

国連・政府主導	国連主導	京都メカニズムクレジット（JI、CDM等）
	二国間	二国間クレジット制度（JCM） その他パイロットプログラム 等
	国内制度	J-クレジット（日本） CCER（中国） ACCUs（豪州）等
民間主導（ボランタリークレジット）		VCS、Gold Standard ACR、CAR 等

出所：経済産業省「カーボンクレジットレポート（2022年）」

ジット（JI、CDM）などが存在する。規制市場は国や地域に依存している例が多い。

一方、ボランタリークレジットはVCS（認証団体のVERRAが主導）とGold Standard（世界自然保護基金：WWFが主導）のシェアが大きい。

(2) カーボンクレジットの市場動向

近年の特徴として、まず、民間が主導する主要ボランタリークレジット（VCS、Gold Standard、ACR、CAR）において高い伸びが見られる。2022年はボランタリークレジットの発行量は約3億tに達した[4]。ボランタリークレジットは規制市場に比べて自由度が高く、生物多様性保全や水資源保全、雇用創出などの多面的機能を有しており、企業からの自主的な活用が拡大している。また、特に森林・土地利用系のカーボンクレジットがボランタリークレジット市場を支えている。

ボランタリークレジットの発行量が堅調に推移した大きな背景として、航空業界でのカーボンクレジット需要の増加が挙げられる。航空業界は技術的に電動化が難しい業界とされ、カーボンクレジットと持続可能な航空燃料（SAF）を活用したGHG排出量の「ネット（正味）ゼロ」を目標としている。

航空業界以外でカーボンクレジットを積極的に利用しているのはエネルギー業界である。電力や、ガスなどにボランタリークレジットを付加することで、ネットゼロのエネルギーとして販売されている。

また、民間認証機関では、カーボンクレジットに多様な評価が取り入れられはじめた。例えば、カーボンクレジットの民間認証機関であるVERRA（VCSの最大の評価機関）やGold Standardは、カーボンクレジット評価に地域社会や先住民、生物多様性保全に対する評価を取り入れている。そのうち、VERRAは気候変動、コミュニティ、生物多様性の保全に取り組むプロジェクトにGold認証を与えている。

グラスゴー宣言と昆明・モントリオール生物多様性枠組では、地域住民や先住民、生物多様性保全に配慮する方向となった。日本でも国の生物多様性戦略

---

4) 経済産業省「カーボン・クレジット・レポートを踏まえた政策動向（2024年3月）」。

に盛り込まれることとなった。生態学者の間では、再生可能エネルギーの拡大と生物多様性保全がトレードオフの関係にあることは以前から指摘されていた。その例として、ソーラーパネルの場合は山林破壊や湿地の破壊、風力発電の場合はバードストライクなどが挙げられる。日本は国土全体が生物多様性ホットスポット[5]に該当し、生物多様性が豊かな地域である。今後の脱炭素戦略や食料産業において、生物多様性保全は重視すべきポイントといえるだろう。

　このように、カーボンクレジットは科学的根拠に基づいた計算によって算出され認証機関によって認証されるが、一方で、この仕組みの問題も指摘されはじめた。例えば、本来、脱炭素ができていない案件でも登録されてしまうものや、実際の管理とは異なる管理を行っていたプロジェクト、ダブルカウント[6]されたものが散見されている。こうしたプロジェクトは「グリーンウォッシング」として批判されている。

　一例を挙げると、VERRAが認証したアフリカの森林保全プロジェクト「REDD＋」では、実際には森林保全が行われず、8,900万tのクレジットのうち、わずか6％だけが森林保全に紐付いていたとコーネル大学が論文で発表している（2023年1月）。この論文は様々な議論を呼んでいるが、重要なのは、今後、カーボンクレジットの各プロジェクトにおいて、正しく保全が行われているかどうかについて問われる可能性が高いということである。グリーンウォッシングについても、今後、さらに厳しく見られることはもちろん、単純にGHGの削減を行っただけのクレジットは、価値が低下していくことが予想される。

(3) カーボンクレジットの市場展望

　このようにグローバルで取り組みが急拡大している世界のボランタリークレジット市場は、2022年に20億ドルの市場と見積もられているが、筆者は、2030年にはデータセンターや航空業界における政策上の規制などで270億ド

---

5)　生態系が豊かだが開発の危機にさらされている地域のことで、日本、中国南部、東南アジア、南米アマゾンなど36地域が指定されている。
6)　カーボンクレジットの売却側と購入側が削減効果として同時に計上していることを指し、売却側は削減効果として計上できず、計上していた場合は無効となる。

ル程度まで拡大することを予想している。

　拡大の主な背景として、外航船舶や航空機などの完全な電動化などが難しい業種が複数存在することが挙げられる。こうした業界は、バイオ燃料などで対応する方針だが、経過的な措置としてカーボンクレジットの利用が予測されている。世界の航空業界だけで、2021年から2030年までの間に年25億tのカーボンクレジット需要が試算されている。今後はカーボンクレジットの中でも、貯留効果が高い森林管理、土壌炭素貯留、ブルーカーボンなどが有望視されている。

　さらに、今後はカーボンクレジット価格の上昇も予想される。その背景には、①パリ協定で2020年以降は開発途上国も含む全ての国が削減目標を導入することが取り決められたため、カーボンクレジットの需要拡大が予想されていること、②開発途上国との間でカーボンクレジットの利益配分の見直しがはじまっていることがある。後者の例として、ジンバブエは2023年に同国内で発生したカーボンクレジット取引収入の50％を保持する意向を表明した他、タンザニアでは2022年にカーボンクレジット取引収入の配分に関する新ルールを導入した。また、ケニアは排出削減プログラムからもたらされる利益の25％を地域社会に与える法案を審議している。

　このように、拡大が予想されるカーボンクレジット市場ではあるが、将来的には現在の主流である森林保全プロジェクトの需給がひっ迫し、また、利益配分の強化による価格上昇も予想される。そもそも、森林プロジェクトは経済林で行われるもので、原生林の場合は生態系保全などによってプロジェクト化が難しい。したがって、徐々に新規設定可能なプロジェクトの候補地は減少していく。その一方で、カーボンファーミングや、水田中干によるメタン削減、反芻動物のげっぷ由来メタンの削減、アグロフォレストリー、ブルーカーボンといった新しいカーボンクレジットは、森林に比べて桁違いに大きな吸収ポテンシャルを有しており、カーボンクレジット市場で存在感を増していくと考えられている。

（4）カーボンニュートラルと生物多様性保全の投資展望

　カーボンニュートラル全体に目を向けると、国連エネルギー機関（IEA）は

2050年までに年間5兆ドル規模の投資が必要になると試算している。ちなみに
わが国では、日本政策投資銀行が2031年以降、日本国内で脱炭素関連におい
て毎年5.6兆円の投資が必要になると予測している。

　実際に、脱炭素やカーボンニュートラルを実行に移すだけでは大気中に安定
して存在できる二酸化炭素の除去は難しく、気候変動は止められない。今後は
カーボンファーミングや森林再生など、カーボンネガティブへの対応が求めら
れる。その際、注目されるのが土壌への炭素固定と海洋生態系の再生・利用に
よる炭素固定であろう。

　今後、カーボンニュートラルが普及する中、同時に生物多様性保全への投資
も増加することが見込まれる。Bank of Americaは、2020年に20億ドルと試
算される生物多様性保全へのグローバル投資が、2030年には4,000億ドルまで
拡大することを予測しており、今後の大きな投資テーマに位置付けている。し
かしながら、この数字は国連が生物多様性投資ギャップとして公表している年
間7,000億ドル（2023年）よりも低い数字となっており、上振れする余地があ
ると筆者は考える。

　特に、地球上の陸地の46％は農業の影響下にあるため、低環境負荷農法や
作物の収量向上、代替タンパク質、食品ロスの低減など、農業での土地利用を
減らすための様々なイノベーションへの投資が期待されている。2030年に予想
されている生物多様性保全にかかる投資額4,000億ドルに関しては、大部分が
第一次産業に深く関わるといえる。ただし、単独で評価されるのではなく、炭
素固定プロジェクトや食料生産産業の中に組み込まれる形で一般化していくも
のと予想している。

第2章

持続可能社会における
フード＆アグリ産業の
経営環境

1 フード&アグリ産業のグローバル社会課題と技術革新

(1) グローバル社会課題とフード&アグリテックの注目セクター

　第1章では、持続可能社会に向けたフード&アグリ産業の社会・政策動向を述べたが、主なグローバル社会課題は、生物多様性の保全、気候変動の抑制、水資源の保全、飢餓の撲滅、エシカル消費の拡大などである。

　これらの実現を考えた場合、フード&アグリ分野の技術開発、すなわちフード&アグリテックの開発が不可欠である。本書の「はじめに」で述べたように、筆者はこのようなグローバル社会課題の解決に特に寄与する2030年代におけるフード&アグリテックの注目セクターを以下5分野と考えている。

① サステナブル代替食品（肉や牛乳・乳製品、シーフード、卵などの代替食品）
② サステナブル代替資材（農薬や肥料、種苗、皮革などの代替製品）
③ 植物工場
④ 先端養殖ファーム・プラットフォーム（陸上養殖（RAS）や養殖管理システムなど）
⑤ 農業デジタルプラットフォーム（自律型農業ロボット、農業生産・生鮮流通プラットフォーム）

　上記5分野とグローバル社会課題との関わりを**図表2-1**のように整理している。全ての社会課題にサステナブル代替食品とサステナブル代替資材が関わっている。これは第1章で述べたように、生物多様性保全と気候変動対策に畜産業と酪農業が与える影響が大きく、サステナブル代替食品の貢献が大きいためである。サステナブル代替資材も作物の収量改善（品種改良、作物防除技術の向上）など、農地拡大や化学農薬の使用をせずに穀物生産を向上させるため、多くの分野に貢献している。

　持続可能な社会を創造することを考えた場合、重要な開発テーマと関係産業は多岐にわたる。例えば、代替タンパク質と代替皮革（畜産・酪農産業）、代替物質（香料・添加物産業）、作物の品種改良（種苗産業）、微生物農薬などの作物防除手法（農薬産業）、微生物肥料や作物の生理的な機構を制御して生長を

図表2-1　グローバル社会課題の解決とフード＆アグリテック分野の関係性

社会課題	具体的な対策	関連するフード＆アグリテック分野
生物多様性の保全	● 作物の品種改良（収量の改善） ● 森林・湿地・草原の再生 ● 防除技術の向上 ● 閉鎖系食料生産 ● 代替タンパク質の普及 ● 有機農法	● サステナブル代替資材 ● サステナブル代替食品 ● 植物工場 ● 先端養殖ファーム・プラットフォーム
気候変動の抑制	● カーボンファーミング（土壌炭素貯留） ● ブルーカーボン（海洋への炭素貯留） ● 食品廃棄物の再利用（アップサイクル） ● 畜産・酪農のメタン排出抑制 ● 代替タンパク質の普及 ● 遺伝子組換え作物の拡大	● 農業デジタルプラットフォーム ● サステナブル代替資材 ● サステナブル代替食品 ● 植物工場 ● 先端養殖ファーム・プラットフォーム
水資源の保全	● 作物の品種改良（耐乾性の改善） ● 代替タンパク質やバイオ代替物の開発 ● 化学農薬・化学肥料の削減	● サステナブル代替資材 ● サステナブル代替食品
飢餓の撲滅	● 作物の品種改良（収量の改善） ● 防除技術の向上 ● 作物生産の効率化 ● 農産物流通の効率化	● サステナブル代替資材 ● サステナブル代替食品 ● 農業デジタルプラットフォーム
エシカル消費の拡大	● 代替タンパク質やバイオ代替物の開発 ● トレーサビリティ ● 畜産・酪農のメタン排出抑制	● サステナブル代替食品 ● サステナブル代替資材 ● 植物工場 ● 先端養殖ファーム・プラットフォーム

出所：野村證券フード＆アグリビジネス・コンサルティング部作成

促進させるバイオスティミュラント（化学肥料産業）、そして、フードロス抑制に加え、低環境負荷農法によって生産されていることを正確に記録し、消費者に対して正確な情報を提供する生鮮流通プラットフォームなどが挙げられる。

　生鮮流通プラットフォームやサステナブル代替資材は、カーボンファーミングやブルーカーボンといった新しい農地管理、沿岸地域管理によって二酸化炭素を固定するビジネスにも深く関わってくる。さらに、植物工場は気候変動でも安定した生産を都市に近い場所で実現し、RASなどの先端養殖は人工種苗の流失による遺伝子汚染や水質汚染を防止するなど、持続可能な農水産物・資源の供給の観点からもそれぞれ注目が集まる。

(2) カーボンクレジット規制の厳格化とイノベーション

　第1章で述べたように、グリーンウォッシュは、本来は環境への負の影響があるにもかかわらず、環境に配慮したように見せかけた製品をいう。また、より広く人権問題などを含めたものをSDGsウォッシュということもある。世界ではこうしたグリーンウォッシュ、SDGsウォッシュに対する批判の声が上がりはじめており、欧州企業を中心にサプライチェーンの可視化や正確なクレジット算出への対応をはじめている。

　こうした流れの中、2023年5月、欧州議会は賛成多数で「反グリーンウォッシュ規制法」を可決した。これにより、欧州では明確な根拠を示すことなく、「環境にやさしい」「カーボンニュートラル」「自然の」「生分解性」「エコ」などは表現できなくなった。

　同様の動きは米国や豪州でも見られ、特に豪州は既にグリーンウォッシュに関する法律を施行している。日本政府はまだ具体的な行動をとっていないが、日本にも早晩、広がることが見込まれる。

　過去の歴史を振り返ると、産業が急速に発展した結果として、公害や汚染が問題となり規制が施行され、この規制を克服する様々な技術革新が業界のイノベーションを生んだ。脱炭素の課題も過去と同様にイノベーションを生む展開になると考えている。実際に、脱炭素対策は当初、コスト高が問題視されたが、普及とともにコストは低下し、現在では再生可能エネルギーやオフセットエネルギーの普及で進展が見られている。

　2030年の段階では、持続可能性評価の科学的根拠が明確になり、食料生産においても多面的な対応が前提の産業となっているだろう。近い将来、サプライチェーン全体を網羅する流通マネジメントシステムや低農薬、低化学肥料に対応する代替資材、炭素排出量が低い代替タンパク質などへの転換が予想される。

2 カーボンクレジットの浸透で重要性が増す農畜産業

（1）カーボンファーミングで強化される農業の存在意義

　農地と海洋は莫大な炭素貯留源であり、脱炭素社会に向けて果たす役割は大きい。換言すると、農業分野で新たなビジネスが成長する可能性があることを意味している。現在の課題は正確な測定方法や貯留可能見積もり量の計算などだが、そうした課題を解決するテクノロジーには大きなビジネスチャンスが存在する。

　土壌炭素貯留は、2015年のパリ協定で4‰イニシアチブ（‰：パーミル、100万分の1）として、フランス政府主導で開始された。土壌炭素量を4‰増加させれば大気中の二酸化炭素濃度上昇を止められるというものである。

　近年では、AIとクラウドコンピューティングの成長により、増加し続けるデータセンターの電力需要に頭を悩ませるグローバルIT企業を中心にカーボンファーミングの市場が成長している。Microsoftは2023年12月、世界最大のバイオ炭事業者であるExomad Green（ボリビア）との間で3.2万CO_2tのバイオ炭によるカーボンクレジットの売買契約を結んだと発表した。同クレジットはボリビアで森林残渣を使って算出されるプロジェクトであるが、Microsoftはさらに、農場管理手法の改善プロジェクトで10万CO_2t、草地管理手法の改善で9.3万tなど、大型プロジェクトに次々と投資している。

　Appleは2021年にGoldman Sachsと立ち上げたRestore Fundに追加投資も含めて4億ドルの拠出を決めている。同ファンドはブルーカーボン、森林再生などをメインに、草地再生などのプロジェクトへの投資を含む大型ファンドである。

　今後もグローバルIT企業や、脱炭素化が難しい航空業界、海運業界などを主な対象とするカーボンファーミング市場の成長が予想される。土壌炭素は推計貯留量が4,700億tであり、最大5CO_2t/ha程度の固定が可能であるため、年間20億tのカーボンクレジット創出が可能であり、筆者は、2040年には10ドル/CO_2tの単価で200億ドルの市場規模を予想している。

　土壌の炭素貯留方法（カーボンファーミングの手法）は大きく4つある。世界の農業生産の中心地である北米で広く取り入れられているカバークロップ

（緑肥）の利用と不耕起・低耕起栽培、日本でJ-クレジット認証に取り入れられているバイオ炭の活用、牧草地で活用される草地管理の適切化である。それぞれメリットとデメリットがある（**図表2-2**）。

図表2-2　カーボンファーミングの主要4手法

	カバークロップ	不耕起・低耕起	バイオ炭	草地管理
概要	● 高生長作物を粗放栽培してから漉き込み、炭素を固定する方法	● 耕耘を行わずに土壌を維持する方法	● 有機廃棄物から作った炭を土壌に漉き込む方法	● 牧草地の維持に最適な規模に放牧動物を抑制する方法
メリット	● 雑草予防・比較的管理が容易 ● 土壌浸食の抑制 ● 作物収量増（緑肥効果） ● 施肥量削減（緑肥効果）	● 雑草予防 ● 土壌浸食の抑制	● 比較的低コスト ● 管理が容易 ● 炭素固定量の算出が容易 ● 食品残渣の再利用	● 管理が容易 ● 土壌浸食の抑制 ● 生物多様性の維持
デメリット	● 追加コスト ● 農地回転率の低下 ● 正確な炭素固定量の測定が難しい	● 遺伝子組換え種子を使わない場合、収量の低下リスクがある ● 正確な炭素固定量の測定が難しい	● 通常の炭では2％程度の混入が限界（入れ過ぎると作物の成長に悪影響）	● 単位面積当たりの収益性は低下 ● 正確な炭素固定量の測定が難しい
利用状況	● 米国、ブラジル、豪州など	● 米国、ブラジルなど	● 日本など	● 米国、メキシコ、豪州、英国など

出所：野村證券フード＆アグリビジネス・コンサルティング部

　まず、カバークロップは生長が早い作物を意図的に農地に育成させ、その残渣によって炭素を土壌に固定する方法である。追加コストが発生するものの、管理が簡単なため、広大な農地を有する欧米では有効な方法といえる。カバークロップとして日本では、緑肥として使われるマメ科の作物や、ソルガムなどの高生長作物が使われることが多い。窒素肥料を減らすことで、二酸化炭素よりも高い温室効果を持つ一酸化二窒素の削減も期待できる。表作の穀物（大豆、小麦、トウモロコシなど）を収穫した後に作付けできるカバークロップを使って、二期作とすることで生産性を下げずに行うことも可能である。

　また、不耕起・低耕起栽培は、広大な農地に使いやすい方法である。2020年にはブラジルの穀物生産面積の約54％に相当する約3,600万haで行われていることをブラジル直播連盟が発表している。不耕起栽培による環境負荷の軽減

と農薬使用量の削減に最も貢献したのは遺伝子組換え作物であり、その高収益性と低い環境負荷が遺伝子組換え種子のシェアを高い水準に維持する原動力となった。遺伝子組換え作物の導入効果を研究したGraham Brookes博士とPeter Barfoot博士の論文[1]では、遺伝子組換え作物がローンチした1996年以降、全世界で農薬使用量の17.3%が、また不耕起栽培によって二酸化炭素排出量（2020年）の2,343万tが、それぞれ削減できたと報告されている。この削減量は約1,568万台のガソリン車の年間二酸化炭素排出量に匹敵し、環境負荷の軽減に大きく貢献したことがわかる。

不耕起・低耕起栽培でカーボンファーミングとカーボンクレジットを創出する際の欠点は、正確な測定と炭素固定量の算出である。中性子線や赤外線などを利用して測定する技術が登場しているが、より簡易で低コストの手法開発が望まれている。

さらに、バイオ炭は日本のスタートアップであるTOWING（愛知）などが手掛けており、相対的に低いコストで、かつ管理と炭素固定量の算出も容易なため、今後の成長が期待されている。バイオ炭は土壌の2%程度しか混入できないことやコストなどの問題点があったが、当社の「宙炭（そらたん）」は、微生物技術を応用して2%以上の混入率を可能とし、収量を下げずにバイオ炭を利用することができる（**図表2-3**）。また、宙炭は単体でも栽培が可能で、施設園芸分野への応用も可能という点が差別化ポイントである。当社は認証機関へのカーボンクレジット申請の代行なども行っている。バイオ炭と有用微生物を組

図表2-3　TOWINGのバイオ炭「宙炭」

出所：TOWING HP

---

1) 「GM crops: global socio-economic and environmental impacts1996-2020」

み合わせた人工土壌によるカーボンファーミングは日本独自の技術だが、収量の低下を回避して多くの土壌炭素を固定でき、炭素固定に重要な役割を果たすものと期待されている。

最後に、草地管理は、草原維持に適正な規模へ放牧動物を抑制する方法であり、バイオ炭と同じく管理が容易なことは利点である。一方、単位面積当たりの収益性は低くなり、かつ炭素固定量の測定が難しいことが欠点といえる。

3 メタン排出規制で業界構造が変わる酪農・畜産分野

(1) 予想される畜産業の構造変化

畜産業の環境負荷が大きいといわれるが、全世界の耕作地の2倍、地球上の陸地の31％を占める牧草地の用途及び管理を考えると、今後も反芻動物の牧畜は一定程度続けることになろう。ただし、1ha当たりの牧畜頭数の削減や草地管理の適切化、家畜糞尿の処理方法の改善などを通じ、生産システム全体でのカーボンニュートラルと生態系保全が行われるか、もしくは他の産業に転用することになると予想する。具体的には、米国や豪州などでは牧草地だけに使える広大な土地が多いが、畜産需要が減少した場合はこうした土地をカーボンファーミング用放牧地や、グリーン水素生産などに使うことになるだろう。

一般的に、温室効果ガス（GHG）削減に寄与するといわれている培養肉は、再生可能エネルギーをエネルギー源としない限り、分解しやすいメタンの代わりに長期間安定的な二酸化炭素を多く排出することになり、長期的にはカーボン・フットプリントが逆にマイナスになるとの試算もある。また、多くの有機物を含む培養廃液を廃水処理することで結果的に穀物を無駄に消費してしまうことなど、コスト以外にも解決すべき課題もまだ多く指摘されている。現状では、必ずしも培養肉のエコロジカル・フットプリントが少ないとも言い切れないのが現状である[2]。同様のライフサイクルアセスメントによる環境負荷効果が当初の想定よりも少ないという試算は、電気自動車（EV）でも指摘されていたので、イメージがしやすいだろう。

---

2) 東京大学公共政策大学院「培養肉に関するテクノロジーアセスメント（2021年）」

畜産業の中で肥育効率が良い養鶏も、家畜伝染病やアニマルウェルフェア、糞尿処理の問題から将来的には効率的な鶏舎養鶏ではなく、平飼いでの養鶏へと変化していくことを予想する。

代替タンパク質は必ずしも畜産業・酪農業より優れているわけではないが、高度に近代化された穀物大量消費型の畜産業・酪農業よりも代替タンパク質の方がエコロジカル・フットプリント[3]は低いことは事実だろう。逆に放牧はカーボンクレジットの方法論にも認定されている草地管理手法の適用によっては持続可能な生産手段になり得ると考えられる。

家畜糞尿から発生するメタンや一酸化二窒素の規制へ対応した結果、人類のタンパク源は効率的肥育から、環境配慮型の平飼いによる高価格な鶏肉・鶏卵と、技術革新で価格低下が進んだ代替タンパク質による普及品へと二分化していくだろう。同様の予想は、前述の東京大学「培養肉に関するテクノロジーアセスメント」でも、牛肉、豚肉、鶏肉、鶏卵、乳製品など全ての畜産物に共通する構造変化として分析されている。

(2) 酪農・畜産分野の脱炭素手法

畜産分野での脱炭素を考えた際に重要になるのは、牛のげっぷに含まれるメタンと、家畜糞尿処理で発生する一酸化二窒素である。現在、酪農・畜産分野でのメタン削減で先行しているのは、家畜糞尿処理手法の改善である。具体的には、密閉式の発酵タンクで家畜糞尿を処理し、バイオガスとして活用するなどの手法が採られており、既に欧州で先行している。

近年ではさらに一歩進んで、バイオガス発酵で発生したメタンを燃料電池の燃料として発電し、発生した二酸化炭素まで回収するシステムが登場している。これは米国の上場企業であるBloom Energyが開発する「BECCS」といわれる手法であり、一般的にはバイオガス発電と二酸化炭素除去を組み合わせた技術とされ、脱炭素分野の先端技術の1つである（**図表2-4**）[4]。

---

3) その製品がライフサイクル上でどの程度の環境負荷を起こしているかを数値化したもの。現在の人類は地球1.7個分のエコロジカル・フットプリントを持つ。
4) 炭化水素燃料を使う火力発電などでも開発が進む、二酸化炭素回収貯留技術（CCS）を応用したものである。

図表2-4　Bloom Energy社のバイオガス発酵技術「BECCS」

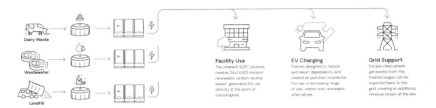

出所：Bloom Energy HP

図表2-5　Zelpのメタン分解マスク

出所：Zelp HP

牛のげっぷに含まれるメタン処理については、現在いくつかのスタートアップ企業によるソリューション開発が進んでいる。例えば、げっぷを感知してメタンを吸収・分解する太陽光発電駆動型の牛用マスク（**図表2-5**）や、ウシの胃袋に生息するメタン生成菌の働きを弱める飼料添加物などがある。

畜産飼料は各国の農業関連省庁の許認可が必要な場合が大半だが、メタン低減飼料に関していえば、日本では既に認可されている。米国でも認可手続きが進んでおり、社会実装が進展中の分野である。

その米国は、バイデン政権となってパリ協定に復帰し、2021年に「米国メタン排出量削減行動計画」を公表している。その中で、2030年のメタン削減目標を2020年比30％とし、農業分野も取り組みに含められた。米国が農業分野で取り組んでいる内容は、糞尿処理の厳格化、家畜糞尿のバイオガス化と二酸化炭素分離やメタン削減飼料の実用化などである。

主要国が掲げる2030年までに2020年比30〜50％削減という目標自体は技術的には可能と考えられる。ただし、問題となるのは投資コストである。必ずしも消費者が環境に配慮した高級牛肉のみを購入するわけもなく、酪農家や畜産家からすれば純粋なコスト増加要因となる懸念がある。

このように、酪農・畜産分野のメタン排出抑制は、飼料添加物よりもバイオガス利用が先行しており、米国、欧州、南米諸国などはバイオガス利用の普及

を目指し、生産者にインセンティブを付ける政策を模索している。これには理由があり、畜産からのGHG排出の半分が糞尿からであること、かつメタンよりも気候変動に関して長期的な影響が大きい一酸化二窒素の排出源は糞尿であることが背景にある。糞尿からバイオガスを作れば、エネルギー生産に加えて大気中のメタン濃度上昇が止まり、一酸化二窒素も削減できるため、一挙両得という点で効果が大きい。

(3) 酪農・畜産分野における持続可能な脱炭素ソリューションの考え方

　酪農・畜産分野の脱炭素ソリューションは、複数の手法を組み合わせて、かつサプライチェーン全体で考える必要がある。検討範囲も広く課題は山積するが、それ故に様々なビジネス機会が存在している。

　例えば、メタン抑制飼料（添加物）は世界中で研究開発が進められ、かつ多くのスタートアップ企業が設立されているが、増加コスト分を販売価格に容易に転嫁しにくい課題がある。そのソリューションとして注目されているのが、カーボンクレジットである。英国のスタートアップ企業のMootralは、自社のメタン抑制飼料で肥育した乳牛で抑制されたメタン排出量をカーボンクレジット化し、CORSIA認証を受けている。さらに、当社は航空会社と提携し、組成したクレジットを航空会社に売却し、売却益からメタン抑制飼料の金額に相当する額を生産者に還元している。

　また、ニュージーランドの大手食肉企業のSilver Fern Farmsは、2023年3月より、自社のサプライチェーン内で発生するGHGを削減して埋め合わせるカーボンインセット方式を使った「ネットカーボンゼロ・ビーフ（Net Carbon Zero beef）」を米国で販売している。

　これらの取り組みは、酪農・畜産分野のメタン排出を抑制し、かつ生産者のコスト負担を減らす脱炭素ソリューションの考え方の1つである。

(4) 酪農・畜産分野における脱炭素を推し進める際の課題

　脱炭素ソリューションの取り組みは未だ黎明期にあり、当然ながら課題も多い。まず、消費者に目を向けると、食肉に関する調査コンサルティング会社の

Midan Marketingの調査では、米国の消費者における「持続可能な牛肉」とは、抗生剤やホルモン剤の不使用、アニマルウェルフェアに配慮して生産されたものであるという結果が出ており、GHGの削減などの環境負荷の関心を上回った[5]。日本でもそのような考え方が大半かもしれない。世界的に見れば、酪農や畜産がどれほど環境に大きな負荷をかけているかについて、未だ十分な認知が進んでいるとはいえない。

また、近年、フード＆アグリ分野の脱炭素の動きに対して大規模なデモが発生している。酪農大国のニュージーランドは、2022年、家畜のげっぷや糞尿に対する世界初の課税計画（通称：家畜げっぷ課税）を2025年から実施することを決めていたが、農家の反発が強く、また、この間の政権交代も重なり、2024年6月、当課税計画の取りやめが発表された。同様に欧州有数の酪農・畜産大国であるオランダも、2022年に政府が打ち出した厳しい窒素排出量規制へのデモにより大きな混乱に陥っている。

脱炭素自体は重要な課題であるが、急速に社会を変えようとした場合には、今後もこのような混乱が起こる可能性がある。そのため、テクノロジーの発展や自主規制の後押しによって緩やかに対応していく方針の国が多いのは正しいのかもしれない。

その点では、これまでの伝統的な家畜業のあり方を変えようとするだけでなく、最終製品である酪農・畜産製品の代替化の推進も必要と考えられる。その代表が代替タンパク質であり、環境問題の他、気候変動や食料問題への貢献も期待されている。

例えば、2030年のメタンガス削減目標の達成に向けた筆者試算において、伝統的な酪農や畜産によるタンパク質供給を現状の50%程度に縮小し、足りない分を代替タンパク質に切り替えることで、理論上は解決できるものと考えている。この場合、穀物の消費量も激減するので、バイオ燃料や主食用穀物の生産を拡大する余地も生まれる。当然、この取り組みにおいても、短期間で大胆に産業構造を変えることは難しく、社会的な反発は強いだろう。家畜飼料や糞尿処理の改善と代替タンパク質の普及を組み合わせて達成する現実的な方針が、各国の政策目標で示されている。

---

5) 農畜産機構レポート「米国畜産業におけるアニマルウェルフェアへの対応について（2022年）」

4 ブルーカーボンで生まれ変わる水産業分野

（1）ブルーカーボンの経済効果

　海洋の炭素吸収量は膨大であり、「持続可能な海洋経済の構築に向けたハイレベル・パネル」（（3）参照）によると、ブルーカーボンの規模は2030年段階で3.2〜8.9億CO_2t／年と見積もられている。これはカーボンクレジットに換算すると100億ドル／年程度の規模となり、漁業者の収入源の1つになり得るだろう。主な買い手として期待されるのはカーボンファーミングと同様に、グローバルIT企業、航空業界、海運業界などである。

　水産資源維持には漁獲制限と禁漁区の設定などが必要だが、それだけでは漁業者には減収となり、かつ水産品の供給も減少する。一方、ブルーカーボン創出によって漁業者の収入を確保し、漁獲量の低下をRASで補うことで、漁業の持続可能性は向上する。また、新たな雇用や産業の成長も見込まれる。

図表2-6　ブルーカーボンを含む海洋の脱炭素ポテンシャル

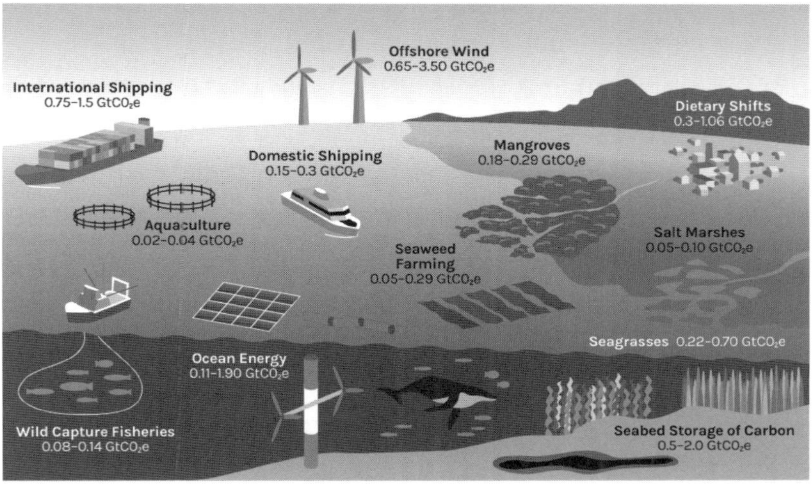

出所：The Ocean as a Solution to Climate Change: Five Opportunities for Action

（2）ブルーカーボンの展望

　現在、VERRA、Gold Standardなどの民間認証機関は、ブルーカーボン関連の認証システムを提供している。VERRAの認証システムでは、ブルーカーボン関連はマングローブ林保全などに適用される「VM0007」と、海草藻場や塩性湿地再生に適用される「VM0033」があるが、圧倒的に登録数が多いのはVM0007を活用したマングローブ林の保存・再生プロジェクトである。2023年12月時点で総量3,590万CO_2t/年のプロジェクトが登録されている。

　海草藻場や塩性湿地の再生プロジェクトに適用されるVM0033では、現在、米国のプロジェクトなどが認証手続き中だが、マングローブ林よりも認証のハードルは高いようだ。効率の面で見ても、木本植物であるマングローブは幹及び巨大な根圏を有するため、単位面積当たりの炭素貯留量が海草よりも桁違いに多い。また、様々な生物の生息域となるだけでなく、ハリケーン被害などから沿岸域を守る役割がある点も評価されている。日本企業では、2022年、商船三井がインドネシアのマングローブ再生プロジェクトに参画している。

　一方、日本の事情はこうした海外とは異なる。日本にも一部マングローブ林は存在するが、日本のブルーカーボンの大半を占めるのは海草藻場や海藻藻場、塩性湿地である。このうち、塩性湿地は、埋め立てなどで大半が消失している。したがって、日本でブルーカーボンクレジットを創出する場合、必然的に海草藻場と海藻藻場が中心となる。

　グローバル動向は前述の通りだが、日本では2017年に研究者が中心となってブルーカーボン研究会が設立され、基礎的な研究開発が進められた。国とは別に自治体による自主取引も開始されている。例えば、2019年には横浜市が「横浜ブルーカーボン制度」を設立し、市内にあるアマモ場を対象にクレジットを認証した他、2020年に福岡市は「博多湾カーボンオフセット制度」を創設し、博多湾のアマモ場を対象としたクレジットを認証している。

　民間の取り組みとしては、2020年に国土交通大臣認可のジャパンブルーエコノミー技術研究組合が設立され、「Jブルークレジット制度」（第三者委員会による認証あり）を創設し、プロジェクトの認証を開始している。Jブルークレジットには入札が殺到しており、最新の令和5年度第4回公募結果発表によると、平均取引価格が7.99万円/CO_2tとJ-クレジットの20倍以上の値を付け

ている。

日本では藻場中心でブルーカーボンが組成されているが、これは世界に先駆けた取り組みである。Jブルーカーボンの質を高めていくことは、世界に日本のプレゼンスを高めるきっかけになろう。

(3) ブルーカーボン推進の重要性

2018年にノルウェー主導で立ち上げられた「持続可能な海洋経済の構築に向けたハイレベル・パネル」は、世界の主要な海洋国家の首脳で構成され、気候変動の解決策としての海の役割を議論している。この中で、2030年の段階でブルーカーボン（沿岸及び海洋生態系）での炭素吸収量は3.2億〜8.9億t/年と見積もられている。もっとも、「沿岸及び海洋生態系」と表現していることからもわかるように、ブルーカーボンを、水産業やレクリエーション、気候・環境の安定なども含めた複合的な効果を持つ自然資本に蓄積された有機炭素ととらえている。

ブルーカーボンといえば、海草や海藻の育成、マングローブ林の再生などを真っ先に考えるものだが、ブルーカーボンを推し進める際に最も重要な点は、水産業との共存である。例えば、海藻藻場の修復では磯焼けの防止、マングローブ林の再生では自然と共生可能なエビの粗放養殖などと組み合わせ、漁業者にも生態系にもメリットがある形で進める必要がある。ブルーカーボンは海洋の炭素吸収ポテンシャルは大きいが、その利用法は多様性に富んでいると考えた方がよい。

ブルーカーボンは水産業にとって重要な役割を持つ。藻場やマングローブ林の再生は水棲生物の繁殖の場となり、水産資源量の回復にも寄与すると考えられている。さらに、漁場の管理にかかるコストをカーボンクレジットとして収益化することで、漁場改善や水産資源管理にかかる費用を賄うことができ、漁獲量の回復や漁業者の収益の改善にも寄与する。

(4) ブルーカーボンの推進動向

ブルーカーボンは日本や東南アジア、米国、豪州のように豊かな自然に溢れ

た長い海岸線を持つ国に有利である。

広大なマングローブ林と海草藻場を有し、かつ世界最大のブルーカーボン資源量を有するインドネシアは、ブルーカーボンを国家戦略として取り組んでいる。2023年には、ブルーカーボンクレジットの創出と流通拡大を目的に、世界経済フォーラムとパートナーシップ締結を行った他、日本の国際協力機構（JICA）ともブルーカーボン資源創出のためのプログラムを実施している。

豪州は、海草藻場面積が世界首位、マングローブ林と塩性湿地の面積はそれぞれ世界第2位のブルーカーボン大国である。このため、豪州は島嶼部の生態系保全を伴うカーボンクレジット化を積極的に推進している。

塩性湿地の面積が世界首位の米国は、GHGインベントリ（GHGの排出・吸収源の一覧表）にブルーカーボン生態系を算定し、歳出削減数値目標を示している。取り組みは民間主体で行われており、VERRAのプログラムを利用するプロジェクトも登場している。

(5) ブルーカーボンと陸上養殖（RAS）

上述の通り、ブルーカーボンで重要になるのは海草藻場やマングローブ林の再生を通じて、地域社会と生物多様性保全に貢献することである。また、環境負荷軽減を考えた場合、生態系のかく乱や遺伝子汚染、水質汚染などの各種リスクへの考慮が不可欠である。それらの実現や解決に向けて、今後の養殖はRASがカギになると予想する。

歴史的に見ると養殖は、外洋海面を利用しないオンショア養殖が成長をけん引してきた。特に、エビ（東南アジア）やサーモン（高緯度沿岸地域）が先進国向けに養殖され、コイ科大型魚（四大家魚）は中国の田園地帯で生産されている。エビ類は、オンショア養殖での環境破壊（マングローブ林破壊など）が深刻化し、水質汚染などが多発したことにより、近年はエビも自然

図表2-7　エビの粗放養殖池

出所：ニチレイフレッシュ「生命の森プロジェクト®」HP

の中で養殖する粗放養殖が増えつつある。粗放養殖と並んで環境負荷軽減の効果が期待されているのがRASである。エビのRAS研究ははじまったばかりだが、中期的にはエビの養殖はRASと粗放養殖にシフトしていくであろう。

ブルーカーボンの拡大で最も影響を受ける水産養殖はエビと予想され、RASへの移行が進むものと予想される。欧州でもエビ生産の持続可能性には関心が高く、いくつかのRASスタートアップ企業も立ち上がっている。

図表2-8　エビの陸上養殖施設

出所：Ocean Loop HP

例えば、ドイツで2015年からエビのRAS開発に取り組むOcean Loopは、再生可能エネルギーを使った低エミッション養殖エビの開発に取り組んでいる（**図表2-8**）。

エビに加えて、海面養殖の適地が減少しているサーモン類も、RASが普及していく可能性が高い。適地が減少している理由の1つに、海洋生態系が挙げられる。海面養殖では給餌による水質汚染だけでなく、飼育している魚が逃亡したことによる遺伝子汚染、完全養殖に成功していない魚種の場合は稚魚の乱獲による水産資源の減少など、様々な環境への悪影響が考えられる。RASでは、環境の負の影響の削減に加え、隔離環境であるが故の感染リスク減少に伴い、抗生物質などの医薬品使用も劇的に減らすことが可能であり、出荷される魚製品自体にも付加価値を付けることが比較的容易にできる。

そもそも水産養殖は、餌に魚粉などの天然水産資源を使う例が多く、自然資本の生産力に大きく依存している産業である。水産業の今後の生産は、より環境負荷が少ないRAS、種苗も完全養殖に移行していくと考えられる。培養水産品のイノベーション次第では、天然物や養殖物から培養物に切り替わっていくことも予想される。

（6）ブルーカーボンと天然水産資源の管理・維持

　天然水産資源に関しては、近年になって禁漁区の設定と徹底した資源管理の導入で回復が可能という研究結果も出ている。先進的な成功例としては、ノルウェーの水産資源管理が挙げられる。ノルウェーは科学的調査に基づく資源管理の徹底と大規模なサーモン養殖の成長、公的な輸出支援などによって水産大国へ成長した。今やノルウェーの主要産業であり、若者の就職先としての人気も高い。

　ただし、これには負の影響も存在する。ノルウェーではこうした資源管理の結果、漁船数の減少と大型化が進展し、当然、漁業関係者から反発が出た。国はこうした反発を乗り越え、水産関係者の統廃合を行った結果、現在の競争力を手に入れた。

　日本においては、水産業の従事者は年々減少している。持続的な水産業を維持するためには若い世代の参入、資源管理による水産業者の収入安定化、従事者が減少しても効率的に漁業が行える集約体制の構築が必要であろう。既に一部の魚種に関しては漁獲量が大きく減少しているため、ノルウェーのように、地味だが確実な天然水産資源の管理強化が必要な時期かもしれない。

　ちなみに、日本国内でのブルーカーボンは今後、30％の禁漁区や保護地と開発地のバッファー地域（OECM）内で海草や海藻の再生と、それによる生態系の回復による資源量増大を目的として行われることが予想される。天然水産資源の管理・維持は、ブルーカーボン貯留を考えた場合でも非常に有用である。その際、単に規制をするのではなく、持続的に長期間利用する目的のもとに利用を制限する動きが今後強まっていくだろう。国連食糧農業機関（FAO）の「世界の水産資源の33％は持続不可能なレベルで利用されている」ことがこの根拠である。

5 急速に発展する精密発酵と合成生物学による飲食品製造

　近年急速に発展している分野として、精密発酵とそれを支える合成生物学が挙げられる。アミノ酸や医薬品の生産に使われていた技術を応用した精密発酵は、現在乳タンパク質の量産に成功している他、フレーバー（香料・甘味料）

の生産などが実用化されている。

　精密発酵による乳タンパク質の生産は、まだ牛乳から作るよりも高額ではあるが、量産とともに、長期的には価格が牛乳よりも下がるものと予想される。もちろん、遺伝子組換え技術を忌避する動きがあるものの、米国食品医薬品局（FDA）が率先して精密発酵由来のタンパク質を認可した米国では、今後、精密発酵が当分野で一定のシェアを獲得し、従来型の酪農製品の代替を加速する可能性が出てきた。

　精密発酵では、ミルク・乳製品の他に、牛肉や豚肉、鶏肉などの畜産物、ゼラチン（コラーゲン）、各種フレーバー（香料）、チョコレートやコーヒーなど、環境負荷が高い製品の代替物としての開発が進んでいる。

6 エシカル表示で調達モデルが刷新される食品・流通業界

（1）嗜好品で先行するエシカル表示

　チョコレートやコーヒーでフェアトレード製品を見る機会は多い。児童労働や農業者から不当な買いたたきなどをしていない製品と表示されているものは、エシカル消費の先駆けともいえよう。第1章で述べた通り、環境破壊と見なされるパーム油でも適切な管理によって、労働搾取がなく環境負荷が少ないパーム油を認証する仕組みがある。

　このように、エシカル表示のある製品は徐々に増加している。近年では自主的な取り組みとして、製品に「カーボン・フットプリント」を表示する欧州企業も現れている。カーボン・フットプリントは、その製品がライフサイクル上で排出するGHGの総量である。欧州はカーボン・フットプリントの計算におけるガイドライン作成などで先行しており、一例としてNestléなどが参加するFOUNDATION EARTHが算出して表示する「エコインパクトラベル」がある。EUも2024年内に、持続可能な食品ラベル表示をEU域内に導入する計画があるなど先行するが、いずれは世界的にこうした持続可能性表示が一般化するかもしれない。

（2）エコロジカル・フットプリントを削減するサプライチェーンへの移行

　「エコロジカル・フットプリント」は、人間活動が環境に与える負荷を示した数値である。現在、エコロジカル・フットプリントは地球の持続的な生産力を示す環境収容力を上回った状態（世界全体で1.7個分）である。エコロジカル・フットプリントの計算は、気候変動、水資源消費、生物多様性破壊などの影響が全て含まれるため、非常に複雑である。特に、世界中に供給網が広がるグローバル企業は、エコロジカル・フットプリントの把握だけでも膨大な時間を費やしている。

　エコロジカル・フットプリントは、計算と表示だけではなく、削減していくことが求められる指標でもある。食品・流通業界としては地産地消に近い供給網を構築した方が有利になるうえ、工業的な生産の方が圃場などでの生産方式に比べてフットプリントの計算は容易である。水産物はRASのようなシステム及び技術革新によって環境負荷軽減（再生可能エネルギーへの切り替え）が進めば、長期的には天然物よりも有利となり、逆に過度な天然からの収奪物は不利となる。

　長期的に見ると、天然物などの食料の調達要件は、認証制度によりいっそう厳しくなるとともに、長距離を輸送する食料の減少も予想される。

（3）ヴィーガンとフレキシタリアン人口の拡大

　ヴィーガン人口は全体で見ると割合はまだ低いが、グローバルで急速に増加している。また、それ以上に食肉消費を意識的に減らす「フレキシタリアン」の層の拡大が顕著である。実際、2023年1月に株式会社フレンバシーが日本で行った調査によると、ヴィーガンまたはベジタリアンは5.9％（前回調査（2021年12月）比＋0.8ポイント）存在し、意図して動物性食品を減らすフレキシタリアンは19.9％と、前回調査から3.1ポイント増加した。健康を意識して食肉を減らし、植物性タンパク質にシフトする動きは今後ますます進むことが予想され、また、環境意識や動物愛護の考え方が強い一部のフレキシタリアンが、ヴィーガンへ移行する流れもあるだろう。

第 3 章

サステナブル代替食品
（代替タンパク）

——温室効果ガスの削減と動物福祉の課題に挑む
フードテック最注目のセクター

1 概 要

　代替タンパクは、昨今、国内外で大きな注目を集めている市場であるが、いわゆる代替食品は日本でも古くから広く存在している。例えば、バターの代替である「マーガリン」やカニ肉の代替である「カニカマ」、小麦粉の代替である「米粉」、ビールの代替である「発泡酒」や「ノンアルコール・ビール」などがその代表例であり、主に価格面や機能面に着目した製品開発が行われてきた。

　本書でいう代替タンパクは、主に牛・豚・鶏などの動物性タンパクに代わる代替食品を指す。大豆やエンドウ豆、アーモンドなどの植物性原料のみで製造された植物肉や植物ミルク・乳製品などが代表的な製品である。そのうち、植物ミルクの「豆乳」は、既に多くの食品小売店で見かける定番製品となった。

　日本や欧米でも昔から「大豆ミート」と呼ばれる製品はあったが、2010年代後半から欧米を中心にこの分野に注目が集まり始めた理由は何か。主に、以下の3つが考えられる。

　1つ目は、消費者の健康への意識の高まりである。元来、欧州には野菜を中心とした食生活を送る「ベジタリアン」や"菜食主義者"といわれる「ビーガン」が数多く存在するが、2010年以降、米国でも健康への意識の高まりによるこのような消費者が増加している。実際、2009年には全人口の1％程度（約300万人）であった米国のベジタリアンやビーガン層だが、筆者は2024年には10％（約3,000万人）を超えたものと推計しており、野菜を中心とした食生活を意識する消費者市場のすそ野が拡がっている。

　2つ目は、米国の若者を中心としたリベラル層による地球環境やアニマルウェルフェア（動物福祉）などの社会問題への関心の高まりである。いわゆる「ミレニアル世代」の増加である。背景には2015年9月の国連サミットで採択

図表3-1　日本で市販されている代替食品の例

出所：左からサントリー、雪印メグミルク、加藤産業、スギヨ、キッコーマンHP・公表資料

された「持続可能な開発目標（SDGs）」の影響が大きい。実際、畜産業が地球環境に与える影響は小さくない。国連食糧農業機関（FAO）によると、人為的に排出されている温室効果ガス（GHG）の14.5％が畜産業に由来し、毎年、家畜から放出されるメタンガスは、石油に換算すると南アフリカ国の電力供給量に匹敵するという。植物性由来の代替肉を通常の畜産と比較すると、GHGは90％程度、必要な水は99％それぞれ削減できるといわれている。

また、昨今、欧米の消費者において、健康や環境問題以上に高い関心を持つのがアニマルウェルフェアである。人間の生命を維持するために牛を飼育し、"と畜"する行為を是としない考えを持つ消費者が増加している。Googleの共同創業者であるSergey Brin氏もその1人で、同氏は2013年に世界初となる培養肉の開発に成功したオランダのマーストリヒト大学の研究におけるスポンサーとしても著名である。2015年以降、躍進を続ける植物肉や培養肉のスタートアップには、Bill Gates氏やLeonardo Dicaprio氏などの米国の著名人が多く投資を行っているが、彼らの関心は環境や動物福祉の問題解決であり、言い換えると、持続可能な畜産製品の生産システムの構築に期待を寄せている。

近年の植物肉ブームを巻き起こした1人で、Impossible Foodsの創業者であるPatrick Brown氏は、「当社製品が普及することで、伝統的な家畜生産で使われる水の75％、GHG（家畜のげっぷなど）の87％、飼育に必要な土地（面積）の95％をそれぞれ削減できる」ことを述べている。また、成長ホルモンや抗生物質、コレステロール、人工香料などを含まないため「非常に健康的な食品だ」と主張する。

図表3-2　代替タンパクが注目を集める主な背景

主な要因	背景
消費者の健康意識の高まり	米国のビーガン・ベジタリアン層は2009年の約300万人から2024年には約3,000万人に拡大したものと推計
消費者の環境問題や動物福祉への関心の高まり	2015年の国連のSDGs制定以降、「ミレニアル世代」をはじめとする地球規模の社会課題に関心を持つ消費者層の増加
テクノロジーの向上による植物肉の「味」の劇的な改善	バイオ技術やデジタル技術の進展と活用

出所：野村證券フード＆アグリビジネス・コンサルティング部

この分野が注目を集める3つ目の理由は、テクノロジーの向上による「味」の劇的な改善である。これは、2015年以降、植物肉のパイオニア企業であるBeyond MeatやImpossible Foodsの製品が消費者の支持を集めた最大の理由である。これまで各国で発売されていた大豆ミートは、見た目は肉に近いが、消費者の声としては「味は肉とは似て非なる食べ物」という意見が大半を占めていた。両社の植物肉製品は、バイオ技術やデジタル技術を活用し、これを劇的に変えた。その証拠に、これまでの大豆ミート製品は食品スーパーの売り場の隅にある"もどき食品コーナー"で売られていたが、Beyond Meatの植物肉は

図表3-3　サステナブル代替食品のサブセクター分類

サブセクター（製品カテゴリー）			概要
(1)	代替ミルク・乳製品	① 植物ミルク・乳製品	豆類等の植物性原料で製造される代替ミルク・乳製品
		② 精密発酵ミルク・乳製品	微生物生成の乳タンパクを主原料とする代替ミルク・乳製品
(2)	代替肉	① 植物肉	豆類等の植物性原料で製造される代替肉製品
		② 培養肉	家畜細胞を採取・培養して製造される代替肉製品
		③ 発酵肉（精密・バイオマス発酵肉）	微生物由来のタンパクを主原料とする代替肉製品
(3)	代替シーフード	① 植物性シーフード	豆類や藻類等の植物原料で製造される代替水産製品
		② 培養シーフード	魚類の細胞を採取・培養して製造される代替水産製品
(4)	代替卵	① 植物卵	豆類等の植物性原料で製造される代替液卵・卵製品
		② 精密発酵卵	微生物生成の卵タンパクを主原料とする代替卵製品
(5)	その他代替食品	① その他植物由来食品	植物由来のタンパクを主原料とするプラントベースのビーガン食品や廃棄農産物原料のアップサイクル食品など
		② その他培養・精密発酵由来食品	微生物由来のタンパクを主原料とする代替ハチミツや代替コラーゲン、代替着色料など

出所：野村證券フード＆アグリビジネス・コンサルティング部

2017年に全米スーパーとして初めて、Whole Foods Marketの「精肉売り場」で販売された。このことは、植物肉が通常の精肉と同じ製品として流通事業者に認められたことを意味しており、同社の植物肉がこれまでの大豆ミートなどの"もどき肉"とは一線を画した商品性を持つことの証左でもある。

また、味の改善だけでなく、同社の製品は精肉売り場で「生」の状態で販売されている点も画期的といえる。本物の肉と同様に自宅のフライパンなどで焼く一連の調理体験を消費者へ提供しているからだ。このように進化した代替肉製品の登場は、もともと健康や環境、動物福祉などに高い意識や関心を持つ消費者の食生活を、大きく転換させる契機となった。

このような背景で注目を集める当セクターを、これまでの代替食品とは一線を画す意味合いを込め、筆者は「サステナブル代替食品」と呼んでいる。

サステナブル代替食品セクターについて、筆者は、代替タンパクによって作り出されるアウトプット製品（製品カテゴリー）に注目し、大きく5つのサブセクターに分類している。それは、（1）代替ミルク・乳製品、（2）代替肉、（3）代替シーフード、（4）代替卵、（5）その他代替食品である（**図表3-3**）。

2 代替ミルク・乳製品のグローバル事業動向

（1）植物ミルク・乳製品

サステナブル代替食品セクターで、いち早く市場を形成したサブセクターは代替ミルク（植物ミルク）である。日本では大豆由来の「豆乳（ソイミルク）」が著名だ。豆乳はこれまで1980年代前半と1990年代後半、そして、2010年以降の3度の流行を経て、既に消費者がミルクを選ぶ際の選択肢の1つに定着した。ヘルシーで栄養価が高く、健康や美容への期待・効果などが背景にある。

植物ミルクの国内市場は2010年以降、ほぼ断続的に成長を続けており、2023年の同市場規模は、少なくとも700億円を超えたものと筆者は推計している。そのうち、豆乳が市場シェアの8割以上を占めているものと推測する。

また、2010年代後半以降、第2、第3の植物ミルクといわれ成長している「アーモンドミルク」や「オーツミルク」をはじめ、「ライスミルク」、「ココ

ナッツミルク」、「カシューナッツミルク」など多様な植物ミルクが市販されている。製品バラエティの拡がりとともに市場のすそ野も拡がりはじめている。国内市場を開拓し、豆乳で過半のシェアを持つプレーヤーはキッコーマンである。その他、マルサンアイやスジャータめいらく、ポッカサッポロフード＆ビバレッジ、大塚食品、ヤクルト本社、江崎グリコなどの大手食品メーカーが市場をけん引する。

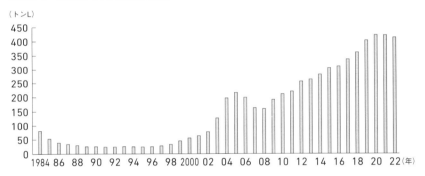

図表3-4　「豆乳」の国内出荷量推移

出所：日本豆乳協会データより、野村證券フード＆アグリビジネス・コンサルティング部作成

　海外で植物ミルク市場をけん引するのは米国であり、筆者は、世界の植物ミルク市場（2023年末時点）における米国のシェアを45％程度と推計している。米国では日本と同様に、1980年代から牛乳アレルギーの消費者やビーガン向けに豆乳製品が存在していたが、現在の成長がはじまったのは、2008年以降のアーモンドミルク製品のローンチ以降である。米国では豆乳よりもアーモンドミルクの味が評価され、2012年に豆乳を抜き、現在は植物ミルク市場の少なくとも3分の2以上がアーモンドミルクだと考えられる。アーモンドミルクに次ぐ植物ミルクは、オーツ麦を原料とするオーツミルクである。オーツミルクはもともと欧州で高いシェアを持つが、2017年に米国で初めて製品ローンチされて以降、急激に伸長し、2019年には豆乳を抜いたものと推計している。

　現在、食品世界最大手のNestlé（スイス）をはじめ、Danone（フランス）、General Mills（米国）、The Kraft Heinz Company（米国）などのグローバル食品メーカーはこぞって植物ミルクを取り扱う。例えば、Danoneは2021年にフ

ランスにある大規模工場を植物性ミルクの製造工場に切り替えるなど、グローバル食品企業の当分野への注力度は高い。

しかし、2010年以降、欧米で植物ミルクの大きなムーブメントを生み出したのはスタートアップなどの新興企業である。オーツミルクのパイオニアで2021年にNASDAQ市場に上場したOatly（スウェーデン）をはじめ、アーモンドミルクの先駆者で2010年設立のCalifia Farms（米国）、エンドウ豆タンパク由来の植物ミルクで高いシェアを持つ2014年設立のRipple Foods（米国）、植物ミルクのUnicorn企業で2015年設立のNotCo（チリ）などが著名である。筆者は様々な植物ミルクを現地で試飲したが、Califia Farmsのオーツミルク（バリスタブレンド）などは、多くの日本人に受け入れられる製品だと感じた。

図表3-5 米国で流通する主な植物ミルク製品

出所：左からOatly, Califia Farms, Ripple Foods, NotCo HP

消費者のエシカル消費も相まって、このような大企業とスタートアップ企業による植物ミルクの製品開発が加速した現在、米国の液状ミルク製品に占める植物ミルクのシェアは、既に15％を超えたものと筆者は推計している。

また、欧米では、2010年以降、このような植物ミルクを主原料とした植物ベースの乳製品（以下、植物乳製品）もローンチされ、既に一定の市場が形成されはじめている。製品の大半は、植物由来のヨーグルトやチーズ、ディップ（パンやクラッカーに付けて食べるクリーム状のソース）である。この分野で著名な企業は、植物ヨーグルトで全米最大のシェアを持つ2010年設立のKite Hill（米国）である。当社はアーモンドミルクをタンパク原料にした100％植物由来のヨーグルトやクリームチーズ、ディップの各製品を市販している。また、米国でビーガンチーズのパイオニアといわれるのは、2014年設立のMiyoko's Creamery（米国）である。カシューナッツミルクをタンパク原料とした完全植

物由来のモッツァレラチーズやスライスチーズ、チーズディップ、バターなどを米国やカナダ、香港、シンガポールなどで販売している。

図表3-6　米国で流通する主な植物乳製品

出所：Kite Hill, Miyoko's Creamery HP

（2）精密発酵ミルク・乳製品

　このように2010年以降、欧米や日本を含むアジアにおいて植物ミルク・乳製品が、従来の牛乳や生乳原料の乳製品に替わる新たな代替市場を形成している中、2020年以降、大きな注目を集めているのが精密発酵ミルク・乳製品である。これまでの植物ミルク・乳製品が、アーモンドやオーツ麦、エンドウ豆などの植物由来のタンパク質を主原料に製造する一方、精密発酵ミルク・乳製品は、目的の乳タンパク質を微生物に作らせる代替ミルク・乳製品である。具体的には、牛の乳タンパクであるホエイやカゼインの遺伝子コードを挿入された酵母やバクテリアなどの微生物をフラスコとバイオリアクター（培養装置）でそれぞれ培養し、遠心分離の後、ろ過・乾燥工程を経て、目的の乳タンパクが生成される。その乳タンパクを主原料として、目的製品の味や栄養価、機能などに必要な植物原料などを加えて精密発酵ミルク・乳製品が製造される。

　精密発酵の技術自体は新しいものではない。1970年代に安全面と価格面などで画期的な進化を遂げた糖尿病治療薬のヒトインスリン製剤の開発をはじめ、B型肝炎ワクチンの抗原体、片頭痛用のペプチド拮抗薬など、医療分野では一般的なバイオ技術である。2020年以降、食品分野における精密発酵技術の導入を目的とする研究開発が米国やイスラエルを中心に急速に広まっている。

　精密発酵由来の製品を植物由来と比較した際の最大の利点は「味」である。

仮に多くの消費者が牛乳に近い味を代替ミルクに求めている場合、牛乳が本来持つ乳タンパクをアーモンドやオーツ麦などの植物タンパクから「模倣」するのか、牛乳と同じ遺伝子コードを持つ代替タンパクで「再現」するのかを考えると、精密発酵ミルクの味の優位性（再現性）が想像される。

また、「エシカル消費」の視点では、動物由来の製品と比較した場合、植物由来も精密発酵由来もどちらも環境負荷は低いが、植物由来はアーモンドなどの植物を生産する過程で多くの水と土地を使用し、農産地から都市部への物流過程でも多くの二酸化炭素を排出している。そのため、精密発酵由来の方が相対的な環境負荷は低いと考えられる。

図表3-7　精密発酵ミルク・乳製品の製造プロセスと利点

製造プロセス	① 目的となる乳タンパクの遺伝子コードを微生物に挿入
	② 微生物をフラスコ、バイオリアクターでそれぞれ培養
	③ 微生物が生成した乳タンパクを分離・ろ過・乾燥
	④ ③を主原料に目的となる代替ミルク・乳製品を製造
利点	✓ 植物由来と比較し、「味」が動物由来と同等
	✓ 動物・植物由来と比較し、環境負荷が少ない

出所：野村證券フード＆アグリビジネス・コンサルティング部

一方、精密発酵による乳タンパクは、新たなプロセスで製造される食品原料（添加物・素材）と見なされ、製品流通において、消費者や食品小売企業の受容性という観点から規制当局による認可が求められる。米国での流通には、米国食品医薬品局（FDA）による安全性承認、またはFDAによる「GRAS（Generally Regarded As Safe）認証」の取得が必要となる。前者は、申請した原料は申請した用途（製品）でしか販売ができないが、後者の認証は申請した原料を多用途に活用できるため、GRAS認証の取得を前提とした製品上市計画を組む企業が大半だ。

現在、精密発酵乳タンパクの安全性認証を出した国は米国（2020年）とシンガポール（2022年）、イスラエル（同）、カナダ（2024年）の4ヵ国で、世界初の乳タンパク認証を受けた企業は、米国のUnicorn企業の**Perfect Day**である。当社は2014年の設立以来、ホエイの主成分・β-ラクトグロブリンの開発を進

め、2020年、代替ホエイプロテイン「ProFerm」のGRAS認証を取得した。同年、世界初の精密発酵乳製品（アイスクリーム）を、翌2021年には精密発酵ベースのクリームチーズやプロテインパウダーをそれぞれ米国で販売開始（ローンチ）し、2022年にはアジア初の精密発酵ミルクをシンガポールでローンチしている。また、当社の乳タンパクは、米国初の精密発酵ミルク「Cowabunga」を2022年末にローンチしたNestléをはじめ、Starbucks（代替ミルク）、Bell Food Group（代替チーズ）、Mars（代替チョコレート）などのグローバル食品企業の代替乳製品にも採用されている。Nestléは「Cowabunga」の公式サイトで、精密発酵ベースの乳タンパクは従来の牛乳と比較して、GHG排出量を最大80％、水使用量を最大94％削減する利点から、その持続可能性に言及している。

図表3-8　Perfect Dayの乳タンパクを使用した米国の主な精密発酵ミルク・乳製品

出所：Perfect Day, Nestlé「Cowabunga」HP

　Perfect Dayに次いで、米国でGRAS認証を取得したのはイスラエル発のスタートアップ企業・**Re-Milk**と**Imagindairy**の2社である。**Re-Milk**は2019年の設立から3年後の2022年にFDAのGRAS認証を取得し、**Imagindairy**は2020年設立から3年後の2023年に同認証を取得するなど、製品開発から認可取得までの速度が共通している。**Re-Milk**の乳タンパク（代替ホエイプロテイン）は、米国食品大手のGeneral Millsに供給され、2023年1月、初の製品となる代替クリームチーズが同社を通じてローンチされた。また、米国以外にも2023年にシンガポール食品庁とイスラエル保健省、2024年2月にはカナダ保健省からもそれぞれ流通許可を獲得した。イスラエルでは食品最大手のCBCグループが2024年内に、**Re-Milk**の乳タンパクを主原料とする乳飲料やチーズ、ヨーグルトなどの製品ローンチを計画している。

図表3-9　Re-Milkの乳タンパクを使用した米国の精密発酵乳製品

出所：General Mills HP

　Imagindariy は、AIモデルを用いた微生物株の開発が特徴で、ホエイだけでなく、カゼインやアルファラクトアルブミン（母乳に含まれる乳清タンパクの一種）などの乳タンパクの開発にも取り組む。2022年に実施した初の資金調達で、シードラウンドとして業界最大の2,800万ドルを調達するなど高い注目を集める。2023年3月に米国でGRAS認証を取得した後、現地大手パートナーと製品開発を推進中で、当社乳タンパクを使用した代替乳製品は、米国で早ければ2024年中にパートナーを通じてローンチされる見込みである。

　このように代替ミルク・乳製品の分野は2010年以降、「植物ベース」の製品が加速度的に一定市場を形成したが、2020年以降、「精密発酵ベース」の製品開発が急速に進み、同市場のすそ野を拡げはじめている。

3　代替肉のグローバル事業動向

(1) 植物肉

　サステナブル代替食品セクターを象徴するサブセクターは代替肉である。2010年代の後半から米国でエシカル消費を求める消費者層が急増する中、これまでの「模造肉」と比較して、ITとバイオ技術を駆使した「味」を劇的に改善させた植物肉が米国スタートアップ企業から上市され、大きな注目を集めた。その後、世界中で代替肉の開発が加速し、植物肉については2020年以降、世界中で製品がローンチされ、既に一定の市場が形成されはじめている。

　世界中で注目を集める植物肉だが、日本では古くから「精進料理」として親しまれてきた。精進料理は仏教の戒に基づき、殺生や煩悩への刺激を避けるこ

とを主眼として調理された料理で、鎌倉時代に中国仏教を学んだ僧侶により広まったといわれる。植物性食材を動物性食材に見立てた別名「もどき料理」であり、当時の僧侶が動物性食材を使わずに料理をする中で工夫を重ね、本物の肉や魚に近い見た目や味を追求していた。高野山の僧侶が豆腐を寺の外に出してしまったことが起源といわれている「高野豆腐」、豆腐やおから、こんにゃくをハンバーグに見立てた「豆腐ハンバーグ」や「おからハンバーグ」、「おからこんにゃく」、豆腐やニンジン、ゴボウなどを原料に油で揚げた「がんもどき」などは、今でも日本の消費者が口にする植物肉製品である。

海外の様々な植物肉スタートアップ企業の経営者が、「日本は植物肉製品を受け入れやすい有望市場の1つ」といわれる背景には、このような日本の伝統的な食文化が影響している。

図表3-10　日本の「精進料理」として親しまれてきた主な植物肉製品

出所：クラシルHP

日本では2020年頃から、大手食品企業を中心とする製品ローンチがはじまった。日本ハムや伊藤ハム、プリマハム、丸大食品などの大手食肉メーカーをはじめ、大塚食品、マルコメ、ニチレイフーズ、ニップン（旧日本製粉）、森永製菓、カゴメなどの大手食品メーカー、日本アクセスなどの大手食品卸が既に自社の植物肉製品を上市している。

また、食品小売最大手のイオンは、2020年10月からPB製品「トップバリュ ベジティブ（Vegetive）シリーズ」で、「大豆からつくったハンバーグ」などの植物肉製品を本格展開した。さらに、セブン＆アイ・ホールディングスも2020年12月から、同社PB製品「セブンプレミアム」にて植物由来の代替肉などの製品展開をはじめ、2021年6月からは植物肉スタートアップ企業のネクストミーツ（北海道）が開発する植物肉「NEXTカルビ」「NEXTハラミ」の取り扱

図表3-11　国内の大手食品・流通企業が開発する主な植物肉製品

出所：各社公表資料：上段左から大塚食品、伊藤ハム、日本ハム、プリマハム
　　　　　　　　　下段左からマルコメ、ニチレイフーズ、イオン、セブン＆アイ・HD

いを全国の「イトーヨーカドー」で開始した。2023年7月には、セブン-イレブン・ジャパンが、植物肉スタートアップ企業のDAIZ（熊本）が開発する植物肉原料を使った「みらいデリ ナゲット」を製品ローンチし、その後も、ミラクルミートを主原料とする製品を相次いで展開している。

　大手外食チェーンでは、モスフードサービスが植物肉パティを使ったハンバーガー「グリーンバーガー」を2020年5月から全国展開する他、ロッテリアやフレッシュネスバーガー、バーガーキングなどの各社・店舗でも植物肉バーガーのメニューが上市されている。2023年3月には、ワタミが居酒屋業態「ミライザカ」の全店舗で、豪州の植物肉スタートアップ企業・V2foodの植物肉を主原料とする複数メニューの展開（期間限定）をはじめた。

　日本の植物肉市場をリードする大手企業は、業務用チョコレート市場で世界シェア第3位、国内シェア首位の不二製油グループ本社である。同社は栄養価が高く地球環境負荷も低い「大豆」の価値に着目し、世界に先駆けて1956年から半世紀以上にわたり大豆ミートの開発に携わる大豆加工素材のパイオニアである。1969年には肉に近い食感に仕上げた肉状組織タンパク製品「フジニック」を上市するなど、半世紀以上にわたり植物性油脂と大豆タンパクの技術を蓄積し、食品素材としての大豆の可能性を追求している。現在、約60種類の大豆タンパク素材を、食品メーカーや外食、流通向けに業務用として提供して

おり、粒状大豆タンパクや粉末状分離大豆タンパク素材では国内シェアトップを誇る。2020年6月には、総工費約25億円をかけ、大豆タンパク素材の新工場を千葉に竣工し、旺盛な需要に応える供給量を確保している。

　また、国内植物肉市場の先駆的スタートアップ企業は、上述したDAIZとネクストミーツの2社である。

　2015年に熊本で設立されたDAIZは、独自技術により、従来の植物肉で課題とされていた、①味と食感に残る違和感、②大豆特有の青臭さや油臭さ、③肉に見劣りする機能性（栄養価）を解決し、おいしい発芽大豆由来の植物肉「ミラクルミート」の開発に成功している。当社製品は、大手ハンバーガーチェーン「フレッシュネスバーガー」が2020年8月からメニュー展開をはじめた植物肉バーガー「THE GOOD BURGER」のパティに採用されたのを皮切りに、「いしがまやハンバーグ」などを展開する上場外食企業・きちりホールディングス、「焼肉きんぐ」などを展開する同・物語コーポレーションなどの大手外食チェーンに続々と採用された実績がある。2023年5月には、「ミラクルミート」の風味・食感が評価され、台湾内に304店舗（2023年4月末時点）を展開する台湾モスバーガー（運営：安心食品）のプラントベースバーガー新商品「モー・リー・バオ」への採用が決まり、2022年4月に製品提供を開始したタイに続き、台湾にも進出した。また、2023年7月、セブン–イレブン・ジャパンが創業50周年を機に発表した環境配慮の新しい商品シリーズ「みらいデリ」のうち、当社製品が、「みらいデリ ナゲット」と「みらいデリ おにぎり ツナマヨネーズ」の2商品に採用され、全国のセブン‐イレブンで発売された。その後も、「みらいデリおむすび 和風ツナマヨネーズ」や「みらいデリラップ タコスミート」、「みらいデリロール たんぱく質が摂れるチキン＆チリ」などの商品にも採用されており、2023年末時点では、同シリーズにおいて12品もの当社植物肉原料の採用商品が発売された。

　当社は2023年10月にクローズした資金調達ラウンド（シリーズC）で総額71億円を調達し、累計資金調達額はフードテック・スタートアップ企業としては国内最大の131億円超となった。これらの調達資金により、現在、国内最大級となる植物肉原料工場を「くまもと臨空テクノパーク（熊本県益城町）」内に建設中であり、2025年2月の操業開始を計画している。

　2020年に設立されたネクストミーツは、植物ベースの焼肉代替肉「NEXTカ

図表3-12　DAIZが開発した植物肉原料が採用されている主な製品

出所：DAIZ HP

ルビ」や「NEXTハラミ」などを開発し、食品小売店や外食、一般消費者へ販売している。創業からわずか7ヵ月後の2021年1月に、特別買収目的会社（SPAC）スキームでNASDAQ市場の準備市場であるOTC Bulletin BoardにNEXT MEATS HOLDINGSが上場し、時価総額は一時40億ドルを超えた。

　当社初の製品ローンチ（オンライン販売除く）は2020年11月で、焼肉チェーン「焼肉ライク」の一部店舗で「NEXTカルビ」が販売された。想定以上の反響を受け、翌月から全店舗での取り扱いがはじまった。2020年12月に豊田通商とパートナーシップの基本合意を発表したのを契機に、2021年2月にはユーグレナとの共同開発製品「NEXTユーグレナ焼肉EX」やオイシックスでの製品の取り扱いが発表され、同年3月末からはイトーヨーカドー各店の精肉売り場での販売が開始された。さらに2021年5月にはIKEAで「NEXT牛丼」の取り扱いが発表され、同年6月には亀田製菓と長岡技術科学大学との各共同研究・製品開発の発表、同年7月には西武池袋本店での取り扱いが開始されるなど、事業展開が目覚ましい。国内の他、海外展開も進行中であり、現在、台湾とシンガポール、ベトナム、香港、米国などで製品をローンチ済みである。

　2021年4月末にはシリーズAとなる約10億円の資金調達を行い、大手製薬メーカーや食品設備設計会社、海外物流ソリューション企業などが資本参画した。同年8月、当社は新潟県長岡市で代替肉専用工場「NEXT Factory」の建設を発表している。代替肉市場での世界的プラットフォーマーを目指し、当社R&Dセンター「NEXT Lab」では世界中から各分野の専門家が集まり、バイオテクノロジーの分野で微生物や遺伝子の研究、メカトロニクスの分野では植物性

図表3-13　ネクストミーツが開発する植物肉の主な自社ブランド製品

出所：ネクストミーツHP

タンパク質の物性変化やファクトリーオートメーションの研究が進められている。

　日本を除くアジア企業でも、2020年以降、大手企業による植物肉への参入が相次いでいる。タイ最大のコングロマリット企業であるCP（Charoen Pokphand）Groupは、中核企業のCP Foodsが2021年5月、自社開発の植物肉ブランド「MEAT ZERO」をローンチした。当社プレスでは、「開発に2年を費やし、本物の肉の食感やにおい、味を再現した」と述べ、植物肉を使ったソーセージやハンバーガー、ガパオ、チキンナゲットなど幅広い商品ラインナップを発表している。タイ国内で1万2,000店舗以上を展開する大手コンビニエンスストアのSeven-Elevenや、同じく約300店舗を展開する大手食品スーパーのTesco Lotusなど、CP Groupの傘下企業の店頭で一斉に発売された。同じプレスでは、「2026年に世界でトップ3の代替肉ブランドになることを目指す」と発表している。

　タイでは、ツナ缶（マグロ油漬け缶）で世界最大手のThai Union Groupも2021年3月、自社開発の植物肉ブランド「OMG Meat」を上市した。点心やカニシュウマイ、肉まん、チキンナゲットなどの豊富な品揃えを、同国内大手食品小売グループのThe Mall Groupと連携して、同社系列の高級スーパーなどで展開している。今年9月には、香料や着色料を扱う同国の食品添加物メーカーであるR&B Food Supplyの株式（10％）を取得し、植物肉や植物魚の色合いや風味を追求することも発表されている。

　肉消費量が世界一の中国における「老舗」植物肉メーカーは、1993年から植物肉を展開する大手食品メーカーの斉善食品や2010年から植物肉を展開するベジタリアン向け食品メーカーのHong Chang Biotechnology（鴻昶生物科

技）である。欧米同様に、2019年の後半から大手食品メーカーやスタートアップ企業による参入が目立ちはじめた。大手上場ハムメーカーのJinzi Ham（金字火腿）は、2019年10月、米国大手化学メーカーのDowDuPontの中国子会社と共同開発した植物肉の製品ローンチを発表し、中国初となる植物肉を使ったハンバーガー・パティを販売した。また、2020年5月には、スナック食品大手の百草味は、中国発の植物肉スタートアップのHey Maet（上海魅味特食品科技）と共同開発した植物肉を使った「ちまき」の発売を開始した。同じ5月には、国内外で1,000店舗以上を展開する中国の人気ティー・ドリンクチェーンのHEYTEA（喜茶）が、植物肉スタートアップ企業のStarfieldと提携して、植物肉ハンバーガー「未来肉」の製品ローンチを発表している。Starfieldは中国で2017年に設立された植物肉メーカーで、2019年8月には老舗植物肉メーカーのHong Chang Biotechnologyから出資を受け入れ、両社による植物肉開発の共同プロジェクトもはじまっている。

図表3-14　アジアの大手食品企業が開発する主な植物肉製品

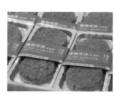

出所：左からCP Foods、Thai Union Group、金字ハム、HEYTEA HP

欧米でも、2020年頃から大手企業による植物肉の製品ローンチが相次いでいる。世界最大の食品メーカーであるスイスのNestléは、2019年4月に植物肉への参入を表明して以降、この分野の製品展開を加速させている。2019年に欧州で「Incredible Burger」を、米国では「Awesome Burger」をそれぞれ製品ローンチしたのを皮切りに、2020年12月には中国の天津で植物性食品「Harvest Gourmet」に特化した工場を稼働し、Alibaba Groupのオンラインショップ「Tmall（天猫）」や上海・北京などの食品小売店で、ハンバーガーやソーセージ、ナゲットなどの植物肉製品の販売を開始した。当社は日本でも、業務用向けに植物肉製品をローンチすることを発表している。

また、世界の食品業界第2位、穀物メジャーのADM（米国）は、2020年5月、食肉世界大手のMarfrig Global Foods（ブラジル）と植物肉の合弁会社Plant Plus Foodsの設立を発表し、植物肉市場へ参入した。2021年に入り、シンガポールで植物肉に関する研究所を新設し、主に大豆やエンドウ豆を使って、東南アジアで人気の肉料理の再現に取り組んでいる。

　さらに、植物肉の普及で影響が懸念される既存の食肉業界においても、当分野への参入が活発化している。世界最大の食肉メーカーであるTyson Foods（米国）は、Beyond Meatの初期の成長を支えた株主としても著名であるが、当社はBeyond Meatが2019年5月にNASDAQ市場に上場した際、全ての持ち分を売却し、翌月、自社の植物肉ブランド「Raised & Rooted」を発表し、植物肉分野へ参入した。製品はエンドウ豆を原料としたチキンナゲットと、牛肉と植物原料をブレンドした動植物タンパクのハイブリッドバーガーであった。植物性チキンナゲットの販売は今も好調であるが、ハイブリッドバーガーの消費者の反応は今ひとつだったため、2020年12月、同製品の生産の中止が発表された。それと同時に、「今後は動物性タンパクを一切含まない製品づくり」を公言し、2021年5月、同社は植物原料100％の植物肉の新製品（バーガー、ソーセージ、ひき肉）を発表している。

　同様に、米国最大の豚肉加工メーカーであるSmithfield Foodsは、2019年8月、植物性タンパク食品の新ブランド「Pure Farmland」を発表し、植物肉分野へ参入した。当社は肉食を減らし菜食を増やすフレキシタリアン市場を対象にすることを明確にしている。当社は、その際、再生プラスチック素材を50％以上用いたトレイを利用するほか、米国食品関連財団のAmerican Farmland Trustと連携して、製品販売1個ごとに1平方フィート（約0.09㎡）の農場・牧

図表3-15　欧米の大手食品企業が開発する主な植物肉製品

出所：左からNestlé、Plant Plus Foods、Tyson Foods、Smithfield Foods HP

場の保全費用を寄付することも併せて発表した。製品面だけでなく、食品包装や農地保全の環境面に配慮する同社の理念や姿勢が大きな注目を集めた。

植物肉市場は、今でこそ世界中の大手食品企業が参入しているが、市場のパイオニアは、米国の新興・スタートアップ企業のBeyond MeatとImpossible Foodsである。

Beyond Meatは、環境問題や動物福祉の課題解決に関心が高く、自身もビーガン（菜食主義者）である現CEOのEthan Brown氏によって2009年に設立され、その10年後の2019年5月に、NASDAQ市場に株式上場した。

当社は2013年に初の製品「Beyond Chicken」をローンチし、翌年には植物由来のひき肉「Beyond Beef」を、そして2015年には当社の看板製品となったハンバーガー用パティ「Beyond Burger」をそれぞれローンチした。Beyond Burgerは、米国高級食品小売チェーンのWhole Foods Marketの精肉売り場にて、「肉でない製品」が初めて陳列されたことでも世界の注目を集めた。

「Beyond Burger」の主原料は、エンドウ豆から抽出したタンパク質であるが、本物の牛肉ハンバーガーの食感を再現するために、霜降りはココナッツオイルとココアバターで、赤身はビーツで、風味や香りは酵母エキスなどでそれぞれ絶妙に再現している。その他、アラビアガムやジャガイモのデンプンなど計22の植物原料を使用し、総脂肪と飽和脂肪を低く抑えながら、見た目も味も本物の牛肉に近づけている。

2024年10月1日時点の展開製品は、「Beyond Burger」「Beyond Steak」「Beyond Sausage」「Beyond Jerky」「Beyond Meatballs」など7種類21品目で、採用する食品小売・外食店舗数は既に80ヵ国・12万店舗を超えている。

図表3-16　Beyond Meatが開発する主な植物肉製品

出所：Beyond Meat HP

Impossible Foodsは、スタンフォード大学の名誉教授であるPatric Brown氏

が2011年に当社を創業した。当社のこれまでの累計資金調達額は19億ドルであり、サステナブル代替食品セクターで最大の調達規模を誇る。

　当社の看板製品は、植物肉パティ「Impossible Burger」であり、他社製品と比べて「肉の風味」が強い点に特徴がある。その主因は製造方法（技術）にある。当社製品は大豆タンパクを中心とする植物由来の原料を用いるが、その中核技術は「遺伝子組換え」と「酵母」による発酵技術である。動物由来のタンパク質には「レグヘモグロビン」といった基本物質が含まれており、肉特有の風味を生み出す重要な成分といわれる。同社は遺伝子組換えで作り出した大豆に、「大豆レグヘモグロビン」を作り出すように遺伝子組換えを行った酵母を注入し、発酵させることでこの肉のうまみ味成分を作り出している。

　このような「革新的な」製造方法もあり、FDAの安全承認に時間を要した。製品が本格展開されたのは2019年5月以降であり、まず、大手外食チェーンのBurger Kingの一部店舗で試験販売され、同年末より、全米の店舗でメニュー化に至った。2020年2月、米国のDisney Parks, Experiences and Productsとの戦略提携を発表し、ディズニーテーマパーク内での「Impossible Burger」の取り扱いを発表し、同年6月には、Starbucksと提携し、「Impossible Breakfast Sandwich」の販売が開始された。

　小売向けでは、2019年8月、高級食品小売チェーンのGelson's Marketsで初の製品ローンチを果たしたのを皮切りに、2021年8月、全米最大の食品小売チェーンであるKrogerなどでもローンチされた。

　2024年10月1日時点で展開している製品は、「Impossible Burger」「Impossible Sausage」「Impossible Chicken」「Impossible Meatballs」「Impossible Pork」（外食のみ）、「Impossible Meals」の6種類・計30品目である。

図表3-17　Impossible Foodsが開発する主な植物肉製品

出所：Impossible Foods HP

近年、植物肉分野で注目を集めている製品が、「ブロック肉（厚切り肉／ホールカット肉）」である。Beyond MeatやImpossible Foodsをはじめとする植物肉スタートアップ各社が開発する製品の大多数は、ハンバーグなどの「ひき肉（ミンチ肉）」であり、動物肉で需要の大半を占めるブロック肉の製品ローンチを実現しているスタートアップ企業はそう多くない。植物由来の特徴的なブロック肉を開発し、既に多国へ製品を流通・展開している代表的なスタートアップ企業は、イスラエルの**Redefine Meat**とスイスの**Planted Foods**である。

　2018年設立の**Redefine Meat**は、ブロック肉の持つ複雑な組織や弾力性を模倣するため、「代替血液」「代替脂肪」「代替タンパク」のマルチノズルを持つ3Dフードプリンターを使って、見た目や食感、風味などで動物肉と類似する植物由来のブロック肉を開発している。2018年に世界で初めて3Dフードプリンターを用いた植物由来のステーキ肉を開発した企業として著名である。

　筆者はイスラエル本社で当社開発のブロック肉（ステーキ肉）を試食したが、ナイフを入れると、一般的な植物肉は、切り込みを入れた周辺がボロボロと崩れ落ちてしまうが、当社製品は動物由来のブロック肉のような一定の「弾力性」を兼ね備えていた点が特に印象的であった。

　2021年にイスラエルでステーキ製品をローンチし、同年末に英国やドイツ、オランダにも展開した。2024年10月1日時点、高級外食店を中心に、イスラエルと欧州（7ヵ国）で900店舗を超える外食・食品小売店へ製品展開している。

図表3-18　Redefine Meatが開発する植物由来のブロック肉（ステーキ）製品

出所：Redefine Meat HP

　また、2019年に設立されたスイスの**Planted Foods**は、累計資金調達額ベースで欧州最大の植物肉スタートアップ企業である。独自のバイオストラク

チャリング技術（植物性タンパク質の構造を変化させる押出形成・発酵技術）で、肉の複雑な構造や食感、風味を再現し、これまで難易度の高かった「筋のある」鶏むね肉などの密度の濃いブロック肉製品を開発している。製品原料はエンドウ豆タンパク質と繊維（ピーファイバー）、菜種油、水、酵母の5種類とシンプルなことも特徴であり、保存料や添加物は一切使用されていない。

筆者はチューリヒの本社でいくつかの製品を試食したが、当社の代表製品であるチキン製品（むね肉、ささ身、焼き鳥）は、これまで食した植物由来のチキン製品と比べても格別であった。他社製品でありがちな「パサパサ感」やコンニャクに近い食感はなく、押出形成技術で製造された植物由来の筋繊維がチキンならではの食感を創り出していた。

2019年にスイスで初の製品をローンチした後、ドイツ、フランス、オーストリア、イタリア、英国などへ展開している。2024年10月1日時点、欧州7ヵ国で15種類以上の製品を供給し、展開店舗数は小売を軸に5,000店舗を超えた。

図表3-19　Planted Foodsが開発する植物由来のブロック肉（チキン）製品

出所：Planted Foods HP

（2）培養肉

代替肉の2つ目の製品カテゴリーは培養肉であり、現在、シンガポールや米国を中心に、製品開発や規制承認の動向が目覚ましい。

培養肉は、牛・豚・鶏などの家畜の細胞を培養して「製造」される代替肉である。培養方法は、家畜の筋幹細胞を採取・選抜し、ウシ胎児血清（FBS）などの培養液を浸したバイオリアクターの中に、水やミネラル、糖分栄養素を加

えて細胞分裂を促進・増殖させるものである。増殖した細胞は筋細胞を生成し、これらを積み重ねた複数の筋組織で代替肉製品を製造している。細胞から最終製品製造までの全プロセスはおおよそ4〜6週間である。

培養肉が注目を集めている最大の理由は、「味」にある。植物肉はビーガンやベジタリアンには良いが、一般消費者が肉の代替とするには味の面でまだハードルが残る。現在市販中の植物肉において、動物肉が有する、血の滴るような「風味」や複雑な繊維・組織で形成される「食感（歯ごたえなど）」を完璧に再現できている製品は世界を見渡しても存在しない。植物肉のパイオニアであるImpossible Foodsが遺伝子組換えと発酵技術でこれらを再現しようと試みており、風味は競合他社と比較すると近づいてはいるものの、動物肉の風味や食感の再現にはほど遠い。

培養肉は、動物（家畜）の細胞由来であり、風味や食感は基本的に動物肉そのものである。筆者もシンガポールと米国、イスラエルでチキン（鶏肉）の培養肉を3度試食する機会があったが、これまで試食した世界中のどの植物肉とも比較にならなかった。植物肉の品質も日進月歩で動物肉に近づいており、味をまぶす「ひき肉」製品ではわかりづらくなってはいるが、「ブロック肉」製品になるとその差は歴然である。

図表3-20　筆者がイスラエルで試食した培養鶏肉製品

出所：野村證券フード＆アグリビジネス・コンサルティング部

動物の細胞から製造される培養肉の販売（市場への流通）に向けては、食品安全規制の原則に基づき、各国規制当局による承認が必要になる。2024年10月1日時点、培養肉の流通ライセンス（許可）を出している国は、シンガポー

ルと米国、イスラエルの3ヵ国のみである。

　世界で初めて培養肉を流通させたのはシンガポールだ。2020年12月、シンガポール食品庁は、米国の培養肉スタートアップ企業・GOOD Meat（親会社：**Eat Just**）が開発した培養鶏肉の流通を承認した。当社は同月、培養肉製品を世界で初めてローンチした。当社製品はシンガポールの会員制レストラン「1880」や宅配サービス「foodpanda」、高級精肉店「Huber's Butchery」などを通じて流通されているが、製品の供給量が少量のため、現在、foodpandaでは毎週木曜日、Huber's Butcheryでは毎週土・日曜日（のどちらか）に限定販売されている。

　当社は流通承認から1年後、培養肉生産に「無血清培地」を使用する認可をシンガポール食品庁より取得している。無血清培地は、細胞培養時に血清を用いない培地を指す。培養肉の品質安定とスケール化に不可欠といわれている動物由来の血清（ウシ胎児血清など）を使用しないことで、製造コストの大幅削減に寄与する他、エシカル消費者が代替肉を口にする背景の1つといわれる「アニマルウェルフェア」にも貢献する。

図表3-21　GOOD Meatがシンガポールでローンチした培養鶏肉

出所：GOOD Meat / Eat Just HP

　GOOD Meatのシンガポールにおける製品製造を担っているのは、同国の医薬品受託製造開発機関（CDMO）・Esco Asterである。当社は培養肉製品におけるエンドツーエンド（EtoE）の受託プラットフォーム「The AsterMavors platform」を開発しているが、当プラットフォームは、2021年7月、シンガポール食品庁から世界初となる培養肉製造のライセンスを取得した。

　Esco Asterは現在、培養肉の開発・製造受託企業として、培養肉業界での地位を高めている。当社が業務提携する培養肉スタートアップ企業はGOOD Meatだけでなく、競合で培養肉業界を代表するスタートアップ企業の**Mosa Meat**

（オランダ）やMeatable（同）、Aleph Farms（イスラエル）などとも戦略的に提携している。今後の需要増加を背景として、当社は、現在、既存工場の100倍近くの8万平方フィート（約7,432㎡）の大きさとなる新工場をチャンギ国際空港近くに建設中で、2025年を目途に竣工・稼働を予定している。

図表3-22　世界で初めて培養肉「製造」ライセンスを取得したEsco Aster

出所：Esco Aster HP

シンガポールに次いで培養肉の流通を認めた国は、牛肉・鶏肉の世界最大の生産・消費国の米国である。米国では、培養魚はFDAの規制（安全性審査）のみだが、培養肉はFDAの規制に加えて、米国農務省（USDA）による許可（表示認証と検査証書（GOI）取得）が必要となる。

FDAは、2022年11月に米国の培養肉スタートアップ企業・UPSIDE Foodsへ、2023年3月に米国・GOOD Meatへ、各社が開発する培養鶏肉の安全性について「異議なし」のレターを提出（流通ライセンスを付与）した。続いて2023年6月、USDAが両社に許可を出し、UPSIDE FoodsとGOOD Meatの2社は、米国で培養肉を製造・販売できる初の企業となった（GOOD Meatの培養肉製造の検査証書は、受託製造パートナーである米国・JOINN Biologicsが取得）。

注目は直営工場のスケール化で競合他社を圧倒しているUPSIDE Foodsである。2015年に設立された当社は、2016年に世界初の培養ビーフミートボール、2017年には世界初の培養鶏肉と培養鴨肉の開発にそれぞれ成功するなど、培養肉業界をリードしてきた。2022年4月にクローズした資金調達ラウンド（シリーズC）では、世界最大の食肉企業であるTyson Foodsや穀物メジャーのCargill、Microsoft創業者のBill Gates氏、SoftBank Vision Fund 2などから合計4億ドルを調達し、累計資金調達額は培養肉業界最大の6億ドルに達した。

豊富な調達資金により、2021年11月、カリフォルニア州エメリービルに当

時世界最大の培養肉工場を竣工した後、2023年9月、イリノイ州グレンビュー（シカゴ近郊）に商業ベースの大規模培養肉工場の建設を発表した。竣工は2025年中、総工費は1.4億ドルを予定し、培養肉の製造能力は、最大3,000万ポンド（約1.3万t）に達するという。「超」大規模工場による製造のスケール化と、低コストで高品質な成長因子の調達と成長因子の依存度が低い細胞株の選択などの製造プロセスの刷新により、大幅なコスト削減を見込む。

図表3-23　UPSIDE Foodsが米国でローンチした培養鶏肉とエメリービル工場

出所：UPSIDE Foods HP

　シンガポールと米国に続き、世界で3番目に培養肉の流通を承認した国はイスラエルである。イスラエル保健省は、2024年1月、同国の培養肉スタートアップ企業・**Aleph Farms**が開発する培養牛ステーキ肉「Aleph Cuts」の製造プロセスに「異議なし」のレターを発行（流通ライセンスを付与）した。

　当社は、2017年の創業当初より、独自のバイオ3Dプリンターを活用してブラックアンガス牛「Lucy」の非改変細胞（ウシ胚性幹細胞）と、大豆・小麦由来の植物タンパク質を原料とする培養牛ステーキ肉の製品開発に注力し、2018年に世界初の培養牛薄切りステーキ肉を、2021年には世界初の培養牛リブロースステーキ肉の開発にそれぞれ成功した。

　当社のライセンス取得は、培養肉業界に大きな衝撃を与えた。それは、細胞由来の「牛肉」製品のライセンスを世界で初めて取得した点にある。培養肉製品のライセンスは、上述の通り、これまで米国のGOOD Meatと**UPSIDE Foods**の2社が取得しているが、いずれも細胞由来の「鶏肉」製品であった。牛肉は、鶏肉と比べて筋繊維や筋内膜などの結合組織の構造が複雑で、風味や食感などの点から「味」の表現も複雑だといわれている。最初の製品開発で鶏肉製品の

開発に取り組むスタートアップ企業が多い理由はそこにある。

また、動物由来の牛肉と鶏肉の価格差は大きい。USDAによると、2024年1月平均の鶏肉価格（米国輸入CIF価格）は1.57ドル/kgに対して、牛肉価格（同）は4.83ドル/kgであり、価格差は3.1倍に達する（**図表3-24**）。培養肉製品の現在の製造コストは、牛・豚・鶏を問わず、従来の動物肉を大幅に上回っている。その一方、筆者が**Aleph Farms**にイスラエルのレホボト本社でインタビューをした際、「培養肉の製造コストは、牛・豚・鶏でそう変わるものではない。」という。仮にそうだとすると、販売単価を相対的に高く取れる培養牛肉の価値は高い。その中でも、**Aleph Farms**が開発しているステーキ製品は嗜好品でもあり、その価値はさらに高まる。さらに、「Aleph Cuts」製品は、製造プロセスにおいて、ウシ胎児血清などの動物由来の血清を使用していないことも大きな特徴である。

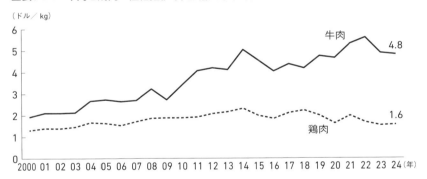

図表3-24　牛肉と鶏肉の価格推移（米国輸入年平均価格、2024年は1月平均）

出所：USDAデータより、野村證券フード＆アグリビジネス・コンサルティング部作成

当社は次の製品ローンチ国として、米国とシンガポール、スイスを挙げている。米国は2019年より穀物メジャーのCargillと業務提携しているほか、シンガポールでは2023年にバイオ企業の生産施設を買収し、同年、スイス小売最大手のMigrosと共同で培養牛肉の流通に向けた申請書を当局へ提出している。

図表3-25　Aleph Farmsがイスラエルで認可を得た培養牛ステーキ肉「Aleph Cuts」

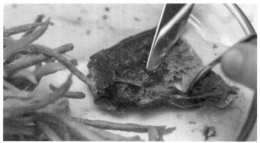

出所：Aleph Farms HP

　培養肉業界は、サステナブル代替食品セクターの中でも最注目業界の1つであり、GOOD MeatやUPSIDE Foods、Aleph Farms以外にも、グローバルで注目を集める培養肉スタートアップ企業は多い。Mosa Meat（オランダ）とBeliever Meats（イスラエル）の2社を紹介したい。

　Mosa Meatの共同創業者であるマーストリヒト大学のMark Post博士は、2013年に世界で初めて培養肉を開発した「培養肉の父」としても著名である。Aleph Farmsと同様に、創業当初から細胞由来の「牛肉」製品の開発に特化し、2019年に競合他社に先駆けて、ウシ胎児血清を利用しない無血清培地を開発している。製品ローンチを予定し、既に当局と安全性審査などの交渉を行っている国は、シンガポールと英国、EUである。シンガポールでは、2022年に培養肉製造ライセンスを持つEsco Asterとの業務提携（製造委託契約）を通じて、シンガポール食品庁とのライセンス交渉を開始し、2024年中のライセンス獲得を計画している。また、2023年には、マーストリヒトの本社近くに当社初となる商業ベースの培養肉工場（中型プラント）を竣工するなど、製品出荷の体制が整いはじめた。

　ちなみに、当社初の製品は「牛ひき肉」を計画しているが、培養肉100％ではなく、培養肉と植物タンパクを一定比率で組み合わせて製造する「ハイブリッド肉」製品となる見込みである。機能面で見ると、植物ベースのメリットである見た目や栄養などと、細胞培養ベースの利点である味（風味や食感）などの両社の「いいとこ取り」を企図した製品であるが、培養肉100％で製品を仕上げる場合と比較することで、製造コスト（引いては販売単価）が大幅に引

き下がる経済面が最大のメリットであろう。ハイブリッド肉製品は、当社に限らず、培養肉業界の製品開発における昨今の大きなトレンドの1つである。

図表3-26　Mosa Meat創業者が開発した世界初の培養肉と同社の主な開発製品

出所：Mosa Meat HP

　2018年に設立された**Believer Meats**の累計資金調達額は既に4億ドル弱に上り、培養肉業界においては**UPSIDE Foods**に次ぐ世界第二位の調達規模を誇る。当社の最大の特徴はコスト競争力にある。当社は創業当初より培養肉と植物肉原料を混合したハイブリッド鶏肉を開発しているが、筆者がレホボト本社で行ったインタビューでは、培養鶏肉の製造コストは既に10ドル/kgに迫っている模様で、その場合、業界随一のコスト競争力となる。その要因は、使用する細胞と培養方法にある。細胞は業界で一般的な幹細胞ではなく、皮膚の真皮にある細胞でコラーゲンやヒアルロン酸などを作り出す線維芽細胞を使用している。線維芽細胞は少ない成長因子で自己複製することが特徴である。また、培養方法は、細胞を培地に浮遊させた状態で増殖させる懸濁培養を採用するほか、独自の培地リサイクルシステムを開発するなどで、大幅な製造コスト削減を実現している。

　現在、米国・ノースカロライナ州に培養肉工場を建設中で、2024年中の竣工を計画している。製造能力は年間約1万tを予定し、完成すればその時点で世界最大の培養肉工場になる見込みである。既にFDAと協議中で、2024年中のライセンス取得と製品ローンチを見込んでいる。流通上の戦略パートナーは、米国では穀物メジャーのADM、欧州・イスラエルではNestlé、アジアではCP Foodsなどと提携済みであり、既に当社は、世界を代表する食品グローバル企業と製品バリューチェーンを形成しつつある。

図表3-27 業界随一のコスト競争力を誇るBeliever Meatsの主な開発製品

出所：Believer Meats HP

(3) 発酵肉（精密・バイオマス発酵肉）

　代替肉の3つ目の製品カテゴリーは発酵肉である。発酵肉は「熟成肉」などとは異なり、本書では「微生物由来の代替タンパク原料を用いた代替肉製品」と定義する。植物ベースと細胞ベースに次ぐ代替肉の第三のカテゴリーとして、近年、注目を集めている。

　発酵肉は、目的タンパク質を生成する微生物の取り扱いによって、さらに2つの製品に分けられる。1つは、「精密発酵肉」であり、微生物が目的のタンパク質（や血液、脂肪などの成分）を生成して、それを主原料に製造される代替肉であり、微生物は最終製品から除去される。もう1つは、「バイオマス発酵肉」であり、キノコの菌糸体などの微生物自体を培養・増殖し、成形して製造される代替肉であり、微生物が最終製品に組み込まれる。言い換えると、精密発酵は、微生物がタンパク質を生成する工場となるのに対し、バイオマス発酵は、微生物自体がタンパク質原料となる点で両者の製法は異なる。精密発酵は

図表3-28　精密発酵とバイオマス発酵

発酵技術	タンパク質生成方法	微生物残留	特徴	製品名称
精密発酵	プログラムされた微生物が目的タンパク質を生成	なし	特定成分を正確に再現	精密発酵肉
バイオマス発酵	微生物自体が増殖・成長し目的タンパク質を生成	あり	タンパク質を効率的に大量生成可能	バイオマス発酵肉

出所：野村證券フード＆アグリビジネス・コンサルティング部

タンパク質などの特定成分を正確に再現できるのに対して、バイオマス発酵はタンパク質を効率的に大量生産できる点が特徴である。

　まず、精密発酵の動向であるが、当技術で発酵肉や植物肉（最終製品）を開発するスタートアップ企業はそう多くないが、植物肉の特定成分（原料）を開発する企業は、昨今増加傾向にある。前者の代表格は前述したImpossible Foodsであり、後者はMotif FoodWorks（米国）である。

　Impossible Foodsは、本章（1）で植物肉業界の代表企業として取り上げたが、コア技術は精密発酵技術である。当社製品は肉特有の風味と香りが特徴だが、これは大豆の根に存在するタンパク質「大豆レグヘモグロビン」に含まれるヘム（Heme）を精密発酵で大量生成することで再現している。ヘムは肉独特の鉄分のような風味や香りを生み出す化合物で、「食肉の必須物質」といわれる。血液中ではヘモグロビン、筋肉中ではミオグロビンというタンパク質に存在している。

　当社は精密発酵技術を用いて、植物ベースのヘム（代替ヘム）の量産に成功した。具体的には、大豆レグヘモグロビンを合成する遺伝子コードを、Pichia pastoris（ピキア・パストリス）という酵母に注入し、この遺伝子組換えされた酵母（GM酵母）に糖とミネラルを供給して培養し、大豆レグヘモグロビンに含まれるヘムを人工的に「複製」している。当社はこの生成プロセスについて、2014年にFDAへGRAS認証の申請を行い、4年後の2018年7月、FDAより「異議なし（一般に安全と認められる）」のレターを受領した。その後、精密発酵で生成されたヘムを使用した植物肉（精密発酵肉）パティ「Impossible

図表3-29　精密発酵技術で生成した代替ヘムが特徴の「Impossible Burger」

出所：Impossib.e Foods HP

Burger」は、2019年5月より、大手ハンバーガーチェーン「Burger King」の一部店舗で試験ローンチが開始された。

　Motif FoodWorksは、2021年9月にニューヨーク証券取引所（NYSE）に上場した合成生物学のパイオニア・Ginkgo Bioworksのスピンオフベンチャーである。2019年に設立された当社は、合成生物学で植物肉の風味や香り、食感、口当たりを改善させる成分の開発を行う精密発酵スタートアップで、植物肉などを開発する企業へ代替肉成分（原料）を供給している。現在、FDAからGRAS認証を取得済みの植物肉成分は2つある。1つは、2021年12月に製品ローンチを発表した微生物由来のヘムタンパク質「HEMAMI」であり、もう1つは、2023年3月に製品ローンチを発表した微生物由来の食用ハイドロゲル「APPETEX」である。

　HEMAMIは、牛の筋肉組織内のタンパク質「ミオグロビン」に含まれるヘムと生物学的に同等な成分で、植物肉などの代替肉に、肉特有の風味と香りを提供する。生成方法は基本的にImpossible Foodsと同様である。すなわち、牛のミオグロビンをコードする遺伝子を特定酵母（Pichia pastoris）に挿入し、このGM酵母に栄養素を与えて培養し、ミオグロビンに含まれる代替ヘムタンパク質を生成している。HEMAMIという製品名称は、「ヘム（Heme）」と「旨味（UMAMI）」の組み合わせからきている。

　APPETEXは、植物肉などの代替肉に、動物肉製品に特有の弾力のあるジューシーな食感（嚙み応え）を提供する成分である。植物タンパク質と植物ベースの炭水化物を組み合わせて、動物の筋肉や結合組織を構成するタンパク

図表3-30　Motif FoodWorksの「HEMAMI」と「APPETEX」が使用されたバーガーパティ

出所：Motif FoodWorks HP

質から生じる弾力のある「質感」を再現している。製品名称は、「Appetite（食欲）」と「Texture（質感）」に由来している。

これら成分の利点を顧客や消費者にも体感してもらう目的で、両成分を組み入れた3種類の植物肉製品（Motif BeefWorks, Motif ChickenWorks, Motif PorkWorks）をオンライン限定で発売している。

次に、バイオマス発酵の動向について述べる。当技術で発酵肉（最終製品）を開発する企業は増加しており、この分野を代表するスタートアップ企業は、Sustainable Bioproducts（Nature's Fynd）（米国）と Emergy（Meati Foods）（同）である。

2021年に設立された**Sustainable Bioproducts（Nature's Fynd）**は、独自の発酵技術とイエローストーン国立公園の熱水泉に生息する極限環境下の真菌微生物株を使って、真菌タンパク質「Fy Protein」を開発している。Fy Proteinはタンパク質を45%以上、食物繊維を25-35%、脂質を5-10%有し、9つの必須アミノ酸、カルシウム、ビタミンを含んだタンパク質製品である。その製造期間はわずか数日。炭水化物と栄養素を供給した微生物を増殖した後、筋肉繊維のような繊維層を形成し、固形・液体・粉末の形状で製品化される。

Fyは2021年7月にFDAのGRAS認証を取得し、試験販売の後、Fy Proteinを使ったハンバーガー・パティ製品「Nature's Fynd Meatless Breakfast Patties」が、2022年4月より、米国10州のWhole Foods Market各店舗で正式ローンチされた。同年10月より、全米23州で約380の食品小売店舗を運営するSprouts Farmers Marketの全店舗で販売が開始し、翌2023年5月からは、Whole Foods Market全米約500店舗での取り扱いも開始した。同年8月には、

図表3-31　Nature's Fyndが開発するバイオマス発酵タンパク「Fy Protein」と最終製品

出所：Nature's Fynd HP

カナダ保健省から流通認可を取得しカナダ市場にも参入を開始した。

これまで3度の資金調達ラウンドを実施し、直近実施ラウンドはシリーズC、累計資金調達額は既に5億ドルを超えている。

2017年に設立された**Emergy（Meati Foods）**は、キノコの根に当たる菌糸体由来の代替タンパクを主原料に、植物肉で一般的な「ミンチ肉」ではなく、「ブロック肉（ホールカット製品）」の発酵肉製品「Eat Meati」を開発している。当社は創業以来、数年にわたって数千の菌種を慎重に評価した後、「Neurospora crassa（N crassa）」と呼ばれる子実体（キノコ）と毒素を生成しない真菌種を選定した。筆者がボルダー本社で行ったインタビューでは、N crassaは、他の菌種と比べて、タンパク質や食物繊維、ビタミンB、鉄などの栄養プロファイルが優れており、驚くほど効率的に成長する点が特徴という。またN crassa由来の菌糸体は、クレジットカードと同じ太さ（わずか1mm）の糸を作るのに菌糸を約1,000本要するほど、細かな発酵肉の繊維質形成が可能とのことである。

当社発酵肉の製造方法は、まず、N crassaの胞子をロッキー山脈の精製水や砂糖、栄養素と一緒に発酵タンクに入れて、独自の環境・製造プロセスで菌糸体を栽培する。その後、圧搾で水分を取り除き、天然・植物由来の調味料や香料を加えて製品化している。製品原料の98％以上が菌糸体で、残り2％未満が塩、天然香料、オーツ麦繊維、アカシアガム、ヒヨコ豆で構成されている。

2022年2月に「Eat Meati」製品をローンチ後、これまで、米国大手食品小売チェーンのSprouts Farmers Market、Whole Foods Market、Meijierの全米全店舗（合計1,150店舗超）で、カツレツとステーキのブロック肉製品を合計4

図表3-32　Meati Foodsが開発するバイオマス発酵肉製品

出所：Meati Foods HP

種類ローンチしている。

4 代替シーフードのグローバル事業動向

（1）植物性シーフード

　植物性シーフードは、大豆やエンドウ豆、海藻などの植物原料／天然素材のみを用いて製造される植物ベースの魚介類・シーフードの総称である。日本では代替シーフードというと「カニカマ」が思い浮かぶが、カニカマの主原料は動物タンパクである魚のすり身のため、本書の定義からは外れる。

　植物性シーフードは、グローバルで見た際、植物肉ほどの注目度はまだない。しかし、水産資源を取り巻く環境は農畜産業以上に厳しい。FAOによると、持続可能なレベルで適正に漁獲されている水産資源の割合は、1974年は94％であったが、2019年には65％まで低下している。つまり世界の水産資源の3分の1が過剰漁獲（乱獲）の状態にある。そのため、天然水産資源を採取する漁業生産量の伸びは2000年に入る頃には既に頭打ちとなった。代わりに養殖業が急速に伸展し、2009年には養殖業生産量が漁業生産量を逆転し、2022年時点で、既に世界の水産生産量の63％が養殖業となっている（**図表3-33**）。

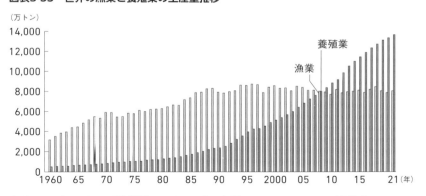

図表3-33　世界の漁業と養殖業の生産量推移

出所：FAOデータより、野村證券フード＆アグリビジネス・コンサルティング部作成

これまでは、世界人口の増加に伴う水産需要の拡大を養殖業が担ってきたが、地球温暖化や「プラスチックごみ」に代表される海水汚染などの影響から、世界の養殖業も構造的な見直しを迫られている。環境面への影響を踏まえ、2019年9月に、デンマーク政府が、海面養殖の新規ライセンスの発行を停止したように、養殖業への規制は世界的に強まるものと見ている。

　植物性シーフードを日本で製品ローンチ（試験販売除く）している企業は少ない。筆者の考察では、植物肉と比較した植物性シーフードの製品ローンチ数は50〜100分の1である。しかも、植物性シーフードを専業として取り組むスタートアップ企業は、日本ではほぼ見られない。

　植物性シーフードを製品ローンチしている日本の代表的な企業は、1966年創業の老舗食品メーカー・あづまフーズ（三重）である。当社は2020年より、こんにゃく粉を主原料とするプラントベース代替魚製品「まるで魚シリーズ」の開発を開始し、次世代シーフードブランド「Green Surf（グリーンサーフ）」を立ち上げ、2021年11月、「まるでサーモン」「まるでマグロ」「まるでイカ」の3品種を製品ローンチした。原材料は、こんにゃく粉や食塩、ローカストビーンガム（豆科の常緑樹キャロブの種子から抽出された天然の安定剤）、トレハロースなどで、刺身にある「白い筋」まで忠実に再現している点が大きな特長である。現在、当シリーズの製品ラインナップは拡がり、「まるでネギトロ」、「まるでかにかま」（動物由来原料を使用しないカニカマ風食品）、「まるで

図表3-34　あづまフーズが開発する植物性シーフード製品「まるで魚シリーズ」

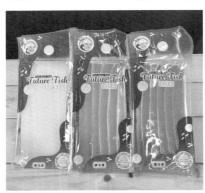

出所：あづまフーズ提供

サラダシュリンプ」なども加わっている。

　国内スタートアップ企業では、植物肉で紹介したDAIZが2021年8月、当社の「ミラクルミートブランド」の1つの製品として、大豆とエンドウ豆で製造された植物由来のツナ製品「ミラクルミートのツナ」をローンチしている。当社ツナは、その後、2022年8月に物語コーポレーションの期間限定メニュー「韓国風ツナマヨおにぎり〜チュモッパ〜」に採用されたのをはじめ、2023年7月、セブン-イレブン・ジャパンによる環境に配慮した新商品シリーズの「みらいデリ」にもエンドウ豆由来の植物肉原料が採用され、「みらいデリおむすび和風ツナマヨネーズ」などが全国の同店舗で販売となった（2024年3月末時点）。

　また、食肉加工国内最大手の日本ハムは、2024年6月、植物由来のマグロ製品「プラントベースまぐろ」の販売開始を発表した。当社グループが有する加工食品の製造技術を活かして、こんにゃく粉や植物繊維でマグロの風味と食感を再現し、主に、環境への意識が高い消費者や生の魚が苦手または食べられない消費者などを対象にしている。当製品は、寿司チェーンをはじめとする外食やホテルなどの業務用として供給される予定である。

　海外を見てみると、グローバル食品企業による植物性シーフード製品の展開はほぼ見られず、2020年頃より、スタートアップ企業が開発した製品がローンチしはじめている。ただ、現時点で、植物肉ほどの大きな潮流は生まれておらず、筆者の調査では、累計資金調達額で1億ドルを超えている植物性シー

図表3-35　DAIZ植物肉原料の採用製品（2024年3月時点：左）と、日本ハム「プラントベース まぐろ」（右）

出所：左：DAIZニンジニアリングHP、右：日本ハム公表資料

フード専業のスタートアップ企業も現れていない。

　植物性シーフードのパイオニア企業は、Ocean Hugger Foods と Good Catch（Foods International）の2社である。両社ともに米国で2016年に設立され、業界に先んじて特徴的な植物性シーフード製品を開発し、レストランや食品小売店での製品ローンチまで達成した。

　Ocean Hugger Foods は、ニューヨークで設立された植物性シーフードのスタートアップ企業で、2016年、植物ベースの赤身マグロ「AHIMI」とウナギ「UNAMI」の2つの「刺身」製品を開発した。筆者も2019年にニューヨークのレストランでAHIMIをトッピングしたサラダを試食する機会があったが、サラダにまぶすと、見た目と味において、本物と大きな差異を感じなかった。

　それら類似性もさることながら、最大の特徴は使用する原材料にある。当時も今も、植物性タンパク質として大豆やエンドウ豆をはじめとする豆類を使う企業が多い中、当社はトマトとナスをベースに製品を開発した。AHIMIはトマト、グルテンフリー醤油、砂糖、水、ごま油の5つが、UNAMIはナス、醤油（グルテンフリー）、みりん、砂糖、こめ油、藻類オイル、こんにゃく粉の7つが、それぞれの製品原料となっている。

　2017年にWhole Foods Marketで製品をローンチした後、主要顧客と位置付けていた米国・カナダ、英国の寿司レストランに次々に採用されたものの、新型コロナウイルスで顧客が次々に廃業に追い込まれた影響を受け、2020年6月に操業停止を発表した。2021年3月、タイの上場食品メーカーであるNR Instant Produceの子会社・Nove Foodsの支援を受け再起を図っている。

図表3-36　Ocean Hugger Foodsの植物性シーフード製品「AHIMI」と「UNAMI」

出所：Ocean Hugger Foods HP

　Good Catch は、ともにビーガン・シェフである Derek Samo 氏と Cahd Samo

氏の兄弟が、ペンシルベニア州・ニュータウンで設立した植物性シーフード・スタートアップ企業である。植物性原料のみでツナ製品とクラブケーキ（カニ肉をパン粉、牛乳などと混ぜて作る米国料理）、ハンバーガー用のフィッシュパティなどの製品を開発している。主原料の代替タンパク質は、エンドウ豆、大豆、ヒヨコ豆、レンズ豆、ソラ豆、インゲン豆の6つの豆植物で、これらを独自比率でブレンドし、海藻ベースの藻類オイルからDHAとオメガ3脂肪酸を抽出している。2020年1月より、英国食品小売最大手Tescoの約300店舗で製品ローンチしたのを皮切りに、同年10月よりカナダ食品小売最大手Loblawsの約500店舗、同国食品小売2位のSobeys約400店舗、オランダ食品小売最大手Albert Heijnなどでも、当社製品の販売がはじまった。当社製品は、ローンチからわずか1年で、欧州・北米で8,000店舗を超える食品小売店に普及した。

図表3-37　Good Catchが開発する主な植物性シーフード製品

出所：Good Catch HP

当社創業者2名は、当社とは別に、2018年に植物由来食品専門のスタートアップ企業・Wicked Foodsをミネソタ州・ミネアポリスに設立している。グループ再編の一環として、2022年9月、Wicked FoodsがGood Catchを買収した。Wicked Foodsは植物原料100％のピザやパスタ、ヌードル、アイスクリームなど150種類以上のビーガン食品を開発しているが、Good Catchに続き、2023年5月、植物性シーフード分野を代表するCurrent Foodsも買収している。Current Foodsは2019年にサンフランシスコで設立された企業で、植物ベースのサーモンとマグロの代替製品を開発する。およそ3年の開発期間を経て、2022年10月、南カリフォルニアを中心に展開する高級食品小売チェー

ン・Gelson's Marketsにおいて、スモークサーモン製品「Current Foods Salmon」とマグロのポケ製品「Current Foods Tuna」の2種類をローンチした。スモークサーモン製品の植物原料はエンドウ豆（タンパク質）、高オレイン酸ヒマワリ油／藻類オイル（質感・オメガ3脂肪酸）、竹／ジャガイモデンプン（植物繊維）などで、マグロ製品は上記原料の他に色付けとしてトマトとラディッシュが使用されている。

図表3-38　Current Foodsが開発する主な植物性シーフード製品

出所：Current Foods HP

植物性シーフードの開発対象魚種として、上記マグロやサーモンに加えて、「エビ」の代替製品に取り組む企業も多い。エビは米国で最も消費される水産物である一方、現在のエビ養殖・漁獲が生態系や環境に与える問題も多々指摘されており、エビの代替製品開発への期待は高い。

植物ベースの代替エビ開発では、Sophie's Kitchen（米国）やNew Wave Foods（同）などのスタートアップ企業が著名である。Sophie's Kitchenは、魚介類アレルギーの娘を持つ創業者のMiles Woodruff博士が、2010年に設立した「老舗」スタートアップ企業である。現在、エビやサーモン、マグロ、これらを用いたクラブケーキ、フィレ、バーガーなど12種類以上の植物由来のシーフード製品を、WalmartやSprouts Farmers Market、Amazonなどの大手食品小売店やオンラインストアなどで販売している。主力の植物性エビ製品「Vegan Shrimp」は、こんにゃく粉、ジャガイモ／エンドウ豆デンプン、パプリカ、海塩、有機リュウゼツランの花蜜、海藻由来のアルギン酸塩などで製造される。

New Wave Foodsは、2015年設立の植物性シーフード・スタートアップ企業で、エビやロブスター、カニ、ホタテ貝柱などの魚介類の製品開発に特化してきた。2021年6月クローズの資金調達ラウンド（シリーズA）では、Tyson VenturesやIndieBioなどから18億ドルを調達したものの、2024年2月、資金繰り難から事業を停止し、正式な破産手続きに入ったことを発表した。当社は2021年3月、米国大手食品卸売企業のDot Foodsとの戦略提携を実施し、初の商業製品として代替エビ製品「New Wave Shrinp」を北米のレストランへローンチすることを発表していた。当製品の主要原料は、緑豆、ヒマワリ油、こんにゃく粉などで、植物原料100%のビーガン製品というだけでなく、大豆や小麦、グルテンなどのアレルギー原料を含まない点なども特徴としていた。

図表3-39　Sophie's kitchenとNew Wave Foodsの代替エビ製品（植物由来）

出所：Sophie's kitchen（左）/ New Wave Foods（右）HP

植物性シーフード業界においても、植物肉同様に、3Dフードプリンターで製品開発に取り組む企業も現れている。そのパイオニアは、2020年にオーストリア・ウィーンで設立されたスタートアップ企業のRevo Foodsである。創業者3名は、独自の3Dフードプリンターで植物由来のサーモン製品開発に取り組み、2023年9月、ウィーンの食品小売店と自社オンラインストアで、代替サーモンフィレ製品「THE FILET -Inspired by Salmon」（小売価格6.99ユーロ／130g）と「REVO SALMON」（同4.49ユーロ／80g）をそれぞれローンチした。

当社の3Dフードプリンターはヘッドが2つあるマルチノズルが特徴で、それぞれ粘性の異なる植物ベースの原料（フードインク）を押し出すことができる。主なフードインクとして、キノコとエンドウ豆からタンパク質を、アボカド・

藻類からオメガ3脂肪酸をそれぞれ抽出しており、本物のサーモンに匹敵する栄養価はもちろん、結合組織（脂肪）の自然な白色模様が、本物そっくりの見た目を醸成している。なお、当製品で使われるキノコ（菌糸体）由来のタンパク質（マイコプロテイン）は、スウェーデン発のマイコテック・スタートアップ企業のMycorena（スウェーデン）が開発した原料である。

　今後は、欧州全域での代替サーモン製品の展開と同時に、自社開発の3Dフードプリンターの外販を行う計画である。後者に関しては、2024年1月、3Dフードプリンター「Food Fabricator X2」の製品ローンチを発表し、植物由来のサーモンをはじめとするシーフード製品開発はもちろん、植物肉やその他ビーガン食品の開発を計画する企業などへの技術・設備提供を見据えている。

図表3-40　Revo Foodsの3Dフードプリンターと主な開発代替サーモン製品

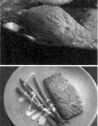

出所：Revo Foods HP

（2）培養シーフード

　代替シーフードのもう1つの製品カテゴリーは培養シーフードである。「培養肉の水産版」であり、マグロやサーモン、ブリ、エビなどの水産物の細胞を培養して「製造」される代替シーフード製品である。製造方法は培養肉と同様で、水産物の細胞を採取・選抜し、培養液を浸したバイオリアクターの中に水や炭水化物、糖、塩、アミノ酸、ミネラル、ビタミンなどの栄養素を加えて、細胞分裂を促進・増殖させる。それらを成形し製品化する。

　植物性シーフードと比較した際、培養シーフードの最大のメリットは培養肉同様に「味」である。筆者は2023年にサンフランシスコで培養サーモンや培養マグロの刺身・寿司製品を試食したが、植物性サーモン・マグロと比較すると、

「食感」は舌触りを含めて培養肉ほどの差異を感じなかったものの、「風味」は魚特有の臭みという点で植物製品よりも本物に近いものを感じた。

図表3-41　筆者が米国で試食した培養サーモン製品

 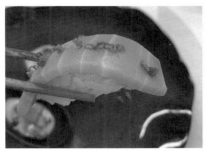

出所：野村證券フード＆アグリビジネス・コンサルティング部

培養シーフードは、昨今、米国を中心に開発動向が急速に活発になりはじめた。培養シーフードも「新規食品」として、製品ローンチには規制当局からの流通承認が必要となる。例えば米国では、培養シーフードはFDAの承認が必要となる。今のところ、培養シーフード製品を認可した国はまだないが、世界で初めて流通認可を出す可能性が高い国は米国だと考えられる。また、認可を受けるスタートアップ企業は、培養サーモンを開発する **Wildtype**（米国）、培養マグロを開発する BlueNalu（同）、**Finless Foods**（同）のいずれかだと予想する。3社ともに培養シーフード市場を開拓してきたパイオニアであり、そのうち、**Wildtype** と BlueNalu の2社は、植物性製品を含む代替シーフード業界において、累計資金調達額が1億ドルを超える唯一のスタートアップ企業である（両社ともに直近の調達ステージは「シリーズB」で同じ）。

Wildtype の累計資金調達額は現状123.5億ドルであり、2位のBlueNalu（同118.3億ドル）とは僅差ではあるものの、累計資金調達額ベースで、代替シーフード業界最大のスタートアップ企業となっている。当社は2016年に設立され、2022年2月に代替シーフード業界で史上最大となる1億ドルの資金を調達した。製品は代替サーモンで、天然のサーモン細胞を単離し、バイオリアクターで培養後、サーモンの質感を再現したフィレ（刺身・寿司用）製品を開発している。2021年に寿司用の培養サーモン製品の発表と初のパイロット工場

を開設し、2022年中に品質と技術面での製品開発を完了し、2023年からは「スケール化」のフェーズに入っている。FDAとの交渉は最終局面にあり、2024年中の流通ライセンス取得を目指している。

図表3-42　Wildtypeが開発する培養サーモン製品

出所：Wildtype HP

　BlueNaluは、食品業界で約40年の経験を有する連続起業家（シリアルアントレプレナー）の現CEOによって2017年に設立されたサンディエゴ発の培養シーフード・スタートアップ企業である。開発魚種は、2019年にデモンストレーションを行ったブリをはじめ、クロマグロ、シイラ（世界の温暖海域に分布する大型肉食魚）、レッドスナッパー（豪州東海岸からメラネシア、ニュージーランドにかけて分布するフエダイ）など8種類で、最初にローンチを目指している製品は付加価値の高いクロマグロの「トロ」である。既にFDAとはおよそ4年半にわたって協議を継続しており、2024年中の流通ライセンス取得と製品ローンチを目指している。

　当社は世界のクロマグロ消費量の80％以上を占めるアジアにおいて、強固なサプライチェーンの構築に努めてきた。中でも、その消費量の大半を占める日本の大手企業との提携を最優先し、まず2020年5月に住友商事が当社へ資本参加し、2021年5月に三菱商事、2022年1月に回転寿司チェーン国内最大手のスシローなどを傘下に有するFOOD & LIFE COMPANIESとの業務提携をそれぞれ発表した。他のアジア地域では、ツナ缶世界最大手のThai Union Group、韓国食品大手のPulmuoneなどとパートナーシップを締結している。

　2023年10月にクローズした資金調達ラウンド（シリーズB）で、3,350万ドルを調達し、現在稼働しているパイロット工場に次ぐ大規模な商業工場の建設

を発表した。クロマグロのトロ製品の生産能力は年間600万ポンド（約2,720t）にも及び、2026年中の着工から18ヵ月後の竣工（稼働）を計画する。

図表3-43　BuleNaluが開発する培養クロマグロ製品

出所：BlueNalu HP

　両社に続いて、米国で流通ライセンスの取得に向けてFDAと交渉を進めているのが**Finless Foods**である。当社は2017年に世界で初めて培養マグロの開発に成功し、2年後の2019年に同マグロのプロトタイプ製品（ネギトロ状製品）の開発に成功するなど、培養シーフードの先駆者の1社として著名である。筆者は2019年秋に、当社のエメリービル本社を訪問した際に培養ネギトロ製品（ロール巻きなど）を試食したが、水分はやや多めだったものの、特有の食感や風味などはネギトロそのものであった。培養マグロの技術はほぼ確立済みで、現在、2024年中の流通承認に向けてFDAと協議中である。当社は細胞ベース以外に植物ベースの製品も開発済みで、2022年、冬瓜など9種類の植物原料

図表3-44　Finless Foodsが開発する培養・植物マグロ製品

出所：Finless Foods HP

で製造された代替マグロ製品（ハワイ料理「ポケ」風）をローンチしている。培養マグロの流通承認後は、植物ベースと細胞ベースの「ハイブリッド製品」のローンチも視野に入れている。

　米国以外では、シンガポールの**Shiok Meats**や韓国のCellMEAT、香港のAvant Meatsが著名であり、一定規模の資金調達に成功している。**Shiok Meats**は2018年に設立され、エビやロブスターなどの培養「甲殻類」のパイオニア的な存在である。2019年3月に世界初の培養エビを使った代替シュウマイを、2020年10月に世界初となる培養ロブスターの試作品をそれぞれ発表している。初の製品ローンチ国としてシンガポールの当局との協議を推進中で、米国や日本でのライセンス提供なども検討している。

　韓国のCellMEATは、細胞ベースの代替食品における韓国最大のスタートアップ企業で、**Shiok Meats**同様に、エビやカニ、ロブスターなどの培養甲殻類の開発に取り組んでいる。自社開発の無血清培地「CSF-A1」を武器に培養エビの製造コストの着実な低下を実現してきた中、当社は2023年5月、培養キャビア製品のプロトタイプ開発に成功したことを発表した。キャビアは高級食材なだけでなく、絶滅危惧種の生きたチョウザメから卵を取り除く現在の製造プロセスには批判の声も強く、細胞由来の代替製品には大きな意義がある。当社の最初の製品は培養エビまたは培養キャビアになる予定で、いずれもシンガポールでのローンチを計画している。

図表3-45　Shiok Meats, CellMEAT, Avant Meatsが開発する培養シーフード製品

出所：左からShiok Meats, CellMEAT, Avant Meats HP

　香港のAvant Meatsは、海洋生物学者と幹細胞研究者の2名が2018年に設立した培養シーフード・スタートアップ企業である。当社が開発する製品は、中華料理の高級食材で四大海味の1つ「魚肚（ぎょと：チョウザメなど大型の

淡水魚の胃袋/浮き袋を乾燥させたもの）」であり、魚種としては、2019年に
ワシントン条約で国際取引が制限されたナマコの魚肚製品開発に着手してい
る。2021年にシンガポール経済開発庁（EDB）の支援を受けて、同国に研究開
発などの拠点を移転し、同国での初の製品ローンチを計画している。

5 代替卵のグローバル事業動向

（1）植物卵製品

　豆類などの植物原料のみで製造される代替卵製品であり、代表製品は液卵
（卵液）、マヨネーズである。国内では複数のメーカーが植物由来のマヨネーズ
製品をローンチしている。例えば、マヨネーズ国内最大手のキユーピーは、
2015年2月、植物ベースの代替マヨネーズ「キユーピーエッグケア（卵不使
用）」を発売している。原料は、植物性タンパク質や植物油脂、醸造酢、酵母
エキスパウダーなどであり、食物アレルゲン（特定原材料7品目）は不使用、
コレステロールもゼロである。年々増加する食物アレルギーの有症者数の3割
以上が卵アレルギーといわれており、コレステロールを気にする消費者の増加
と合わせて、卵不使用のマヨネーズ製品への需要が高まっている。当社による
と、当社製品の2022年の販売実績（金額ベース）は、2019年比で120％と伸
長している。
　スタートアップ企業では、国内代替肉のパイオニアであるDAIZが、2023年
8月、液卵市場への進出を視野に入れた植物性タンパク質由来の代替卵開発を
発表し、2024年1月に植物性代替卵・乳事業を主力事業の1つとするグループ
会社「DAIZエンジニアリング（株）」を新たに設立した。当社製品は鶏卵と混
ぜて使用する「ハイブリッド液卵」で、当社によると、従来の植物性卵製品の
持つ、①鶏卵と同じ温度・加熱時間で熱凝固しない、②化学原料や添加物が多
く異風味があるという課題を解決し、鶏卵と混ぜた際に鶏卵のおいしさと栄養
はそのままに、幅広い卵の調理・加工に使用することが可能になるという。
　海外におけるこの分野のパイオニアで、高い市場シェアを誇るリーディング
カンパニーは、米国のEat Justである。当社は2011年設立の代替卵Unicorn企
業であるが、世界で初めて培養肉製品をローンチしたGOOD Meatの親会社とし

図表3-46　キユーピー「キユーピーエッグケア（卵不使用）」と DAIZエンジニアリング「ハイブリッド液卵」

出所：左：キユーピーHP、右：DAIZエンジニアリング提供

ても著名である。当社は2013年に植物由来の代替マヨネーズ「JUST Mayo」を製品ローンチしたのを皮切りに、2019年にオムレツやスクランブルエッグなどを作ることができる植物由来の代替液卵「JUST Egg」、2020年に植物由来の代替卵焼き「JUST Egg Folded」をそれぞれ製品ローンチした。当社の看板製品であるJUST Eggの主要原料は緑豆（代替タンパク質）とターメリック（ウコンの一種、代替着色料）であり、その他、圧搾キャノーラ油、乾燥タマネギ、ニンジンエキス、タピオカ固形シロップなどが含まれている。既に全米4.8万以上の食品小売店を中心に、カナダやシンガポール、香港、中国、韓国、南アフリカ、欧州でも製品を展開している。

　Eat Justの累計資金調達額（子会社GOOD Meat除く）は既に約4.7億ドルに達しているが、現時点で当社を除き、少なくとも0.5億ドル以上の累計資金調

図表3-47　Eat Justが開発する植物由来の代替卵製品

出所：Eat Just HP

達を行っている代替卵スタートアップ企業はいない。

　その一方で面白い動きもある。これまで当分野で開発された製品は、卵黄と卵白がブレンドされた「液体卵」であったが、2020年以降、卵黄と卵白が分かれた「全卵」製品の開発に取り組む代替卵スタートアップ企業も現れている。代表企業はシンガポールの2社である。いずれも2020年設立のFloat FoodsとOsomeFoodであり、両社ともに全卵タイプの代替卵製品を開発している。Float Foodsはマメ科植物を主原料に植物ベースの目玉焼き製品「OnlyEg」を開発し、OsomeFoodは、菌類タンパク（マイコプロテイン）を主原料に植物ベースのゆで卵製品「OsomeEgg」を開発している。両製品の卵黄と卵白は、異なる植物原料と成分で別々に製造され最後に結合されている。鶏卵に匹敵するタンパク質やビタミンを含むだけでなく、植物繊維や必須アミノ酸なども豊富に含まれる高い栄養価を持つ点が特徴である。このような全卵タイプの製品は液卵製品とは異なる卵料理を可能にし、植物卵市場のすそ野拡大に寄与しよう。

図表3-48　Float FoodsとOsomeFoodが開発する「全卵」タイプの代替卵製品

出所：左2つ：Float Foods、右：OsomeFood HP

（2）精密発酵卵製品

　精密発酵卵製品は、微生物由来の卵タンパク質を主原料に開発される代替卵製品である。代替肉・乳製品における精密発酵分野では、多額の資金調達を誇るスタートアップ企業が散見されたが、代替卵ではそのような企業は多くない。

　この分野のパイオニアでリーディングカンパニーは、米国の**The EVERY**

Companyである。当社の累計資金調達額は2.8億ドルで、精密発酵ベースの代替卵分野では首位、植物ベースを含む代替卵分野全体でもEat Justに次ぐ資金調達実績を誇る。当社は卵から採取したDNA（遺伝子コード）を独自の醸造及び精密発酵技術で、通常の卵と「味」「機能性」「栄養価」が同じアニマルフリー（非動物由来）の卵タンパク質を開発している。具体的には、3Dプリントした卵タンパク質のDNAを酵母に挿入し、この遺伝子組換え酵母（GM酵母）に糖とミネラルを供給して培養し、卵タンパク質を人工的に「複製」している。GM酵母自体は最終製品から取り除かれるため、GM製品とはならない。

当社は、2021年に世界初となる精密発酵ベースの卵タンパク質製品「EVERY Pepsin（代替ペプシン／消化酵素製品）」と「EVERY Protein（代替卵タンパク質製品）」、2022年に代替卵白製品「EVERY EggWhite」をそれぞれローンチしている。可溶性と無味無臭を特徴とする「Every Protein」は、主に飲料や食品のタンパク質強化用途として、卵白アルブミン（卵白に最も多く含まれるタンパク質）を含むEVERY EggWhiteは泡立てやエアレーション、ゲル化などの卵白の機能を活かして主に菓子・食品用途として利用されている。筆者もサンフランシスコ本社を訪れた際、当社のEVERY ProteinやEVERY EggWhiteを原料とする（添加する）飲食料品を試したが、タンパク質自体に味や香りが全くない点には驚いた。

当社の基本モデルはBtoBであり、既に当社タンパク質製品は食品・飲料メーカーなどの企業に供給され、最終製品がローンチされている。例えば、EVERY Proteinを用いた世界初の非動物由来のハードジュース（タンパク質強化ドリンク）やスムージーの他、EVERY EggWhiteを使った世界初の動物成分を含ま

図表3-49　The EVERY Companyが開発する代替卵タンパク質を使った主な製品

出所：The EVERY Company

ないマカロンなどがある。

6 その他代替食品のグローバル事業動向

（1）その他植物製品

　「その他植物製品」として注目する製品カテゴリーを2つ取り上げたい。1つは、「その他ビーガン食品」であり、もう1つは廃棄される農産副産物などの植物原料で製造される「アップサイクル食品」である。

　まず、その他ビーガン食品であるが、そもそもビーガン食品は、肉や魚、卵などの動物性食品を避け、植物性食品を摂る「菜食主義」の消費者に対応した食品である。本章で述べてきた植物由来のミルクや乳製品、肉、シーフード、卵もビーガン食品であり、「その他ビーガン食品」はこれらに分類されない製品を指す。例えば、植物原料（天然素材を含む）のみで製造される菓子やスイーツ、調味料、ピザ、パスタに加えて、ヌードルやカレー、冷凍食品といったインスタントフードなどの製品が既にローンチされている。

　ビーガン人口が多い欧米では、2000年以降、ビーガン対応の食品がローンチされていたが、食分野でも「持続可能性」が強く意識されはじめてきた2020年を境に、グローバル食品メーカーも相次いで製品投入を開始しはじめた。例えば、チョコレート菓子「スニッカーズ」や「M&M'S」でおなじみの米国菓子大手のMarsは、2019年11月、英国でビーガン向けのチョコレート製品「Galaxy」を、食品世界最大手のスイス・Nestléは、2021年2月、同じくビーガン対応のチョコレート製品「KitKat V」をそれぞれローンチした。

　日本でも2020年頃より、一部大手食品メーカーが動物性原料不使用の菓子のローンチをはじめた。例えば江崎グリコは、2022年に発売50周年を迎えたロングセラー製品「プッチンプリン」において、2020年3月、動物性原料の卵・ミルクを使用せず、植物原料で製造した「植物生まれのプッチンプリン」の発売を開始した。卵やミルクの代わりに、国産大豆を使用した豆乳やアーモンドペースト、豆乳クリームなどを使用し、プリン特有の甘さと「コク」のある味わいに仕上がっている（着色料や保存料、人工甘味料は不使用）。当社はプッチンプリンに先駆けて、2018年5月、自動販売機専用の「セブンティーン

第3章　サステナブル代替食品（代替タンパク）

095

アイス」の一部で乳成分不使用の製品を、また、2021年にはロングセラー製品「アイスの実」でも乳成分不使用製品をそれぞれローンチしている。

図表3-50　国内外大手食品メーカーが開発するビーガン対応の菓子製品

出所：左からMars、Nestlé、江崎グリコ公表資料

　ビーガン食品開発において、圧倒的な製品ラインナップを誇るのが米国のスタートアップ企業・Wicked Foodsである。本章の代替シーフードでも紹介したように、昨今、植物性シーフードの複数のパイオニア企業（Good Catch、Current Foods）を傘下に収めている企業としても著名である。

　当社は、プラントベースのピザやパスタ、ヌードル、クラブケーキ、調味料、冷凍食品、アイスクリームなど150種類（200SKU）以上のビーガン食品を開発し、既に米国のWalmartやKroger、英国のTesco、フィンランドのS Group、タイのCentral Groupなど各国最大手の食品小売チェーンへ製品をローンチしている。コンセプトが統一された膨大な製品ラインナップを基に、消費者の

図表3-51　Wicked Foodsが開発する主なビーガン食品

出所：Wicked Foods HP

ビーガン食品需要が高まる中、当社単独で「売り場」を構築できる特徴がある。

次に、アップサイクル食品である。アップサイクルは一般的に「創造的再利用」といわれ、アップサイクル食品はフードロスや食材廃棄の削減を企図して、農産物や食品の廃棄原料に付加価値を加えて作り出された食品のことである。

例えば、米国ニューヨークで2017年に設立されたRind Snacksは、廃棄される果物の皮からドライフルーツ製品を開発している。米国の食品ロスにおける損失額は、GDPの約2％に当たる4,440億ドルと試算されており、その大半を果物と野菜が占めている。当社は皮付きの果物を丸ごとスナック製品にすることで、食品廃棄の削減に寄与している。換言すると、廃棄農産物に価値を加えて新たな食品を開発（アップサイクル）している。当社のこのような取り組みに賛同する流通企業は増加しており、当社は既に、全米で1万2,000ヵ所を超える流通網を構築している。

図表3-52　Rind Snacksが開発するアップサイクル食品

出所：Rind Snacks HP

また、米国カリフォルニアで2021年に設立されたVoyage Foodsは、独自技術とブドウ種子やヒマワリ種子の粉（ヒマワリプロテインフラワー）などの農業副産物を主原料に、サトウキビ糖、シアバター（シアの木から採れる植物油脂）、RSPO認証のパーム油（アブラヤシの果実から採れる植物油）などをブレンドして、カカオフリーの代替チョコレート、ナッツフリーの代替スプレッド（ヘーゼルナッツバターとピーナッツバター）、コーヒー豆フリーの代替コーヒーを開発している。当社の開発プロセスは、例えばチョコレートの場合、まず、チョコレートの分子プロファイルのマッピングからはじまり、それを低コ

ストかつ環境にやさしい方法での模倣を検討する。その後、「フレーバー配合」と呼ばれる当社技術を用いて、分子ごとにカカオフリーのチョコレートを完成させるものである。既に代替チョコレートと代替スプレッドは全米のウォルマートをはじめとする米国1,400を超える食品小売店舗で、代替コーヒーはレストランでそれぞれ販売されている。

カカオやコーヒー豆の生産はGHGと水の排出量が最も多い食品の1つといわれており、また、森林破壊の原因の1つともいわれている。廃棄ロス削減の観点に加え、このような背景から、本来廃棄される農業副産物を使って、代替チョコレートや代替コーヒーへ「アップサイクル」するのは意義がある。

図表3-53　Voyage Foodsが開発するアップサイクル食品

出所：Voyage Foods HP

当社と同じように、農業副産物からアップサイクル食品を開発するスタートアップ企業は多い。2017年に英国ケンブリッジで設立されたスタートアップ企業・The Supplant Companyは、トウモロコシや小麦の廃棄物を原料にして、植物繊維由来の代替砂糖「Supplant」を開発している。トウモロコシや小麦などの茎や幹、穂軸（実が付いている土台）は収穫後に廃棄されるが、これらには多くの植物繊維が存在している。このような農産物の非可食部位を、サトウキビ糖と同じ風味で、低カロリーかつ植物繊維が豊富な代替砂糖へアップサイクルしている。

**図表3-54　The Supplant CompanyとComet Biorefiningが開発する
アップサイクル食品**

出所：The Supplant Company（左）、Comet Biorefining（右）HP

　また、カナダのComet Biorefiningは、同様に、小麦の藁（わら）やトウモロコシの茎・幹の他、エンドウ豆の殻などの農業副産物を植物繊維成分「ARRABINA V」や「ARRAVINA P」へアップサイクルしている。ARRABINAは水溶性植物繊維である「アラビノキシラン」という成分であり、血糖値を健康に維持し、腸内の有益なビフィズス菌の増殖に寄与することが臨床的に証明されている。ARRAVINA Vは無味で透明に溶ける粉末製品で、炭酸飲料やグミ、サプリメントなどの用途として利用されている。ARRAVINA Pは天然ポリフェノール抗酸化物質を含む水溶性かつ低粘土の粉末製品で、コーヒーや紅茶、チョコレート用途に供給されている。製品開発の根幹は、農業副産物の原料使用に加え、蒸気と水、圧力のみを使用する独自プロセスの抽出技術にある。

(2) その他培養・精密発酵製品

　培養技術や精密発酵技術を駆使して、代替ミルク・乳製品、代替肉、代替シーフード、代替卵以外にも、代替食品の開発に取り組むスタートアップ企業が増えている。その中から注目製品として、精密発酵由来の代替ハチミツと代替コラーゲン、代替着色料（食品添加物用途）の3つを取り上げたい。

　代替ハチミツは、ミツバチに依存せず、植物・天然由来の原料のみを使ったハチミツの代替品である。近年、世界的にミツバチの減少が問題視されているが、国連の公表資料によると、世界の食料の90％を提供する100種類の農産物

のうち、70種類以上がハチによって受粉が媒介されており、ミツバチの減少は生物多様性の減少と食料危機を意味する。これまで、植物ベースのビーガン・ハチミツ製品は数多くローンチされているが、ミツバチ由来のハチミツが有する複雑な風味や機能性を再現した製品はほぼ見られない。微生物由来の代替ハチミツは、精密発酵技術を用いてミツバチ由来のハチミツと分子的に同等で、風味と機能性を再現した代替品である。

精密発酵ベースの代替ハチミツを世界で初めて開発・ローンチしたのは、2020年に設立された **MeliBio** である。ハチミツが持つ分子構造をはじめ、糖や酸の割合などを研究し、精密発酵ベースの甘味料（果糖やブドウ糖など）をベースに、ウルシ豆やソラ豆、インドトランペットの花、生コーヒー豆、カモミール、シーベリーなどの植物抽出物で製造される。当社製品は2021年にTIME誌の「ベスト・インベンション2021」に選出され、2022年、サンフランシスコとニューヨークの著名ビーガン・レストランで初の製品がローンチされた。2023年、欧州最大の有機食品メーカー・Narayan Foodsを経由して、現在、欧州のレストランや食品小売、専門店など約8万店舗で当社製品が供給されている。

筆者も2023年に当社のサンフランシスコ本社を訪問した際に当製品を試食したが、黄金色で結晶化した際にできる白い泡や斑点といった見た目はもちろん、ハチミツ特有の粘度や、ざらついた舌触り、深い甘みなど、正にハチミツそのものであった。

代替コラーゲンは、人間の全タンパク質の約3割を占め、美容や健康の維持

図表3-55　MeliBioが開発する精密発酵ベースの代替ハチミツ

出所：MeliBio HP

に欠かせない成分といわれるコラーゲンを、植物原料・天然成分で製造した代替品である。市場に普及するコラーゲン製品の主な原料は牛や豚、家禽、海洋生物であるが、その大部分は、と殺した牛や豚の副産物（廃棄物）に由来している。動物福祉や持続可能性などの観点から、昨今、動物に依存しない代替コラーゲンへの注目が高まっている。

精密発酵技術で製造される代替コラーゲンのパイオニアは、2015年に設立されたGeltorである。当社は独自のバイオデザイン技術と精密発酵技術を用いて、動物由来のコラーゲンと栄養価や機能性が同等な代替コラーゲンを生成している。2018年の保湿用スキンケアビーガン・コラーゲン「Collume」を皮切りに、2021年の食品・飲料用途（スムージー、グミ、菓子など）のビーガン・コラーゲン「PrimaColl」、2023年の美容分野の生理活性コラーゲン「Caviance」など、既に5種類の代替コラーゲン製品をローンチしている。当社は他社に先駆けて製造・技術のスケール化にも成功しており、製品は既に北米、欧州、アジア全域で販売されている。また、開発済みの製品以外にも、顧客が求めるタンパク質成分をオーダーメードで開発するソリューションサービスも提供している。

図表3-56　Geltorが開発する精密発酵ベースの代替コラーゲン

出所：Geltor HP

最後に代替着色料（食品添加物用途）である。着色料は、合成着色料と天然着色料に分類され、一般的に後者を代替着色料と呼ぶ。合成着色料は化学的に合成された色素で、消費者の目を引く鮮やかな色を表現できる。天然着色料は植物由来の天然色素であり、日本でも赤シソを用いた梅干しへの着色や、クチ

ナシを用いた栗きんとんへの着色などで多く利用されている。健康面や持続性の観点から天然着色料への注目が集まって久しいが、合成着色料ほどの色の種類がなく、かつ鮮明な色を表現できない課題がある。

そのような中、精密発酵技術を用いて、微生物由来の天然着色料開発に取り組むスタートアップ企業が登場しはじめた。精密発酵由来の着色料のパイオニアは、イスラエルのPhytolonである。2018年に設立された当社は、レホボトにあるワイツマン科学研究所のライセンス技術を基に、パン酵母の2つの株から天然着色料を生成している。1つの株は水溶性の黄色の色素を分泌するように、もう1つは水溶性の紫色の色素を分泌するように遺伝子が改変されている。この2つを組み合わせて、鮮やかな赤やピンク、黄色、オレンジ、紫と幅広い色をカバーしている。2024年中に米国での製品ローンチを計画し、色添加剤の申請書がFDAに提出されている。

また、アルゼンチンで2019年に設立された精密発酵スタートアップ企業のMichromaは、pHと熱に耐性を持つ機能性に優れた菌類由来の赤色着色料を開発している。遺伝子改変ツールを使って開発した独自菌株は、バイオリアクター内で着色料を生成し、それを分離し、ろ過・乾燥・濃縮させて最終製品となる。

図表3-57　Phytolonが開発する精密発酵ベースの代替着色料

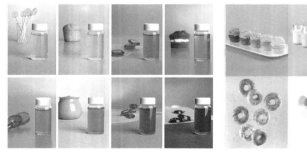

出所：Phytolon HP

7　グローバル市場展望

サステナブル代替食品セクターは、①消費者の健康意識の高まり（ビーガン

／ベジタリアン消費者の増加）、②地球環境や動物福祉などの社会課題に関心を持つ「ミレニアル世代」の増加、③テクノロジーの改善による「味」の改善などにより、今後、市場は高成長を続けていくものと考えている。

筆者は、当セクターの2023年のグローバル市場規模を487億ドルと見積もっているが、今後、市場は2030年に2,290億ドル、2035年に4,752億ドルまで拡大するものと予測し、この間（2023 - 2035年）の年平均成長率（CAGR）を20.9％と推計している（**図表3-58**）。

図表3-58 サステナブル代替食品のグローバル市場規模予測

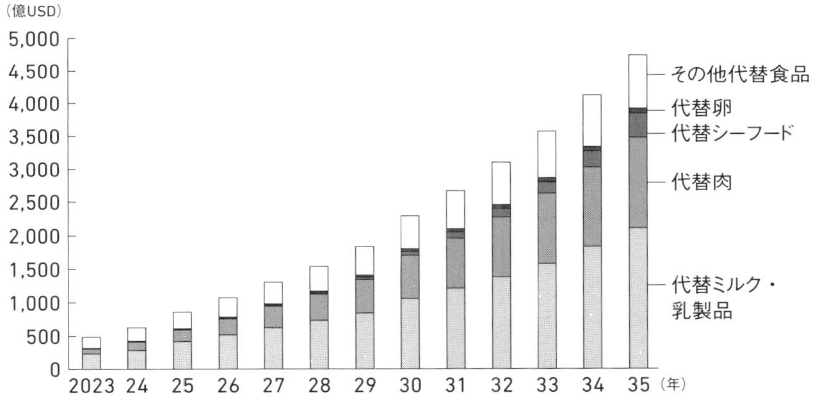

（億USD）

出所：野村證券フード＆アグリビジネス・コンサルティング部

市場拡大をけん引するサブセクターは、代替ミルク・乳製品である。代替ミルク・乳製品は、植物ミルクを中心に既に一定の市場を形成しており、2023年の全体に占める構成比を48.2％と推計している。今後もセクターの拡大とほぼ同様なペースで成長し、2030年の構成比も46.3％と予想する。

代替ミルク・乳製品に次ぐ規模のサブセクターは代替肉である。代替肉がセクター全体に占める2023年の構成比を15.8％と推計するが、2030年にかけてセクター成長を上回るペースで伸長し、2030年の構成比を28.3％と予想する。

今後、成長ペースが最も高いサブセクターは代替シーフードである。全体に占める割合は2030年に2.5％、2035年でも7.7％と相対的に小さいが、2023-2035年のCAGRを68.8％と予想する。代替肉の同期間の成長率予想が27.1％、代替ミルク・乳製品が20.1％、代替卵が19.5％、その他代替食品が14.3％であ

図表3-59　サブセクター別のグローバル市場規模予測

サブセクター （製品カテゴリー）			市場規模（億USD）		
			2023年 想定	2035年 予想	年平均成長率 （CAGR）
(1)	代替ミルク・乳製品	① 植物ミルク・乳製品	235	1,107	13.8%
		② 精密発酵ミルク・乳製品	0.1	1,004	113.4%
		小計	235	2,111	20.1%
(2)	代替肉	① 植物肉	77	991	23.8%
		② 培養肉	0.02	271	118.4%
		③ 発酵肉（精密・バイオマス発酵肉）	0.3	108	64.8%
		小計	77	1,370	27.1%
(3)	代替シーフード	① 植物性シーフード	0.7	314	66.7%
		② 培養シーフード	0	52	106.5%
		小計	0.7	366	68.8%
(4)	代替卵	① 植物卵	9.1	66	17.9%
		② 精密発酵卵	0.02	12	73.0%
		小計	9.2	78	19.5%
(5)	その他代替食品	① その他植物由来食品	165	581	11.0%
		② その他培養・精密発酵由来食品	0.1	245	94.0%
		小計	166	827	14.3%
合計			487	4,752	20.9%

出所：野村證券フード＆アグリビジネス・コンサルティング部

ることを考えると、代替シーフードの成長率は他を大きく上回る。

　サステナブル代替食品の5つのサブセクターは、いずれも製品カテゴリーとして、「植物ベース（植物性食品）」と「培養・精密発酵ベース（培養・精密発酵食品）」の2つに区分できる。2023年時点のサステナブル代替食品市場におけるそれぞれの構成比を、筆者は、植物ベース99.9％、培養・精密発酵ベース

0.1％と推計しており、培養・精密発酵ベースの割合は全体の1％にも満たない。

現時点で培養・精密発酵ベースの代替食品の割合が低い理由としては、主に、①製品流通には各国規制機関によるライセンス取得（安全性認証）が必要になること、②風味や食感の改善に向けた技術的な課題があること、③製造のスケール化に向けた技術・資本的な課題があることが背景にある。

しかし、各サブセクターの項で述べたように、2020年以降、培養・精密発酵ベースの代替タンパク（食品）に流通ライセンスを発行する国は増えている。

また、1億ドルを超える資金を投資家から調達して商業規模の培養・精密発酵工場を建設しながら技術と製造コストを大幅に改善し続けているスタートアップ企業も続出している。今後、培養・精密発酵ベースの代替食品がサステナブル代替食品全体に占める割合は急速に高まり、培養・精密発酵ベースの代替食品の市場規模は、2030年に279億ドル（全体割合12.2％）、2035年に1,692億ドル（同35.6％）と予想し、2023-2035年のCAGRを96.6％と推計する（**図表3-60**）。

以下、各サブセクターの市場展望を行う。

図表3-60　サステナブル代替食品の製品別グローバル市場規模予測

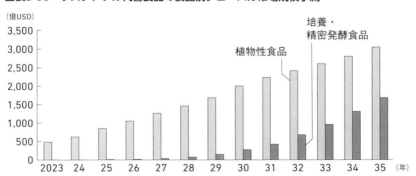

出所：野村證券フード＆アグリビジネス・コンサルティング部

（1）代替ミルク・乳製品

代替ミルク・乳製品は、サステナブル代替食品市場の半分弱を占める最大の

サブセクターである。当サブセクターの市場規模推計の前に、牛乳と（動物由来の）乳製品マーケットの今後を展望したい。

FAOによると、2023年の世界の生乳生産量は前年比1.3％増の9.5億tと推計されている。安定的な需要を背景に、個体乳量と乳牛頭数の増加により、今後も生産量は微増で推移していくことを予想する。生乳単価（生乳取引価格）は、2022年に前年比4割近くの高値で推移したことは記憶に新しい。2023年の同単価は落ち着きを取り戻したものの、過去5ヵ年平均と比較をすると、依然として高値で推移している。酪農経営のコストは世界的に急騰し、餌やエネルギー価格を中心に下げ止まる気配はない。そのため、今後の生乳単価は、生産量を大きく上回るペースで上昇していくことを予想する。

また、生乳を主原料とする乳製品マーケットであるが、世界的に健康志向の消費者割合が増加していくことが見込まれる中、原料高騰の影響も相まって、牛乳を大きく上回るペースで市場は拡大していくことを予想している。

上記を踏まえ、筆者は、2023年の世界の牛乳・乳製品市場を9,750億ドルと推算しているが、今後、CAGR7.4％で成長し、2030年に14,589億ドル、2035年に19,926億ドルに達するものと予測している（**図表3-61**）。

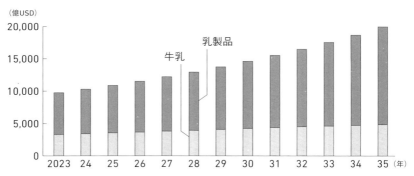

図表3-61　牛乳・乳製品のグローバル市場規模予測

出所：野村證券フード＆アグリビジネス・コンサルティング部

このような巨大市場の牛乳・乳製品市場において、代替ミルク・乳製品の代替割合は今後、徐々に高まるものと考えている。筆者は、代替ミルク・乳製品の2023年の市場規模を235億ドルと見積もるが、今後、CAGR20.1％で伸長

し、2030年に1,059億ドル、2035年に2,111億ドルまで拡大するものと予想している（**図表3-62**）。既存の牛乳・乳製品市場に占める代替割合は、2023年の2.4％に対して、2030年に7.3％、2035年に10.6％まで高まるものと考えている。

　代替ミルクの2023年の市場規模を162億ドル（代替割合4.9％）と推測するが、今後、CAGR13.4％で伸長し、2030年に469億ドル（同11.0％）、2035年に731億ドル（15.1％）への拡大を予想する。同じく、代替乳製品の2023年の市場規模は73億ドル（同1.1％）、今後、CAGR27.8％で伸長し、2030年に591億ドル（同5.7％）、2035年に1,380億ドル（同9.2％）までの拡大を予測する。

図表3-62　代替ミルク・乳製品のグローバル市場規模予測

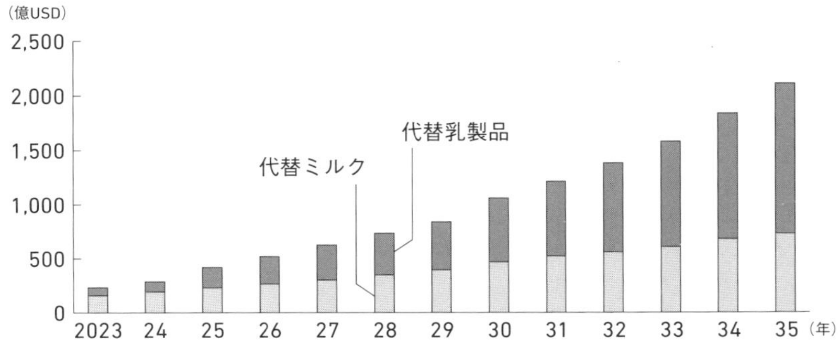

出所：野村證券フード＆アグリビジネス・コンサルティング部

　アーモンドミルクやオーツミルク、ソイミルク（豆乳）に代表される植物ミルクは、既に一定市場を形成済みである。米国では既に牛乳（液状ミルク）市場の15％以上を占めている（代替している）ものと筆者は推計するが、今後、先進国を中心に普及し、植物ミルクは2035年までCAGR7.8％で安定的に成長していくものと考えている。その成長ペースを大きく上回り、代替ミルクの成長ドライバーと位置付けられるのが精密発酵ミルクである。筆者は2023年時点の精密発酵ミルクの市場規模を300万ドル程度と見積もっているが、今後、流通ライセンスを受けてローンチするクオリティの高い製品が急増し、2030年に54億ドルまで拡大した後に成長ペースがさらに加速し、2035年には333億

ドルまで拡大することを予想している。精密発酵ミルクが代替ミルク全体に占める構成比は2023年時点で0.1%にも満たないが、2030年に11.5%、2035年に45.5%まで高まるものと推計する。

一方、植物ヨーグルトに代表される植物性乳製品の代替割合は2023年時点で1.1%（筆者試算）とまだ低いが、今後、製品バラエティがチーズやスプレッド、アイスクリーム、クリーム、デザート、バターなどの乳製品への本格的な波及を予想している。また、代替ミルク同様に、2023年時点で代替割合がほぼゼロの精密発酵乳製品は、精密発酵ミルクと同じ成長ペースで、特に2030年以降に急拡大し、2035年に4.5%まで代替割合を高めるものと推計している。

上記のように、代替ミルク・乳製品において、当初は植物ベースの製品構成比がほぼ100%を占めるが、徐々に精密発酵ベースの製品が浸透していくものと想定する。2030年の代替ミルク・乳製品市場に占める精密発酵ベースの製品の構成比は11.0%、2035年の同構成比は47.6%にまで高まるものと予測する。

図表3-63　代替ミルク・乳製品の製品別グローバル市場規模予測

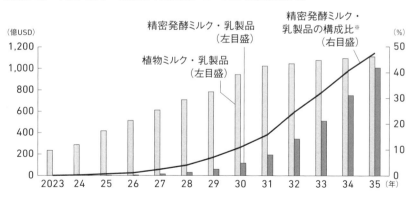

※　：精密発酵ミルク・乳製品が代替ミルク全体に占める割合
出所：野村證券フード＆アグリビジネス・コンサルティング部

(2) 代替肉

代替肉は、サステナブル代替食品を象徴するサブセクターである。市場規模

は代替ミルク・乳製品に次ぐ第二位市場であるが、市場成長率は代替ミルク・乳製品を上回る成長を見込む。まず、既存の食肉マーケットを展望し、その後、代替肉市場を展望したい。なお、本章の食肉は「三大食用肉」のみで、全食肉生産量の99.7％を占める牛肉と豚肉、鶏肉の3種類のみに限定する。

FAOによると、2022年の食肉のグローバル生産量は、牛肉が7,579万t（枝肉換算ベース）、豚肉が12,229万t（同）、鶏肉が10,182万tとなっている。今後、世界人口が増加を続け、消費者の健康志向の高まりなどを背景に、良質なタンパク質の需要はいっそう高まることが共通認識となっている。

筆者は2023年の食肉のグローバル市場規模を8,551億ドルと推算するが、今後、食肉生産量は世界人口の増加率と同程度のペースで増加する一方、資源・飼料価格の高騰などを背景に製造コストが高止まりし、食肉単価は人口増加率を大きく上回るペースで上昇するものと予想する。2023年以降、世界の食肉市場はCAGR6.5％で伸び、2030年に13,503億ドル、2035年に18,248億ドルへの拡大を予測する（**図表3-64**）。食肉ごとの市場規模は、牛肉、豚肉、鶏肉の順番で2023年も2035年も変わらないが、価格と健康志向の観点から、市場成長率は、鶏肉（CAGR7.5％）、豚肉（同6.9％）、牛肉（同5.8％）の順番を予想する。

図表3-64 食肉のグローバル市場規模予測

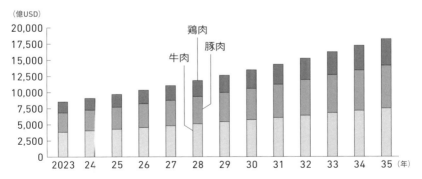

出所：野村證券フード＆アグリビジネス・コンサルティング部

代替肉は、既に植物ベースの製品が一定市場を形成済みであり、筆者は、代替肉の2023年のグローバル市場規模を77億ドルと推定している。代替肉は

2020年前後からグローバルで注目を集めてきたものの、足元は「高成長期待」への一服感もある。植物肉のパイオニアで、これまで当市場をけん引してきた米国・Beyond Meatが、2022年・2023年の通期決算において2期連続で二桁を超える減収になったことは、その大きな契機かもしれない。

これを持って、「代替肉のブームは去った」という声もあるが、筆者はそうは思わない。この間、世界中で様々な企業が植物肉の開発に取り組み、クオリティの高い植物肉製品のローンチが増加している。また、植物肉とは製品プロセスが抜本的に異なる培養肉の流通ライセンス（安全性認証）を獲得する企業も散見され始めた。時代背景と技術、製品クオリティを糧に、代替肉のすそ野は確実に拡がっている。

代替肉は、今後、食肉全体の成長率を凌駕するCAGR27.1％で伸長し、2030年に648億ドル、2035年に1,370億ドルまで拡大するものと筆者は予測する（図表3-65）。同時に、代替肉が食肉全体に占める構成比（代替割合）は現状1％に満たないが、2030年に4.8％、2035年に7.5％まで増加するものと推察する（図表3-65）。

図表3-65　代替肉のグローバル市場規模予測

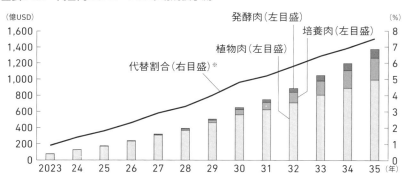

※　：代替肉が食肉全体に占める割合
出所：野村證券フード＆アグリビジネス・コンサルティング部

代替肉の製品種類として、本書では植物肉と培養肉、発酵肉の3種類で整理しているが、代替肉の2023年の構成比は植物肉がほぼ100％を占める。培養肉の市場規模は200万ドル程度、発酵肉は2,700万ドルと見積もっている。今後、植物肉もCAGR23.8％のペースで高位成長を続けていくことが見込まれる

が、培養肉と発酵肉はそれを上回るペースで伸長していくものと考える。

　培養肉はCAGR118％で成長し、2030年に64億ドル、2035年に271億ドルを予測する。また、発酵肉のCAGRは65.8％で、2030年に26億ドル、2035年に108億ドルの市場を予想する。現在の市場は発酵肉が培養肉を上回るが、2025年中には早々に培養肉が発酵肉を抜き去るものと推察する。

　今後、培養肉と発酵肉の市場規模が膨らむにつれて、植物肉の代替肉に占める構成比が低下していくことが見込まれる。培養肉と発酵肉（の合計）が代替肉に占める割合は、2025年には2.3％しかないが、2030年に13.8％、2035年に27.7％までシェアが伸びるものと予測する（**図表3-66**）。

図表3-66　代替肉の製品別構成比推移 (グローバル市場予測)

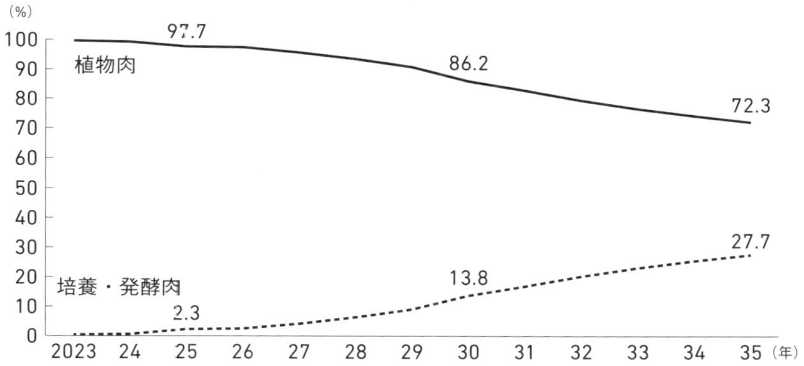

出所：野村證券フーズ＆アグリビジネス・コンサルティング部

　上記の通り、代替肉市場の今後の成長ドライバーは培養肉だと考える。培養肉は、現状においては、食肉特有の風味と食感を代替可能な唯一の製法であり、植物由来の原料のみでのそれらの再現は容易ではない。培養肉の製造・流通ライセンスが今後、現状のシンガポールと米国、イスラエルの3ヵ国以外でも付与されはじめることで、市場のすそ野は確実に拡がるものと考える。その一方で、培養肉の製造コストは植物肉や発酵肉（バイオマス発酵）と比べて圧倒的に高い。一部のスタートアップでは豊富な資金調達を背景に巨大な製造工場を建設する動きがあるものの、技術のスケール化はそれほど容易ではなく、純粋な培養肉の製造コストは当面高止まりしよう。そのため、しばらくは細胞ベースと植物ベースの原料をブレンドした「ハイブリッド製品」が主流になる

ものと予想する。実際、植物由来の原料では特に再現が難しい動物由来の脂肪を1％でも組み込むと、味は劇的に変わるといわれる。それを動物由来ではなく細胞由来の原料で代替することにより、「サステナブル食品」のコンセプトは維持される。つまり、培養肉は広大な飼育場（牧場）が必要なく、GHGを排出することなく、と殺もいらない。消費者のそれぞれの立場で議論は残るものの、環境保護と動物福祉の観点から、培養肉はサステナブルだと認識されている。

ただし、動物性食品を一切口にせず、「完全菜食主義」といわれるビーガン消費者から見ると、培養肉はやはり動物由来の食品である。また、健康を気にする消費者は、100％細胞由来原料の培養肉を敬遠するかもしれない。さらに、どんなに味が改善しても、代替肉自体を好まない消費者もいるだろう。そのため、30年後や40年後に全ての代替肉が培養肉に置き替わるわけではないし、動物肉も引き続き高いシェアを維持する。植物肉と培養肉、発酵肉、それらの組み合わせであるハイブリッド肉、そして動物肉は共存するものと考えている。

図表3-67　代替肉の製品マップ

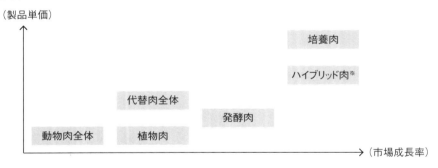

※　：細胞ベースと植物ベースの原料を組み合わせた代替肉
出所：野村證券フード＆アグリビジネス・コンサルティング部

（3）代替シーフード

代替シーフードは、代替乳製品や代替肉のような市場の規模感はないが、サステナブル代替食品の5つのサブセクターにおいて、今後、最も市場成長率が高い分野と予想する。既存のシーフード（水産物）マーケットを展望した後に、代替シーフード市場の将来を見通したい。

FAOによると、2022年の世界の水産物生産量（漁業＋養殖業）は、前年比約2％増の22,283万tであった。漁業生産量は1990年代後半で頭打ちし、それ以降はほぼ横ばいが続いている。代わりに養殖業が、過去から一貫して生産量の伸びをけん引している。天然水産資源の枯渇が叫ばれている中、世界中で水産資源の持続性確保に向けた取り組みやルール化が進行中である。

　そのため、漁業生産量の増加は見通せず、世界人口の増加に伴う旺盛な水産需要の増加に対しては、引き続き養殖生産量の拡大に依存している。養殖については地球温暖化や海洋汚染の影響が深刻化しており、筆者は、先進国の養殖ライセンスを規制する傾向が、今後開発国にも浸透していくものと考えている。水産物の将来生産量は微増傾向を予想するが、需要と供給の差がこれまで以上に拡大し、水産物の将来単価はいっそう上昇していくものと予測する。

　上記背景より、筆者は2023年の水産物のグローバル市場規模を3,411億ドルと推算するが、今後、CAGR9.8％の高成長が続き、2030年の市場規模を6,505億ドル、2035年に10,452億ドルまで拡大するものと予想している（**図表3-68**）。

図表3-68　水産物（シーフード）のグローバル市場規模予測

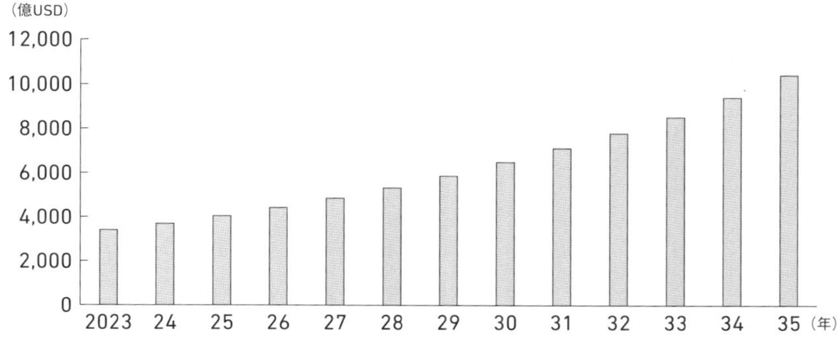

（億USD）

出所：野村證券フード＆アグリビジネス・コンサルティング部

　このように、水産物のグローバル市場は牛乳・乳製品市場や食肉市場を上回る高成長が予想され、代替シーフード市場においても、他の代替製品以上の市場成長が見込まれる。しかし、現時点において、代替シーフード市場は、代替ミルク・乳製品や代替肉ほどの市場形成が進んでいない。筆者は2023年の代

替シーフードのグローバル市場規模を6,800万ドル程度と試算しているが、これは代替肉（77億ドル）の10分の1にも満たない。

これにはいくつか理由がある。例えば、食用肉は牛・豚・鶏の3種類で食肉生産量全体の99.7％を占めるのに対し、世界の海には少なくとも2万種類以上の魚介類が存在するといわれており、製品ごとの小規模市場が多数存在する。

また、肉と魚の製品形態（形状）も影響している。食用肉の製品形態は主にブロック肉（ホールカット製品）とミンチ肉（ひき肉製品）の2種類であり、大半はブロック肉ではあるものの、現状の代替肉製品で多数を占めるミンチ肉も一定の市場が存在する。一方、水産物製品はラウンド（原形のまま＝丸）、切り身（セミドレス、フィレ、刺身）で98％以上を占め、現状の代替シーフード製品で多数のミンチ製品（ネギトロ代替品等）や細切りのツナ缶代替製品は全体の2％にも満たない。さらに、食用肉以上に、水産物特有の（生臭い）風味や食感を再現するのも難しいといわれている。

代替シーフードの現在の市場は決して大きくないが、前述の通り、水産市場の供給制約といった構造変化は避けられない。製品開発の技術も着実に進んでおり、供給の持続性確保に向けて代替シーフードの需要は今後高まるものと考える。筆者は、代替シーフードの2030年のグローバル市場規模を57億ドル、2035年を366億ドルと予測する（**図表3-69**）。2023年の市場規模が小さいことも影響しているが、2035年までのCAGRは69％と高成長を見込む。

図表3-69　代替シーフードのグローバル市場規模予測

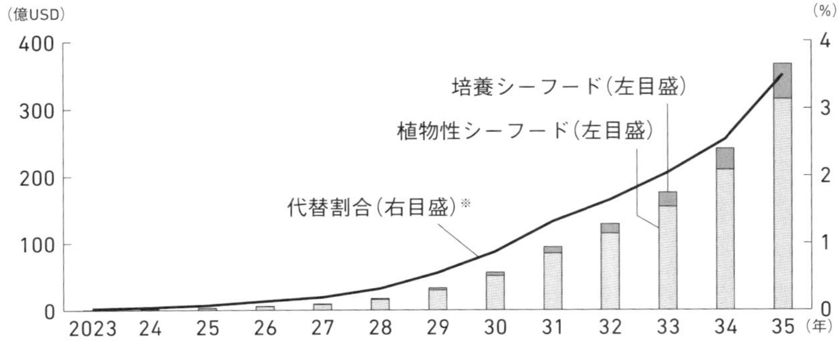

※　：代替シーフードが水産物全体に占める割合
出所：野村證券フード＆アグリビジネス・コンサルティング部

当面の成長をけん引するのは植物性シーフードである。筆者は、植物性シーフードの2023年のグローバル市場規模を代替シーフード全体と同じ約6,800万ドルと推算しているが、今後、CAGR67％で伸長し、2030年の市場規模を51億ドル、2035年の市場規模を314億ドルと予測する。植物性シーフードの製品形態は現状のネギトロ／ツナ缶代替品から、徐々に、刺身を中心とする切り身製品へ移行しはじめるものと推察する。

　培養シーフードは、2024年4月末時点で、正式に流通されている製品はない。初めての製品ローンチは米国で2025年と筆者は予想しているが、そこからCAGR106％でシニアを高め、2030年に5.3億ドル、2035年に52億ドルの市場規模を予測する。製品形態はコストの関係から刺身が主体で、魚種はサーモンやクロマグロ、エビなどの高級魚介類に絞られる他、培養肉と同様に、当面は植物原料を一定割合含むハイブリッド製品になるものと考える。

図表3-70　代替シーフードの製品別グローバル市場規模予測

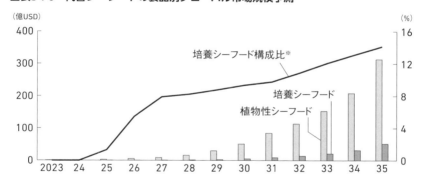

※　：培養シーフード製品が代替シーフードに占める割合
出所：野村證券フード＆アグリビジネス・コンサルティング部

(4) 代替卵

　代替卵は、サステナブル代替食品の5つのサブセクターで最も小さな市場規模の分野になるが、今後は2035年に向けて、サステナブル代替食品全体とほぼ同じペースの安定成長が見込まれる。鶏卵市場を展望した後、代替卵マーケットを見通したい。

　FAOによると、2022年の鶏卵の生産量は8,699万tで、2012年の6,702万t

からの増加率はちょうど3割に達し、CAGR2.6％で持続的な成長を続けている。生産量の上位国は、中国、インド、米国、インドネシア、ブラジルと並び、世界の生産量に占める割合は、首位の中国だけで34％を占め、上位5ヵ国で59％に達する。上位5ヵ国の10年間（2012-2022年）の鶏卵生産量のCAGRを見ると、首位の中国は1.8％、3位の米国は1.6％と世界平均を下回るが、2位のインドは6.0％、4位のインドネシアは18.0％、5位のブラジルは4.8％と平均を大きく上回る。結果、インドの鶏卵生産量の世界に占める割合は2012年の5.5％から2022年に7.6％に上昇し、同じくインドネシアは1.7％から6.8％に、ブラジルは3.1％から3.8％にそれぞれ増加している。

図表3-71　鶏卵の世界生産量推移（左）と上位5ヵ国の年平均成長率（2012-22年）（右）

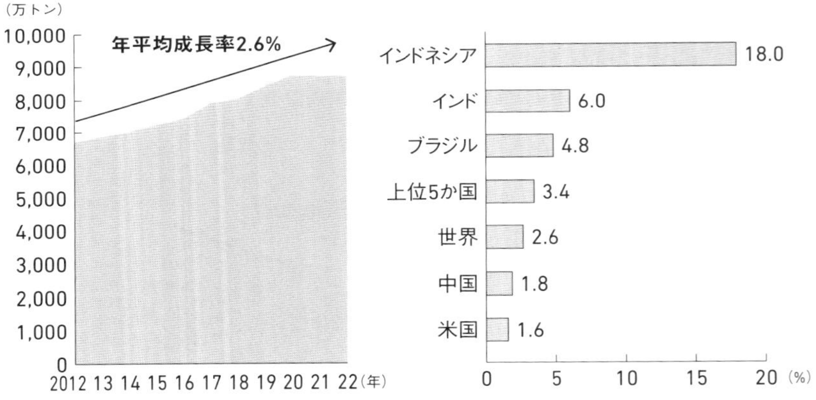

（万トン）

年平均成長率2.6％

	（％）
インドネシア	18.0
インド	6.0
ブラジル	4.8
上位5か国	3.4
世界	2.6
中国	1.8
米国	1.6

出所：FAO統計より、野村證券フード＆アグリビジネス・コンサルティング部作成

　鶏卵の供給量は安定的に増加しているが、今後、旺盛な需要に追い付かなくなる可能性もある。特に前述のインドとインドネシアは世界の人口ランキングでも1位と4位で、いずれも2022年の経済成長率が5％を超えている。実際、鶏卵価格（単価）は生産量を上回るペースで高騰している。記憶に新しいのは2022年の「エッグフレーション」である。「卵」と「物価上昇」を組み合わせた造語だが、当時、飼料価格の急騰と鳥インフルエンザの感染拡大による生産量減少が相まって、世界的に鶏卵価格が上昇した。例えば、米国の2022年1月の鶏卵価格（1ダース・12個）は1.9ドルであったが、同年12月には4.8ドルと実に2.5倍に高騰した。日本でも2022年末の鶏卵価格は年初の2倍程度と

なった。その後価格は落ち着いたが、この5年間の鶏卵価格は世界的に右肩上がりで、2024年7月末時点の鶏卵価格は2019年初比で2倍強となっている。

このような鶏卵のグローバル環境において、代替卵が対象とする市場は鶏卵全体ではなく、卵殻を取り除いて中身（卵白と卵黄）を集めた加工卵（液卵）市場である。加工卵は主にマヨネーズなどのドレッシング製品をはじめ、製菓、製パン、製麺などに利用される。筆者は加工卵の2023年のグローバル市場規模を411億ドルと見積もっているが、今後、CAGR6.9％で伸長し、2030年に668億ドル、2035年に919億ドルまで拡大するものと予想している（**図表3-72**）。

図表3-72　加工卵（液卵）のグローバル市場規模予測

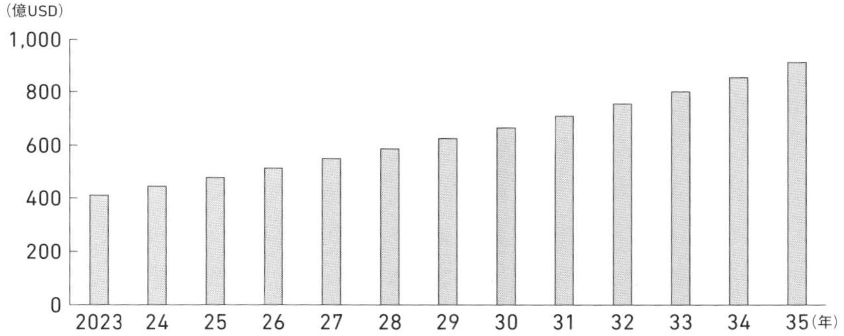

（億USD）

出所：野村證券フード＆アグリビジネス・コンサルティング部

代替卵は、植物由来のマヨネーズ製品や、スクランブルエッグ用途の植物性液卵製品がローンチされており、既に一定の市場を形成している。2023年の代替卵のグローバル市場規模を筆者は9.2億ドルと推測しており、今後、CAGR19.5％で伸長し、2030年に39.4億ドル、2035年に77.7億ドルまで拡大するものと予測している（**図表3-73**）。従来の鶏卵由来の加工卵に占める代替割合は2023年時点で2.2％だが、2030年に5.9％、2035年に8.5％に高まるものと推察する。製品別の2023-2035年のCAGRは、植物卵17.9％、精密発酵卵73.0％と予想し、植物卵以上に精密発酵卵が伸びるものと考えている。

現在、精密発酵卵を正式に製品ローンチしているのは、現時点では米国の**The Every Company**の1社である。微生物を用いて分子的に同等な卵タンパ

図表3-73　代替卵（液卵）のグローバル市場規模予測

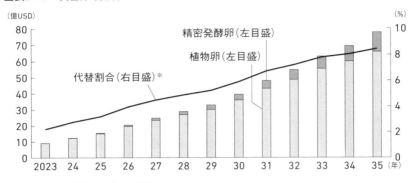

※：代替卵が卵全体に占める割合
出所：野村證券フード＆アグリビジネス・コンサルティング部

ク質を再現することが難しい理由として、独特な機能性を有する卵タンパク質が100種類以上のタンパク質で構成されていることが上げられる。また、この分野の企業の取り組みが遅れているもう1つの理由に、卵の市場規模自体がミルク・乳製品、食用肉と比較すると、相対的に小さい点も考えられよう。

しかし、代替卵製品を原料として見ると市場規模は限定的かもしれないが、それを使用した菓子製品や飲料、機能性食品といった最終製品で見ると市場規模は何十倍にも膨らむ。精密発酵由来の代替卵白の垂直的な拡がりの他、今後

図表3-74　精密発酵卵のグローバル市場規模予測と代替卵構成比推移

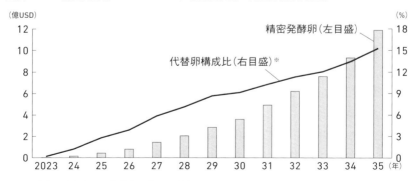

※：精密発酵卵製品が代替卵に占める割合
出所：野村證券フード＆アグリビジネス・コンサルティング部

開発が期待される代替「卵黄」にも注目が集まる。

(5) その他代替食品

本章では、その他植物製品として、菓子や調味料、ピザ、パスタ、ヌードル、冷凍食品などの「その他ビーガン食品」と、廃棄農産副産物で製造される「アップサイクル食品」の2分野を取り上げた。また、その他培養・精密発酵製品は、代替ハチミツと代替コラーゲン、代替着色料の3分野を言及した。

欧米を中心に拡大しているビーガン（完全菜食主義者）人口は、今後、日本を含む他の先進他国へ波及していくものと考えられる。また、それ以上に増加が見込まれるのが、植物ベースの食事を中心に摂り、時には肉や魚も食べる「フレキシタリアン」であろう。柔軟を意味する「フレキシブル」と菜食主義者の「ベジタリアン」を組み合わせた造語であり、柔軟な菜食主義者といわれる。

上記を背景に、筆者はその他代替食品の2023年の市場規模を166億ドルと推算しているが、今後、CAGR14.3％で伸長し、2030年に422億ドル、2035年に581億ドルまでの拡大を予測する。製品別には、その他植物性食品の同期間のCAGRを11.0％で安定成長するものと推計する一方、、その他培養・精密発酵

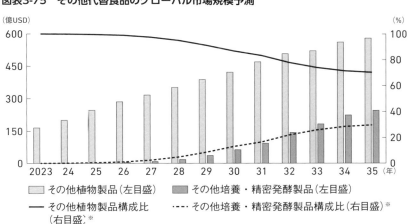

図表3-75　その他代替食品のグローバル市場規模予測

※：その他代替食品に占めるそれぞれの割合
出所：野村證券フード＆アグリビジネス・コンサルティング部

食品は同期間で94.0％の伸長を予想する。本章でフォーカスしているハチミツやコラーゲン（食用途）、着色料（同）については、2040年までに、精密発酵由来の代替製品の割合がそれぞれ3割程度に迫るものと予測する。

8 グローバル・ユニコーン企業

　筆者が取材したサステナブル代替食品のユニコーン企業31社を紹介する。筆者定義では、①Unicorn企業（累計資金調達額2億ドル以上）9社、②Next Unicorn企業（同1億ドル以上）11社、③Future Unicorn企業（将来成長期待の同1億ドル未満企業）11社となった。

図表3-76　サステナブル代替食品のグローバル・ユニコーン企業リスト

サブセクター名称		企業名	本社	設立(年)	累計資金調達額		ユニコーン分類
					USD M	直近シリーズ	
(1)	代替ミルク・乳製品	Perfect Day	米国	2014	801	E	Unicorn
		The Not Company	米国	2015	433	D	
		Re-Milk	イスラエル	2019	131	B	Next Unicorn
		TurtleTree Labs	シンガポール	2019	39	A	Future Unicorn
		Imagindairy	イスラエル	2020	28	シード	
		Better Dairy	英国	2020	27	A	
		Biomilq	米国	2020	25	A	
(2)	代替肉	UPSIDE Foods	米国	2015	608	C	Unicorn
		Susta nable Bioproducts (Nature's Fynd)	米国	2012	509	C	
		Believer Meats	イスラエル	2018	388	B	
		Emergy (Meati Foods)	米国	2017	375	C	
		Redefine Meat	イスラエル	2018	175	A	Next Unicorn
		Planted Foods	スイス	2019	138	B	
		Mosa Meat	オランダ	2016	138	C	
		Next Gen Foods	シンガポール	2020	132	A	
		V2food	豪州	2019	131	B	
		Aleph Farms	イスラエル	2017	119	B	
		Meatable	オランダ	2018	105	B	
		Ivy Farm Technologies	英国	2019	84	B	Future Unicorn
		SuperMeat the Essence of Meat	イスラエル	2015	70	A	
		Green Monday Holdings	香港	2012	70	A	
		Orbillion Bio	米国	2019	5	シード	
(3)	代替シーフード	Wildtype	米国	2016	124	B	Next Unicorn
		Fin.ess Foods	米国	2017	48	B	Future Unicorn
		Shiok Meats	シンガポール	2018	30	A	
(4)	代替卵	Eat Just	米国	2011	※732	E	Unicorn
		The EVERY Company	米国	2014	275	C	
(5)	その他代替食品	MycoTechnology	米国	2013	235	E	Unicorn
		Wicked Foods	米国	2018	※132	A	Next Unicorn
		Geltor	米国	2015	114	B	
		MeliBio	米国	2020	10	シード	Future Unicorn

※　：グループ全体の累計調達額
注　：累計資金調達額は2024年10月1日時点
出所：Crunchbase、各社ヒアリングなどより、野村證券フード＆アグリビジネス・コンサルティング部作成

Perfect Day, Inc.

世界で初めて精密発酵ベースの代替乳製品をローンチした
乳製品分野における発酵タンパクのパイオニア

会社概要
- 所在地　　：740 Heinz Ave Berkeley, CA
- 代表者　　：Ryan Pandya（CEO & Co-Founder）
- 事業内容　：精密発酵ベースの乳タンパク質開発
- 従業員数　：約350名
- 累計調達額：USD 801 million（シリーズE）

事業沿革
- 2014年：バイオエンジニアの現CEOとGandhi氏（現ボードメンバー）が設立
- 2020年：当社開発のホエイプロテイン「ProFerm」が米国FDAの認可を取得
　　　　　世界で初めて精密発酵ベースの乳製品（アイスクリーム）を正式ローンチ
- 2021年：米国の人気アイスクリームメーカーCoolhausを買収
　　　　　精密発酵ベースのクリームチーズとプロテインパウダーの製品をローンチ
- 2022年：アジア初の精密発酵ベースの代替ミルク製品をシンガポールでローンチ
　　　　　食品世界最大手・Nestléが「ProFerm」を使用した代替ミルク製品をローンチ
- 2023年：BtoC事業からの撤退を発表し、同子会社・ブランドを他社へ売却

事業概要・計画
　バイオ3Dプリンターで微生物にカゼインと乳清の遺伝情報を組み込み、微生物を発酵させてホエイプロテイン「ProFerm」を開発するスタートアップ。開発後は、可溶性やゲル化、味などの食品適用化のテストを実施し、パウダー状にして製品化。顧客はそれに植物ベースの糖質や脂肪、栄養素を加えて乳製品を製造。顧客ごとに微生物株は異なる。

　「ProFerm」は、既にNestléやStarbucks（ミルク）、Bel Group（チーズ）、Mars（チョコレート）などのグローバル食品企業に採用され、各企業の最終製品が米国や香港、シンガポールでローンチされている。研究開発・製造拠点は米国（2都市）、シンガポール、インドの3ヵ国にあり、2028年までに製造能力を3万tまでスケール化する計画。

日本企業との連携機会
　日本市場への製品・事業展開に向けて食品メーカーなどとの連携。

ビジネスモデル・特徴

バリューチェーン
（付加価値・差別化）

- 他社に先駆けて複数の国々で製品をローンチし、開発から製造、販売までの強固なサプライチェーンを構築。
- 全米6,000以上の店舗で製品展開したBtoC事業を通じて、最終製品の製造ノウハウや消費者のニーズを把握。

イノベーション
（新しい価値創造）

- 世界に先駆けて精密発酵ベースの製品開発に取り組み、植物ベースとは異なる新たな市場と製品を創造。
- 他業界・分野で長い歴史を持つ精密発酵技術を食品分野に応用しスケール化した新たな生産プロセスを開発。

出所：Perfect Day HP

The Not Company, Inc.

チリ

独自のAI技術で、動物性食品を分子的に模倣したプラントベース食品を開発する南米最大のフードテックスタートアップ

会社概要
- 所在地　　：Av. Quilín 3550 Macul
- 代表者　　：Matias Muchnick（Co-Founder & CEO）
- 事業内容　：植物ベースの乳製品・肉製品・卵製品の開発
- 従業員数　：約415名
- 累計調達額：USD 433 million（シリーズD）

事業沿革
- 2015年：現CEOと現CTO、現CSO（Chief Science Officer）の3名が設立
- 2017年：当社初の製品として代替マヨネーズ「NotMayo」をチリでローンチ
- 2020年：米国市場へ参入。初の製品として代替ミルク「NotMilk」をローンチ
- 2022年：米国食品大手のKraft Heinzと戦略提携し合弁会社を設立
- 2023年：チョコレート菓子世界最大手の米国・Marsと戦略提携を発表

事業概要・計画

　独自開発のAIプラットフォーム「Giuseppe」を活用して、膨大な植物成分プロファイルから、動物性食品の風味や食感、香り、機能性に合う植物原料を割り当て、プラントベースの食品を開発するスタートアップ。例えば、代替ミルク「NotMilk」には、エンドウ豆とヒマワリ油をベースにしながらも、パイナップルやキャベツなどの特徴的な成分が含まれる（乳製品に含まれる芳香化合物のラクトンを生成する最適な組み合わせとAIが判断）。

　ローンチ済み製品は、代替ミルク「NotMilk」、代替肉「NotMeat」、代替アイスクリーム「NotIceCream」、代替マヨネーズ「NotMayo」などがあり、戦略提携先は、BURGER KING、Starbucks、Dunkin'、Shake Shack、Marsなどの大手飲食・食品企業が並ぶ。

　ビジネスモデルは、自社製品を食品小売などで販売する卸売事業と、飲食・食品企業へ自社プラットフォームを提供するライセンス事業がある。今後はライセンス事業に注力し、展開国を拡げながら「グローバルフードテック業界のインテル」のポジションを目指す。

日本企業との連携機会

　日本の主に食品・飲食企業との（当社ライセンス事業における）協業可能性。

ビジネスモデル・特徴

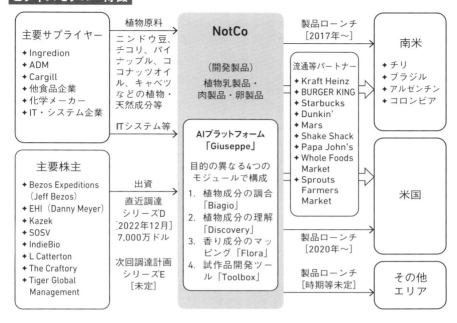

バリューチェーン（付加価値・差別化）

- 動物性食品を分子レベルで模倣するために、独自の機械学習アルゴリズムと独自の植物成分データベースを開発。
- 自社製品ブランドの企画開発・流通の実績とノウハウをベースにしたプラットフォーム・ライセンス事業の展開。

イノベーション（新しい価値創造）

- 成分調合「Biagio」、成分理解「Discovery」、香りマップ「Flora」、製品開発「Toolbox」の4モジュールでAIを開発。
- 動物性食品の代替製品化を検討する多くの食品・飲食企業に対して、当社AIを使った新たなソリューションを提供。

出所：The Not Company HP

イスラエル

Re-Milk Ltd.

海外企業では初となる精密発酵・乳タンパク質の流通許可を
米国で取得したイスラエルの発酵タンパクスタートアップ

会社概要
- 所在地　　：6 Ilan Ramon St. Ness-Ziona
- 代表者　　：Aviv Wolff（CEO & Co-Founder）
- 事業内容　：精密発酵ベースの乳タンパク質開発
- 従業員数　：約110名
- 累計調達額：USD 131 million（シリーズB）

事業沿革
- 2019年：現CEOと複数のバイオ企業でR&Dに従事した現CTO（生化学博士）が設立
- 2022年：デンマークに世界最大の精密発酵プラントの建設を発表
　　　　　米国FDAより当社乳タンパク質の流通許可（GRAS認証）を取得
　　　　　イスラエル食品最大手のCBC Groupと戦略パートナーシップ締結
- 2023年：米国食品大手のGeneral Millsが当社乳タンパク質を使用した乳製品をローンチ
　　　　　シンガポール食品庁より当社乳タンパク質の流通許可を取得
　　　　　イスラエル保健省より当社乳タンパク質の流通許可を取得

事業概要・計画
　精密発酵でアニマルフリーの乳タンパク質を開発するスタートアップ。乳タンパク質をコードする遺伝子を酵母に挿入することで、酵母が乳タンパク質を生成し、乾燥・粉末して製品化。

　当社のモデルは基本的に自社開発の乳タンパク質を他社へ供給するBtoBモデルであり、既に米国、シンガポール、イスラエルの3ヵ国で当社製品（乳タンパク質／乳製品）の流通許可を取得済み。米国では2023年1月に食品大手のGeneral Millsが、当社乳タンパク質を使用した初の製品（クリームチーズ）をローンチ。イスラエルでは食品最大手のCBC Groupが、2024年末までに乳飲料やチーズ、ヨーグルトのローンチを計画。

　現在デンマークで世界最大の精密発酵プラント（年間5万頭の牛に相当する乳タンパク質を生産予定）を建設中であり、稼働後は動物タンパク質と同価格での提供を見込む。

日本企業との連携機会
　日本市場への製品・事業展開に向けた戦略パートナーの探索など。

ビジネスモデル・特徴

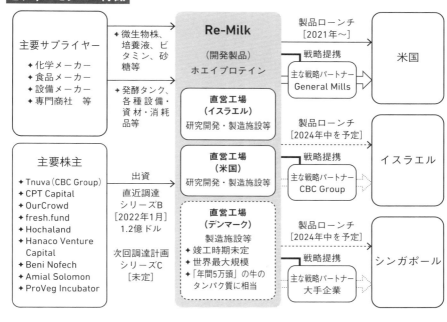

バリューチェーン
(付加価値・差別化)

- 創業からわずか3年で米国におけるローンチ許可を取得するなど、スピードを意識した経営と事業展開を実践。
- デンマークで世界最大の工場建設を発表するなど、精密発酵のスケール化(コスト競争力)で競合他社を先行。

イノベーション
(新しい価値創造)

- 味や栄養価は牛乳タンパク質と同様で乳糖やコレステロール、成長ホルモンが含まれない酵母ベースの発酵プロセスを開発。
- 従来の酪農と比較して、CO_2排出、土地、原料、水、飼育期間を圧倒的に削減・短縮できる乳タンパク質の生成手法を開発。

出所:Re-Milk HP

シンガポール

TurtleTree Labs Inc.

精密発酵でラクトフェリンの世界No.1サプライヤーを目指す
シンガポール発の細胞農業スタートアップ

会社概要

- 所在地　　：77 Ayer Rajah Crescent
- 代表者　　：Fengru Lin（Co-Founder & CEO）
- 事業内容　：バイオラクトフェリンの生産
- 従業員数　：約50名
- 累計調達額：USD 39 million（シリーズA）

事業沿革

- 2019年：Google出身の現CEOとMax Rye氏（現チーフ・ストラテジスト）が設立
- 2021年：カリフォルニアにも研究拠点を開設
- 2022年：世界で初めて精密発酵由来のウシラクトフェリン生産に成功
- 2023年：当社ラクトフェリン「LF+」が世界で初めて米国FDAのGRAS認証を取得
- 2024年：米国・エスプレッソコーヒー飲料会社・Cadence Cold BrewとLF+を使った第一号製品の米国販売に向けてパートナーシップ締結を発表

事業概要・計画

　当初は精密発酵によるミルク生産を目的として設立されたが、2021年に最初の製品は、より高単価で需要増が見込まれるラクトフェリンになると発表。現在、牛乳から抽出して精製しているラクトフェリンは、粉ミルクやサプリメントなどに利用されている。

　牛乳は16ドル/kg程度であるが、ラクトフェリンは3,000ドル/kgと単価が高く、また生産できる企業も少ない。ラクトフェリンは、酵母を利用した精密発酵で生産した場合、コストは大きく下がるとのこと。当社は、まずラクトフェリン（商品名LF+）でNo.1の地位を築いた後、精密発酵乳などにラインナップを拡げていく計画である。

　また、ラクトフェリン以外にも精密発酵により代替タンパク質（代替ミルクなど）の開発も進めていく予定である。

日本企業との連携機会

　社名を公表していないものの、日本企業とは既に連携を開始している。ラクトフェリンの需要家も日本には多く、食品会社や化粧品会社との連携も考えられる。次の投資ラウンドでの日本企業からの出資に関しても歓迎する姿勢。

ビジネスモデル・特徴

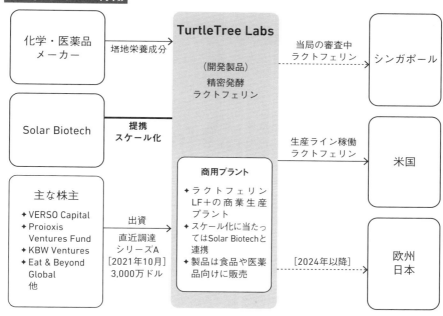

- 精製ラクトフェリンを食品、サプリメント、医薬品等の原料として販売する。
- ラクトフェリンは市場規模が小さいものの需要は拡大。牛乳から精製するため高単価であり、代替需要も増大。

- 精密発酵を用いて、ラクトフェリンを低コストかつ安定的に作ることに成功。
- 酪農に依存しないことで、環境負荷が少なく、動物福祉の観点からも優れた製品を開発。

出所：TurtleTree Labs HP

イスラエル

Imagindairy Ltd.

独自のAIモデルと高収量微生物を用いて、精密発酵ベースの乳タンパク質を開発するイスラエルの発酵タンパクスタートアップ

会社概要

- 所在地　　：7 Hakidma St. Yokneam
- 代表者　　：Eyal Afergan
　　　　　　（CEO & Co-Founder）
- 事業内容　：精密発酵ベースの乳タンパク質開発
- 従業員数　：約30名
- 累計調達額：USD 28 million（シード）

事業沿革

- 2020年：テルアビブ大学教授で現CSOの技術を軸に現CEOと現COOの3名で設立
- 2022年：資金調達ラウンド（シード）で2,800万ドルを調達
- 2023年：米国FDAより当社乳タンパク質の流通許可（GRAS認証）を取得

事業概要・計画

　「本物の」乳製品の栄養と機能性を持ち、コレステロールやラクトースを含まない精密発酵ベースの乳タンパク質を開発。高度な計算生物学と分子生物学の技術を統合した人工知能を活用し、高効率（高収量）な微生物株を開発。

　合成生物学と計算生物学でイスラエル最大規模の研究所を率いる現CSO（テルアビブ大学教授）の15年に及ぶ精密発酵の研究・技術をベースに、複数のバイオ企業で経営経験を有する現CEO（薬剤学博士）、産官学でタンパク質などの細胞生物学の研究開発に30年以上携わった現COO（微生物学博士）の3名が設立。

　事業は自社ブランドを持たないBtoBモデル。2023年8月に世界で3社目となる米国FDAによる当社タンパク質の流通許可を取得。当社の乳タンパク質を使用した乳製品が2024年中に米国でローンチされる予定。ホエイの他、カゼインやアルファラクトアルブミン（母乳に含まれる乳清タンパクの一種）などの乳タンパク質の開発にも取り組む。

　2022年実施の資金調達では、シードラウンドとしては業界最大額を調達。乳業分野でイスラエル最大のStrauss Groupやフランスの乳製品大手Danoneなどが出資済み。

日本企業との連携機会

　日本市場への製品・事業展開に向けた戦略パートナーの探索など。

ビジネスモデル・特徴

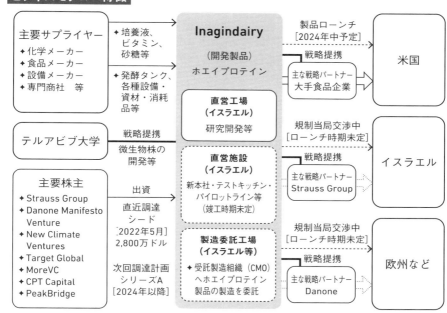

バリューチェーン（付加価値・差別化）
- 飼料をタンパク質に変換する効率が牛の20倍高い独自AIモデルを用いた微生物株の開発（7つの特許で保護）。
- ホエイプロテインだけでなく、カゼインプロテインなど様々な乳タンパク質の開発を推進中。

イノベーション（新しい価値創造）
- 高度な計算生物学と合成生物学の技術を統合した人工知能を活用して、独自の「高収量な」微生物株を開発。
- 精密発酵に関連する各分野で高い実績を持つ経営陣と専門人材で組織化されたリサーチ主導のプロセスを開発。

出所：Imagindairy HP

Better Dairy Ltd.

精密発酵由来のカゼインプロテインで、世界初のアニマルフリーの熟成ハードチーズ開発に挑むロンドンのスタートアップ

会社概要
- 所在地　　：Unit J/K, Bagel Factory, 24 White Post Lane, London
- 代表者　　：Jevan Nagarajah（CEO & Co-Founder）
- 事業内容　：精密発酵ベースのチーズ開発
- 従業員数　：約30名
- 累計調達額：USD 27 million（シリーズA）

事業沿革
- 2020年：投資銀行で債券トレーダー出身の現CEOが設立
- 2022年：資金調達ラウンド（シリーズA）で2,470万ドルを調達
- 2023年：精密発酵由来のカゼインプロテインの試作品を開発

事業概要・計画
　精密発酵の技術で、チェダーチーズやブルーチーズ、ゴーダチーズなどの熟成ハードチーズの開発に取り組むスタートアップ。大手投資銀行で債券のトレーダーを務めていた現CEOが、持続可能なチーズ開発を目的に当社を設立。約30名の科学者と研究者を率いるのは、大手製薬会社でタンパク質化学部門の責任者（ディレクター）を務めていた現CSOのBernd Gerhartz氏。

　製造プロセスは、まず、3Dプリンターを使用してカゼインプロテインのDNAを組み込んだ酵母を大型のステンレス製発酵タンクで増殖させる。次に、カゼインプロテインのみを単離して、100％アニマルフリーのカゼインプロテインを作成する。最後に、カゼインプロテインを粉末化し、植物由来の砂糖と脂肪、ミネラル、（若干の）塩を加え、伝統的なチーズ製法と同様に熟成させ、各ハードチーズ製品が完成する。

　現在、カゼインプロテインの作成段階にあり、作成後、ハードチーズ製品の製造に取り組み、2024年末以降の製品ローンチを計画。当初は自社ブランドのチーズ製品をDtoCで提供し、その後、中長期的にはカゼインプロテインを他社へ提供するBtoBモデルを計画。

日本企業との連携機会
　日本市場への製品・事業展開に向けた戦略パートナーの探索など。

ビジネスモデル・特徴

```
主要サプライヤー                                       Better Dairy
 ◆ 化学メーカー          → 植物由来の砂糖、脂肪、     （開発製品）
 ◆ 食品メーカー            ミネラル、塩等
 ◆ 設備メーカー                                      カゼインプロテイン、
 ◆ 専門商社　等        → 発酵タンク、各種設備・      熟成ハードチーズ
                         資材・消耗品等
```

主要株主	出資	直営施設（ロンドン）	製品ローンチ [2024年末以降を予定]	英国 / EU / 米国 / シンガポール / 日本
◆ Happiness Capital ◆ Entrepreneur First ◆ Stray Dog Capital ◆ Manta Ray Ventures ◆ Veg Capital ◆ CPT Capital ◆ Redalpine ◆ Acequia Capital ◆ Vorwerk Ventures	直近調達 シリーズA [2022年2月] 2,470万ドル 次回調達計画 シリーズB [2024年中]	◆ 本社施設 ◆ 研究開発施設 ◆ 大型発酵タンク 等	自社開発のカゼインプロテインを用いた熟成ハードチーズの自社ブランド製品を、直接、消費者へ販売するDtoCモデルを計画 中長期的にはカゼインプロテインを他社に提供するBtoBモデルを計画	

バリューチェーン
（付加価値・差別化）

- 精密発酵技術を使ったカゼインプロテインの開発とそれを主原料とするハードチーズ製品のみに開発を特化。
- 精密発酵由来のホエイプロテインを使ったソフトチーズ製品のローンチは既にあるが、ハードチーズ製品はない。

イノベーション
（新しい価値創造）

- 植物由来では再現が難しいハードチーズ特有の堅い食感や味の深みを提供するカゼインプロテインを精密発酵技術で開発。
- 製品がローンチされれば、世界中のチーズ愛好家へ、熟成ハードチーズの新たな選択肢（製品カテゴリー）を提供。

出所：Better Dairy HP

Biomilq, Inc.

米国

ヒトの母乳を合成・分泌する乳腺上皮細胞を培養して、栄養面で母乳と同等な代替母乳を開発する細胞培養スタートアップ

会社概要
- 所在地　　：9 Laboratory Drive, Durham NC
- 代表者　　：Leila Strickland（CEO & Co-Founder）
- 事業内容　：培養母乳の開発
- 従業員数　：約45名
- 累計調達額：USD 25 million（シリーズA）

事業沿革
- 2020年：学術書編集者やコンサルタント出身の現CEO（細胞生物学・博士）が共同設立
　　　　　母乳の重要成分のカゼイン（タンパク質）とラクトース（乳糖）の開発に成功
- 2021年：世界で初めてヒトの母乳を体外で培養することに成功
- 2023年：共同創業者で元CTOのLeila Strickland氏がCEOに就任

事業概要・計画

　子どもに授乳をできない悩みを経験した現CEOが、母乳を作るプロセスを体外で再現することに10年近く取り組み、2021年、栄養的に同等な母乳生成の成功を発表した。

　製造プロセスは、まず、乳腺上皮細胞をフラスコで増殖した後、乳房内と同様の状態を再現したバイオリアクターに移し増殖を続ける。その後、母乳を作るホルモンであるプロラクチンを刺激し、細胞は一方から栄養素を吸収し続け、もう一方より乳成分を分泌し続ける。それらを収集して代替母乳を製品化する。細胞採取から製品化まで6-8週間。

　当社の代替母乳は、母乳に含まれるタンパク質や複合糖質、脂肪酸、生理活性脂質に匹敵する多量栄養素プロファイルが確認されており、また、体外環境のため、ヒトの母乳中に検出される環境毒素や食物アレルゲン、薬剤などは含まれない。一方、母乳は乳児の状態に合わせてリアルタイムで成分が変わるため、生物学的には同等ではない。

　そのため、事業モデルとして、個々の母親の妊娠中に針生検で細胞を採取し、カスタマイズされた母乳を生成するDtoCサービスを計画する。ローンチ時期は2025年を予定。

日本企業との連携機会

　次回の資金調達ラウンドに向けて、日本やアジアの企業との資本業務提携先を探索。

ビジネスモデル・特徴

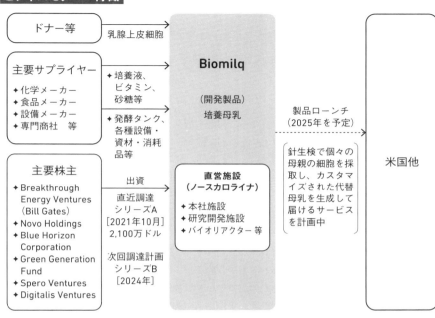

バリューチェーン（付加価値・差別化）
- 世界1,000億ドルといわれる乳児用ミルク市場で、細胞由来による代替母乳の開発を目指す数少ない企業の1社。
- 個々の母親による細胞由来の代替母乳を生成し届けるという他社にないビジネスモデルを計画中。

イノベーション（新しい価値創造）
- 他社に先駆けて、重要成分のカゼインとラクトースを生成し、母乳と栄養面で同等な代替母乳の開発に成功。
- 様々な理由で母乳を供給できない母親に対して、粉ミルクなどに代わる代替母乳の新たなオプションを提供。

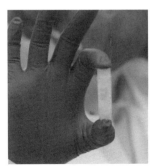

出所：Biomilq HP

第3章 サステナブル代替食品（代替タンパク）

UPSIDE Foods, Inc.

米国で初となる培養肉の製造・販売承認を獲得した
資金調達ベースで世界最大の培養肉スタートアップ

会社概要

- 所在地　　：6201 Shellmound St. Emeryville CA
- 代表者　　：Uma Valeti（CEO & Co-Founder）
- 事業内容　：培養肉の開発
- 従業員数　：約250名
- 累計調達額：USD 608 million（シリーズC）

事業沿革

- 2015年：心臓専門医の現CEOと幹細胞生物学者の現CSOが設立
- 2016年：世界初の培養ビーフミートボールのプロトタイプ開発に成功
- 2017年：世界初の培養鶏肉・鴨肉のプロトタイプ開発に成功
- 2021年：カリフォルニア州に世界最大規模の培養肉工場を竣工
- 2022年：資金調達ラウンド（シリーズC）で業界史上最大となる4億ドルを調達
  　　　　培養シーフード企業Cultured Decadenceを買収
- 2023年：米国初の培養肉製造・販売の承認を5月に獲得、7月に外食でローンチ

事業概要・計画

　家畜から採取した細胞を培養して培養肉製品を開発するスタートアップで、米国の培養肉業界のパイオニア。他社に先駆けて米国・カリフォルニア州で世界最大規模の製造工場を竣工。2023年5月、世界で初めて培養肉製造と販売の認可を米国で取得した。

　2023年8月にサンフランシスコの星付きレストラン「Bar Cenn」（米国で三ツ星を獲得した初の女性シェフの経営店舗）にて、米国初となる当社の培養「鶏肉」を用いたメニューがローンチされた。シェフと改良を重ねた後、定番メニュー化を予定する。

　当初は高級レストランに販路を絞り、メニュー開発と消費者マーケティングを重ね、食品小売への出荷は2026年頃を見込む。当初の5～10年はプレミアム価格となり、その後、スケール化等によるコスト削減を行い、動物肉との同等価格を実現させる計画。

日本企業との連携機会

　和牛製品の共同開発の他、米国からの製品輸出などの連携機会がある。

ビジネスモデル・特徴

```
肥育農家                     ─家畜の細胞→   UPSIDE        ←培養肉原料の→   米国の
（鶏・牛）                                  Foods         メニュー開発     外食企業
                                           （開発製品）    ─培養肉製品の販売→
主要サプライヤー   ─栄養素      培養鶏肉等      ［2023年8月〜］
（化学メーカー等）  基礎培地                    （プレミアム・メニュー）
                  血清成分等
                              直営工場
                            （カリフォルニア州）  流通パートナー
主要株主          ─出資→      ◆2021年11月竣工    ◆Tyson Foods
 ◆SOSV            直近調達    ◆工場面積 5.3ha    ◆Cargil  他
 ◆Bill Gates      シリーズC   ◆製造能力 約180t／年
 ◆IndieBio        ［2022年4月］◆研究所等併設                ─培養肉製品の販売→  米国の
 ◆Tyson Foods     4億ドル                                     ［2026年頃］     食品小売企業
 ◆Cargill
 ◆Temasek Holdings 次回調達計画   直営工場
 ◆New Crop Capital シリーズD    （イリノイ州）
 ◆SoftBank Vsion  ［2025-26年］ ◆2025年中竣工予定  ─培養肉製品の→  シンガポール、
   Fund                        ◆工場面積 18.7ha     輸出等        日本、中国等
 ◆Dentsu Ventures              ◆製造能力 当初1-2t  ［時期未定］
                                 〜最大1.3万t／年
```

バリューチェーン（付加価値・差別化）
- 米国での培養肉製造・流通に経営資源を集中させ、関係するサプライヤーや流通業者と強固な連携を構築。
- 植物肉と異なり（実質的に）"規制産業"であり、米国で初の製品ローンチによる先行者利得を得る可能性。

イノベーション（新しい価値創造）
- 培養肉の開発を世界に先駆けて取り組み、これまでにない新たな市場と製品を創造。
- 米国当局とともに、培養肉製造・流通に関する規制・審査プロセスを（実質的に）構築。

出所：UPSIDE Foods HP

第3章　サステナブル代替食品（代替タンパク）

Sustainable Bioproducts LLC (Nature's Fynd)

イエローストーン国立公園に生息する極限環境微生物由来の真菌を発酵して代替肉・乳製品を開発するシカゴ発のスタートアップ

会社概要
- 所在地　　：815 W Pershing Rd Chicago IL
- 代表者　　：Thomas Jonas（Co-Founder & CEO）
- 事業内容　：微生物発酵由来の代替肉・乳製品開発
- 従業員数　：約250名
- 累計調達額：USD 509 million（シリーズC）

事業沿革
- 2012年：モンタナ州立大学のMark Kozubal博士（地球微生物学）や現CEOらが設立
- 2018年：真菌微生物を用いた食品分野の製品開発に注力
- 2021年：米国FDAのGRAS認証を取得。パティとクリームチーズ製品を試験販売
- 2022年：Whole Foods Marketの一部店舗で両製品のローンチを開始
  NYのスターシェフ・Éric Ripert氏が「料理アドバイザー」に就任
- 2023年：Whole Foods MarketとSprout Farmers Marketの全米店舗での流通開始
  カナダ保健省から当社製品の流通許可を取得

事業概要・計画
　2009年、共同創業者のMark Kozubal博士が、NASAなどとイエローストーン国立公園に生息する極限微生物の調査中に、真菌微生物「フザリウム・ステイン・フラボラピス」を発見。当微生物株と独自の発酵技術を用いて真菌タンパク質「Fyプロテイン」を開発。
　Fyは、トレーの上で炭水化物と栄養素を供給した微生物を増殖し、筋肉繊維のような繊維の層を形成して製造される（固形・液体・粉末のいずれの製品化も可能）。製造期間はわずか数日。Fyはタンパク質を45%以上、食物繊維を25-35%、脂質を5-10%含み、9つの必須アミノ酸、食物繊維、カルシウム、ビタミンを含んだ栄養価に優れたタンパク質製品である。
　現在、Fyを使ったパティとクリームチーズの代替製品を全米でローンチ済み。今後、Fyのパートナー他社への提供の他、シンガポールやアジアなど他地域への製品展開を計画。

日本企業との連携機会
　日本を含むアジアでの事業展開に向けた戦略パートナーの探索。

ビジネスモデル・特徴

```
イエローストーン         真菌微生物株
国立公園      ───→  「Fusarium strain
                      flavolapis」                              製品ローンチ
                                         Nature's              [2022年5月〜]
主要サプライヤー    炭水化物、         Fynd         ───────→   「Nature's Fynd Meatless
 ◆ 食品メーカー   ◆ 栄養素等                                    Breakfast Patties」
 ◆ 化学メーカー                       (開発製品)                「Nature's Fynd
 ◆ 設備メーカー    発酵タンク、       発酵肉・乳製品              Dairy-Free Cream Cheese」     米国
 ◆ 専門商社 等   ◆ 各種設備・資
                    材・消耗品等                                主要販路
                                        直営施設              ◆ Whole Foods
Eric Frank Ripert    戦略提携           (シカゴ)                 Market
(NY・スターシェフ) ─────            ◆ ベンチ工場              ◆ Sprouts Farmers
                   料理アドバイザリー  ◆ 約3,300㎡                Market
                                      ◆ 研究開発施設
   主要株主          出資             ◆ 発酵タンク 等          製品ローンチ
 ◆ SoftBank Vision ─────                                      [2024年中予定]
   Fund           直近調達                                                                カナダ
 ◆ Danone Manifesto シリーズC          直営施設                 流通許可取得
   Venture        [2021年6月]          (シカゴ)                 [2023年8月]
 ◆ SK Holdings    3.5億ドル          ◆ パイロット工場
 ◆ BAM Elevate                       ◆ 約19,000㎡
 ◆ Oxford Finance 次回調達計画        ◆ キッチン施設            製品ローンチ              その他
 ◆ National Science シリーズD         ◆ 発酵タンク 等           [時期等未定]              エリア
   Foundation     [未定]
```

バリューチェーン（付加価値・差別化）
- 世界で初めて国立公園に指定された「イエローストーン国立公園」に起源を持つ独自性のある微生物株を保有。
- 製品の「ストーリー性」を活かして、微生物（バイオマス）発酵ベースの企業では高い認知度とローンチ実績を持つ。

イノベーション（新しい価値創造）
- 必須アミノ酸9種類を含む20種類のアミノ酸が豊富に含まれる（相対的に）良質な代替タンパク質を開発。
- 他の代替肉・乳製品の製造方法と比較して、よりシンプルな使用原料と製造期間・プロセスで製品を開発。

出所：Nature's Fynd HP

Believer Meats Ltd.

イスラエル

独自の製造プロセスで、業界随一のコスト競争力を誇る
エルサレム・ヘブライ大学発の培養肉スタートアップ

会社概要

- 所在地　　：Moti Kind St. 10, Rehovot
- 代表者　　：Gustavo Burger（CEO）
- 事業内容　：培養肉の開発
- 従業員数　：約120名
- 累計調達額：USD 388 million（シリーズB）

事業沿革

- 2018年：ヘブライ大学の生物医学教授・Yaakov Nahmias氏（現CSO）が設立
- 2021年：世界に先駆けて培養肉のパイロット工場をイスラエルに竣工
　　　　　シリーズBで業界史上最大（当時）の3.5億ドルを調達
- 2022年：世界最大の培養肉工場を米国で着工
　　　　　世界初の培養羊肉開発に成功
　　　　　企業名をFuture Meat TechnologiesからBeliever Meatsに変更
- 2023年：穀物メジャーのADMと培養肉の商業化に向けた基本合意書を締結

事業概要・計画

　家畜から採取した細胞を培養して培養肉製品を開発するスタートアップで、培養鶏肉の製造コストは10ドル/kgに迫るなど、業界随一のコスト競争力を誇る。

　現在、米国・ノースカロライナ州に培養肉工場を建設中で、2024年中の竣工を計画。製造能力は年間約1万tと、世界最大の培養肉工場になる見込みである。

　主力製品は植物タンパクと細胞ベースの「ハイブリッド肉」製品とし、2024年中に米国で、鶏肉の他、業界でも稀有な羊肉のローンチを計画している。NestléやADM、CPFoodsなど世界を代表する大手食品企業と戦略パートナー契約を締結済みである。

　当社の長期戦略として、培養肉製造に必要な設備や原料、技術などを食肉メーカーや農家などに提供する「Cultured Meat as a Service」の事業を計画している。

日本企業との連携機会

　日本市場へ製品や技術を導入する際の戦略パートナー、次回調達ラウンドへの参画。

ビジネスモデル・特徴

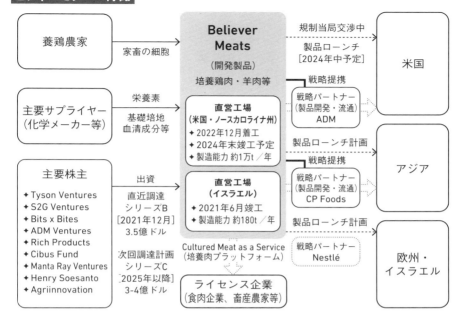

- 培養技術として、少ない成長因子で自己複製する「線維芽細胞」を使用した懸濁培養を採用。
- ADM（米国）やCPFoods（アジア）、Nestlé（欧州等）の食品グローバル企業とエリアごとの戦略提携を実施。

- 培養方法や増殖培地、培地リサイクル等の独自技術により、コスト削減に大きく寄与する製造プロセスを開発。
- 「ハイブリッド」肉製品の発表や培養「羊肉」の製品開発など、代替肉市場の新たな市場（製品）カテゴリーを開発。

出所：Believer Meats HP

Emergy Inc.（Meati Foods）

キノコの菌糸体からステーキやカツレツなどのブロック肉製品を
開発するコロラド大学発の微生物発酵スタートアップ

会社概要
- 所在地　　：6880 Winchester Circle, Boulder CO
- 代表者　　：Tyler Huggins（Co-Founder & CEO）
- 事業内容　：微生物発酵由来の代替肉開発
- 従業員数　：約180名
- 累計調達額：USD 375 million（シリーズC）

事業沿革
- 2017年：コロラド大学の生物学博士である現CEOと機械工学博士の現CTOが設立
- 2022年：当社ブランド「Eat Meati」の製品をDtoCと一部食品小売店でローンチ
- 2023年：コロラド州で大規模な商業プラント「Mega Ranch（メガ牧場）」を竣工
  米国大手食品小売チェーンのSprouts Farmers Market, Whole Foods Market, Meijierの全米店舗（合計1,150店舗超）でのローンチを開始
  大手食品商社DoT Foodsと提携し、全米5,000超の拠点へ製品供給を開始

事業概要・計画
　キノコの根に当たる菌糸体由来の代替肉を開発。製造方法は、数千から選抜した種（Neurospora cressa）の胞子をロッキー山脈の精製水や砂糖、栄養素と一緒にタンクに入れ、独自の環境プロセスで菌糸体を栽培。繁殖した菌糸体を丸ごと収穫し、圧搾で水分を取り除き、天然・植物由来の調味料や香料を加えて製品化する。2022年2月の製品ローンチ以降、カツレツとステーキのブロック肉製品を計4種類ローンチ済み。製品原料の98％以上は菌糸体で、残り2％未満は、塩、天然香料、オーツ麦繊維、アカシアガム、ヒヨコ豆で構成されている。

　2023年1月に、当社が「メガ牧場」と呼ぶ菌糸体の栽培から収穫、製品製造、包装まで全ての工程を担う大型の生産工場を竣工。製品出荷能力は年間1.4-1.8万tを見込み、1戸当たりの「牧場」としては米国最大規模となる。2025年末までにランレート売上高で10億ドルを達成し、米国における「植物肉のリーダー」になることを目指している。

日本企業との連携機会
　日本を含むアジア企業との事業・製品展開に向けた戦略パートナーの探索。

ビジネスモデル・特徴

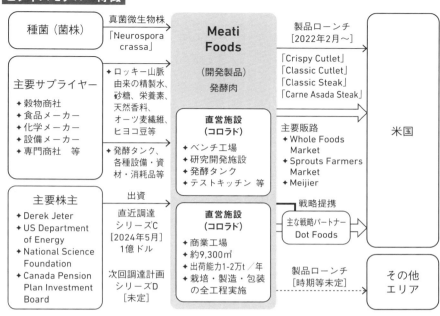

- 食肉市場の9割超を占める「ブロック肉（ホールカット製品）」における代替製品の開発とそのスケール化に成功。
- 微生物発酵由来の「ブロック肉」製品を、大手食品小売チェーンを中心に、既に8,000を超える店舗で販売済み。

- 優れた栄養価と毒素非生成で何世紀にも渡り食されてきた真菌種（アカパンカビ）を用いた新たな製品開発に成功。
- わずか数日で小さじ1杯の胞子を数百頭の牛に相当する全食タンパク質に成長させる技術とプロセスを開発。

出所：Meati Foods HP

イスラエル

Redefine Meat Ltd.

3Dフードプリンターを使用して、世界初となる植物由来の
ステーキ肉を開発・ローンチした植物肉スタートアップ

会社概要

- 所在地　　：10 Oppenheimer St. Rehovot
- 代表者　　：Eshchar Ben-Shitrit（Co-Founder & CEO）
- 事業内容　：植物肉の開発
- 従業員数　：約305名
- 累計調達額：USD 175 million（シリーズA）

事業沿革

- 2018年：現CEOと現CBO（Chief Branding Officer）が設立。
  　　　　3Dフードプリンターで製造した世界初の植物由来ステーキを開発
- 2019年：世界最大の香料メーカーのスイス・Givaudanと業務提携
- 2021年：世界初の植物由来のステーキ肉製品をイスラエルと欧州でローンチ
- 2022年：資金調達ラウンド（シリーズA）で1.35億ドルを調達
  　　　　モナコを拠点とする食肉流通企業のGiraudi Meatsと業務提携

事業概要・計画

　3Dフードプリンターを使用して植物肉製品を開発するスタートアップ。動物肉の構造や組織を模倣した3Dデータに沿って、植物ベースの「血液」「脂肪」「タンパク質」の3つのノズル（フードインク）を同時に出力し、見た目や食感、風味などで動物肉と類似するステーキ肉などの植物肉製品を開発。初の製品ローンチは2021年にイスラエルで、同年、英国やドイツ、オランダなどの欧州へ展開。販路は高級レストランが中心で、現在、イスラエルと欧州（7ヵ国）で合計900店舗以上に拡がる。

　製品割合はひき肉製品が2割、ブロック肉製品が8割。ヒレステーキ肉やビーフミンチ肉、ソーセージ、ラムケバブ、プルドポークなど11種類の製品をローンチ済み。

　2025年中に製品を全世界で展開し、2030年までに動物肉と同じ製品ポートフォリオを保有することを目指している。

日本企業との連携機会

　日本を含むアジア市場での製品ローンチに向けた連携など。

ビジネスモデル・特徴

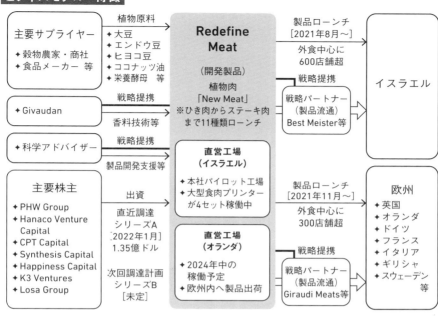

- ハンバーグ等の「ひき肉」製品からステーキ肉等の「ブロック肉」製品まで、11種類の豊富な製品ラインナップを保有。
- 植物原料のみで開発したブロック肉製品の高い独自性と他社に先駆けて複数国へローンチした先発優位性。

- 植物肉で一般的な「ひき肉」製品でなく、ステーキ肉等の「ブロック肉」製品という新カテゴリーを業界に先駆けて開発。
- マルチノズルの3Dフードプリンターを用いて肉の複雑な組織を模倣する植物肉の新たな製造プロセスを開発。

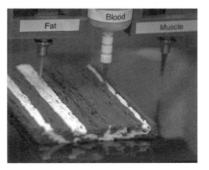

出所：Redefine Meat HP

Planted Foods AG

スイス

独自のバイオストラクチャリング技術で、密度の濃いブロック肉製品を開発する欧州最大の植物肉スタートアップ

会社概要
- 所在地　　：Kemptpark 32/34, Zurich
- 代表者　　：Christoph Jenny（Co-Founder & CEO）
- 事業内容　：植物肉の開発
- 従業員数　：約200名
- 累計調達額：USD 138 million（シリーズB）

事業沿革
- 2019年：投資銀行出身のCEOや食品科学者、レストランシェフなど4名で設立 当社初の製品となる植物チキン製品「planted.chicken」をローンチ
- 2020年：世界初の植物性ケバブ製品をローンチ
- 2021年：スイス最大のスタートアップイベント「ベストスタートアップ100」で首位に
- 2022年：資金調達ラウンド（シリーズB）で8,000万ドルを調達
- 2023年：製品販路の店舗数が欧州7ヵ国で合計5,000店舗を超える

事業概要・計画
　多様な「厚切り肉」製品を開発し、累計資金調達額で欧州最大の植物肉スタートアップ。チューリヒ本社工場の1Fにスイス最古の星付きビーガン・レストランと共同経営するレストランがあり、新製品のマーケティングの場に活用。製品原料は基本的にエンドウ豆のタンパク質と繊維（ピーファイバー）、菜種油、水、酵母の5種類とシンプル。それらを自社開発の押出形成（エクストルージョン）技術と発酵技術により、肉の複雑な構造や食感、風味を再現した密度の濃い植物肉製品を開発している。保存料や添加物は一切使用されていない。

　開発・ローンチされている製品は、チキン（ささ身・むね肉）、ポーク、ケバブ、シュニッツェル、仔牛のソーセージ・ロースト・フィレなど15種類以上。

　2019年のスイスを皮切りに、ドイツ、フランス、オーストリア、イタリア、英国など欧州7ヵ国に展開し、製品導入店舗数は5,000店舗（食品小売75%、レストラン25%）を超えた。

日本企業との連携機会
　これまでアジア企業との連携は一切なく、日本を含むアジア市場での協業余地がある。

ビジネスモデル・特徴

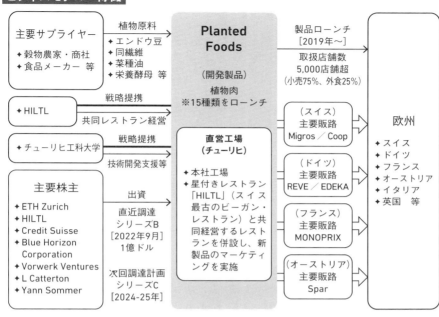

- 植物性タンパク質の構造を変化させ、動物の筋繊維を模倣する独自の押出形成技術を保持。
- 製品導入店舗数が5,000店舗を超えるなど、欧州域内における植物肉製品としての高いブランド認知力。

- 植物肉の課題といわれる「構造（食感）」と「風味」を改善する独自の製造方法（押出形成・発酵技術）を開発
- これまで難易度が高かった"筋のある"鶏むね肉などのホールカット製品の植物肉市場（製品カテゴリー）を開発。

出所：Planted Foods HP

Mosa Meat B.V.

オランダ

世界で初めて培養肉を開発したMark Post博士が設立した
オランダ・マーストリヒト大学発の培養肉スタートアップ

会社概要

- 所在地　　：Watermolen 28 in Maastricht
- 代表者　　：Maaarten Bosch（CEO）
- 事業内容　：培養肉の開発
- 従業員数　：約165名
- 累計調達額：USD 138 million（シリーズC）

事業沿革

- 2013年：マーストリヒト大学のMark Post博士が世界で初めて培養肉を開発
- 2016年：Mark Post博士（現CSO）と現COOの2名が設立
- 2019年：他社に先駆けFBS（牛胎児血清）を利用しない無血清培地を開発
- 2021年：資金調達ラウンド（シリーズB）で8,500万ドルを調達
- 2022年：シンガポールで培養肉製造ライセンスを有するEsco Asterと業務提携
- 2023年：マーストリヒト本社近くに、当社初となる商用の培養肉工場を竣工

事業概要・計画

　牛の幹細胞を培養して、培養牛肉製品を開発するスタートアップ。世界初の培養ビーフバーガーを開発した培養肉業界のパイオニア企業で、Mark Post博士の元に世界中から研究者が集っている。資本業務提携を結ぶ欧州の大手企業等と連携し、着実なコストダウンとローンチに向けた製品化を推進している。

　開発製品は培養「牛肉」であり、競合大手が取り組む「鶏肉」とは一線を画する。当初予定のローンチ製品は、植物原料を混合した「ひき肉」製品の見込みで、2026年を目途に、完全培養由来の「ステーキ肉」製品のローンチを計画している。

　製品ローンチに向けて、現在、主にシンガポールと英国、EUの各規制当局と交渉中である。シンガポールと英国は2024年中、EUは2025年中の各製品ローンチを見込んでいる。なお、将来的には技術ライセンスの展開を計画。

日本企業との連携機会

　次回資金調達への参画や将来的な技術ライセンスなど。

ビジネスモデル・特徴

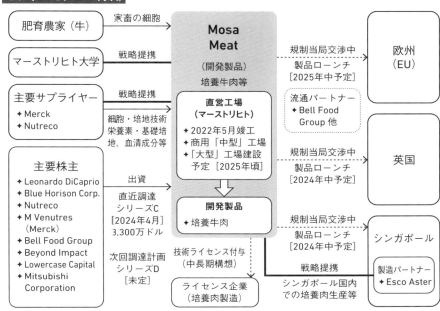

バリューチェーン
(付加価値・差別化)

- 世界中から集った研究チーム(現在33ヵ国・145名)。
- 設立から難易度の高い「牛肉」に開発製品を特化。
- 再生医療等で実績豊富な欧州の大手製薬・飼料企業との戦略提携により、培地開発のコスト低下等を実現。

イノベーション
(新しい価値創造)

- サステナブルな社会を見通し、2007年から培養肉という新たな製品開発に取り組み、新たな市場を創造。
- 高価なFBSを利用しない無血清培地(代替培地)の開発に取り組み、他社に先駆け、製造プロセスを刷新。

出所:Mosa Meat HP

Next Gen Foods Pte. Ltd.

世界のスターシェフから評価を受ける製品クオリティとファブレス経営で、急速なグローバル展開を行う植物肉スタートアップ

会社概要
- 所在地　　：4 Battery Road, Bank of China Bldg.
- 代表者　　：Andre Menezes（Co-Founder & CEO）
- 事業内容　：植物肉の開発
- 従業員数　：約70名
- 累計調達額：USD 132 million（シリーズA）

事業沿革
- 2020年：ブラジル出身の連続起業家で食肉大手BRF出身の現CEOと、ドイツ出身で植物肉スタートアップを創業・EXITした現会長の2名が設立
- 2021年：初の製品として植物チキンをシンガポールでローンチ
- 2022年：資金調達ラウンドで「シリーズA」としては業界史上最大の1億ドル調達
米国の大手食品卸と連携して全米50州へ製品ローンチ開始
全米レストラン協会の「Food & Beverage Innovation Awards」を受賞
- 2023年：ドイツの最大手小売・EDEKAと提携し、同社全店舗へ製品ローンチ開始
植物ベースの乳製品スタートアップの英国・Mwah!を買収

事業概要・計画

　植物ベースの食品ブランド「TiNDLE」を開発するスタートアップ。理念は「シェフとともに、シェフのために」であり、複数のプロのシェフが製品開発チームに参加。

　2021年3月に植物チキンをシンガポールで上市したのを皮切りに、アジア、北米、中東、欧州へ進出し、既に世界8,000店舗以上の外食・食品小売店に製品展開するなど、急速に事業を展開。製品原料は大豆や小麦グルテン、小麦デンプン、オート麦繊維、ココナッツオイル、メチルセルロース（増粘剤）など9つのみで、全て自然由来の原料を使用。

　2023年3月には英国の植物乳製品スタートアップを買収。チキン製品に加えて、今後、ビーガン・ソーセージの他、ミルクやジェラートなどの製品ローンチを予定している。

日本企業との連携機会

　日本への事業展開を見据えた製造・流通の両面における連携パートナーの探索。

ビジネスモデル・特徴

```
主要サプライヤー ──植物原料──→ Next Gen Foods ──製品ローンチ[2021年3月～]──→ アジア、中東
◆ 穀物農家・商社         ◆ 大豆、小麦、オート麦繊維、      (開発製品)         ──流通パートナー 現地企業──→ ◆ シンガポール
◆ 食品メーカー 等          ココナッツオイル、メチルセルロース等    植物鶏肉等                                  ◆ マレーシア
                                                                                         ◆ 香港等

著名レストランシェフ ──戦略提携──→
                ──製品開発チームに参画──→ TiNDLE Foods (子会社)  ──製品ローンチ[2022年2月～]──→ 米国
                                ◆ ヴィーガン食品「TiNDLE」の開発 ──流通パートナー DOT Foods──→
                                ◆ 植物チキン製品

主要株主 ──出資──→
◆ Singapore EDB   直近調達シリーズA
◆ Temasek Holdings [2022年2月]     Mwah! (子会社)  ──製品ローンチ[2022年8月～]──→ 欧州
◆ K3 Ventures    1億ドル          ◆ ヴィーガン乳製品の開発 ──流通パートナー DOT Foods──→ ◆ 英国
◆ Yeo Hiap Seng                 ◆ 2023年買収                               ◆ ドイツ
◆ Blue Horizon Corporation                                                ◆ オランダ等
◆ GGV Capital    次回調達計画
◆ SevenVentures  シリーズB
◆ NX Food        [未定]
```

バリューチェーン（付加価値・差別化）
- 世界のスターシェフが認める製品クオリティ。9つのシンプルな原料と技術力で、伝統的な「鶏肉」を再現。
- 自社の知的財産に焦点を当て、自社工場を持たないファブレス経営の推進による急速な事業展開を実現。

イノベーション（新しい価値創造）
- 自社開発の植物由来のエマルジョン（乳剤）「Lipi」を用いて、鶏肉の繊維質の「食感」と脂の「食味（風味）」を再現。
- 創業よりレストランシェフに向けた製品開発に絞り、「味」と「調理のしやすさ」でシェフのペイン解決に寄与。

出所：Next Gen Foods HP

V2food Pty Ltd.

豪州国立科学機関と連携して、構造レベルで本物の肉の味の再現を目指す豪州市場シェアNo.1の植物肉スタートアップ

会社概要

- 所在地 ：Level 2/122 Pitt Street Sydney
- 代表者 ：Nick Hazell（Founder & CEO）
- 事業内容 ：植物肉の開発
- 従業員数 ：約80名
- 累計調達額：USD 131 million（シリーズB）

事業沿革

- 2019年：PepsiCoやMasterFoodsのR&Dディレクターであった現CEOが設立
   豪州連邦科学産業研究機構（CSIRO）と植物性パティ「v2food」を開発
   豪州最大のハンバーガーチェーン・Hungry Jack'sに製品ローンチ
- 2020年：ニュージーランドのBURGER KINGへ製品ローンチ
   豪州大手食品小売チェーンWoolworthsやDrakesへ製品ローンチ
   日本とフィリピンのBURGER KINGへ製品ローンチ
- 2021年：韓国のBURGER KINGへ製品ローンチ
   資金調達ラウンド（シリーズB）で1億700万ドルを調達
- 2023年：日本のワタミや伊勢丹（期間限定）、グリーンカルチャー等へ製品導入

事業概要・計画

　健康や環境に良い新しい「Version 2の肉を作る」というビジョンに由来し、従来の肉を分子レベルで模倣したプラントベースの代替肉を開発。CSIROと連携し、大豆由来のタンパク質を肉が持つ特有の風味や味へ変える技術などを開発。豪州では圧倒的なシェアを誇る。

　製品は「v2mince（ミンチ）」と「v2burger」などがあり、主原料は大豆や植物油脂、天然香料、タマネギ、ハーブなど。2019年に豪州最大のハンバーガーチェーンや食品小売チェーンなどに導入された後、ニュージーランドや日本、フィリピン、韓国、中国、香港などの海外展開も実施。日本では老舗商社のオザックスが輸入総代理店を担う。

日本企業との連携機会

　日本市場の戦略パートナーであるオザックスを通じた製品導入、メニュー連携など。

ビジネスモデル・特徴

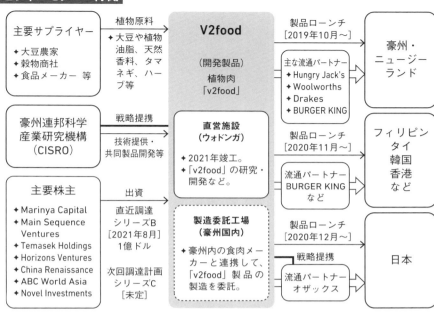

バリューチェーン
(付加価値・差別化)

- 豪州最大の国立科学機構の技術力と創業者の製品政策力を融合し、創業当初から急速な事業成長を実現。
- 豪州市場では、Beyond MeatやImpossible Foodsなどの競合を寄せ付けない圧倒的なシェアを有する。

イノベーション
(新しい価値創造)

- 大豆のタンパク質だけを抽出する技術で、フレーバーを「マスキング」しない構造レベルでの肉の味の再現に成功。
- 肉の風味に重要な物質である「ヘム(鉄を含む分子)」を、遺伝子組み換えを伴わない植物由来での開発・再現に成功。

出所:V2food HP

Aleph Farms, Ltd.

イスラエル

独自の「バイオ3Dプリンティング技術」で様々なステーキ肉を開発するイスラエル工科大学発のスタートアップ

会社概要

- 所在地　　：1 Haim Holtzmann St. Rehovot
- 代表者　　：Didier Toubia（Co-Founder & CEO）
- 事業内容　：培養肉の開発
- 従業員数　：約140名
- 累計調達額：USD 119 million（シリーズB）

事業沿革

- 2017年：現CEOと現技術最高顧問（Shulamit Levenberg氏）が設立
- 2018年：世界初の培養薄切りステーキ肉を開発
- 2020年：培養肉の製造プラットフォーム「BioFarm」を発表
- 2021年：世界初の培養リブロース・ステーキ肉を開発
- 2022年：培養コラーゲン製品を開発し、培養コラーゲン事業への参入を発表
- 2023年：シンガポール・Esco Asterと提携、同国バイオ企業の生産施設を買収
　　　　　スイス小売最大手・Migrosと共同で同国での製品流通の申請書を提出
- 2024年：イスラエル保健省から培養牛ステーキ肉「Aleph Cuts」の流通承認を取得

事業概要・計画

　イスラエル工科大学・イノベーションセンター長のLevenberg教授と、イスラエル最大手食品メーカー・Strauss GroupのToubia氏が共同創業した培養肉スタートアップ。

　カリフォルニア州・高級ブラックアンガス牛から採取した受精卵のスターター細胞を使用し、当社独自の「バイオ3Dプリンティング技術」にて培養ステーキ肉製品を開発。

　当社製品ブランド「Aleph Cuts」の初の製品として薄切りステーキ肉を計画。シンガポールやイスラエル、米国、スイスなどの国での製品ローンチに向けて、これまで、Cargill（米国）やMigros（スイス）、BRF（ブラジル）、Thai Union（タイ）、CJ第一製糖（韓国）、三菱商事（日本）などの大手企業の他、ニューヨークのスターシェフ・Markus Samuelsson氏などとの戦略パートナー提携を発表している。

日本企業との連携機会

　次回調達ラウンド（シリーズC）への参画など。

ビジネスモデル・特徴

- 生きた細胞を3Dプリントする「バイオ3Dプリンティング」の技術で、ステーキ肉の複雑な構造や組織、食感を再現。
- 世界の各地域で、大手企業と市場開発や製品ローンチに向けた戦略パートナーシップ契約を締結。

- 培養肉製造において、「バイオ3Dプリンティング」を用いた新たな製造プロセスを開発。
- 競合で多い「ひき肉」製品ではなく、培養肉業界では新しいブロック状（肉厚）のステーキ肉製品を開発

出所：Aleph Farms HP

Meatable B.V.

オランダ

iPS細胞と自社開発技術を用いて、高速プロセスで細胞由来の豚肉製品を開発する培養肉スタートアップ

会社概要
- 所在地　　：Alexander Fleminglaan 1 Delft
- 代表者　　：Krijn De Nood（CEO & Co-Founder）
- 事業内容　：培養肉の開発
- 従業員数　：約110名
- 累計調達額：USD 105 million（シリーズB）

事業沿革
- 2017年：ケンブリッジ大学で幹細胞生物学を研究するMark Kotter博士（共同創業者、現アドバイザー）が「OPTi-OX技術」の論文発表
- 2018年：Mark Kotter博士と現CEO、現CTO（Daan Luining氏）の3名が当社設立
- 2021年：オランダの大手化学メーカー・DSMと培地の共同開発で提携
- 2022年：培養肉製造認可を持つシンガポールのESCO Asterと提携
　　　　　シンガポールで世界初の「ハイブリッドミート・イノベーションセンター」建設を発表
- 2023年：シンガポールで世界初の培養肉の試食会を開催（シンガポール食品庁承認）

事業概要・計画
　家畜のへその緒から採取した血液の初期化（リプログラミング）によるiPS細胞（多能性幹細胞）を用いて培養肉製品を開発。一般的には幹細胞を筋肉細胞や脂肪細胞に分化させる際に数ヵ月の時間を要するが、独自開発のOPTi-OX技術により、幹細胞が筋肉や脂肪に分化するプロセスを劇的にスピードアップさせた。2021年に3週間だった培養豚肉の製造期間は、2023年には8日間に短縮し、50ℓのバイオリアクターで成功したプロセスを、現在500ℓまでスケールアップさせている。

　最初の製品は2024年中にシンガポール、2025年に米国にて、餃子やソーセージなど複数の培養豚肉製品（植物原料が半分含まれたハイブリッド製品）をローンチ予定。

日本企業との連携機会
　日本を含むアジア市場での製品展開をはじめとするビジネス連携など。

ビジネスモデル・特徴

```
肥育農家      ──家畜の細胞──→   Meatable    ──規制当局交渉中──→  シンガポール
 (豚)                         (開発製品)      製品ローンチ
                              培養豚肉      [2024年中予定]

ケンブリッジ大学 ──戦略提携──→                ──戦略提携──→     製造パートナー
(Cambridge      「OPTi-OX技術」  Future of Meat  シンガポール国内    ◆ Esco Aster
Enterprise)      のライセンス    Innovation     での培養肉生産等
                                Center
                                (シンガポール)
                                                              製品開発
主要サプライヤー ──戦略提携──→  ◆2024年中開設予定 ──戦略提携──→    パートナー
 ◆ DSM          安価な培地     ◆ハイブリッド      ハイブリッド製品   ◆ Love Handle
                技術開発等      培養肉製品開発     (植物・培養肉)
                              (他社利用可)      開発等
                              ◆アジア初の植物
                              ベース精肉店・
主要株主        ──出資──→      Love Handle     ──規制当局交渉中──→  米国
 ◆ DSM Venturing  直近調達      (シンガポール)と   製品ローンチ
 ◆ Agronomics    シリーズB      共同設立         [2025年予定]
 ◆ BlueYard Capital [2023年8月]  ◆シンガポール経済開発
 ◆ Invest-NL    3,500万ドル     庁(EDB)支援
 ◆ Bridford Group              ◆2027年までに
 ◆ Milky Way    次回調達計画    6,000万ユーロ以上を ──規制当局交渉中──→ 欧州
   Ventures     シリーズC        投資予定          製品ローンチ
                [未定]                            [未定]
```

バリューチェーン（付加価値・差別化）
- 多用途性や機能性（無限増殖）において「万能細胞」といわれるiPS細胞（多能性幹細胞）を使用。
- iPS細胞の課題（幹細胞の成熟・分化に時間を要する）を独自技術（OPTi-OX技術）で克服。

イノベーション（新しい価値創造）
- iPS細胞（多能性幹細胞）とOPTi-OX技術により、わずか8日間で培養豚肉を製造する高速プロセスを開発。
- 世界で約40億ドルといわれる餃子マーケットにおける細胞由来の新たな製品カテゴリーを他社に先駆け開発。

出所：Meatable HP

第3章　サステナブル代替食品（代替タンパク）

Ivy Farm Technologies Ltd.

オックスフォード大学の組織工学やバイオエンジニアリングの技術をベースに、同大学からスピンアウトした培養肉スタートアップ

会社概要

- 所在地　　：4050 John Smith Dr, Oxford Business Park, Oxford
- 代表者　　：Richard Dillon（CEO）
- 事業内容　：培養肉の開発
- 従業員数　：約60名
- 累計調達額：USD 84 million（シリーズB）

事業沿革

- 2019年：オックスフォード大学のCathy Ye教授（組織工学・バイオプロセスセンター所長）と医用生体工学分野のRuss Tucker博士の2名が当社設立
- 2020年：培養ソーセージ（豚肉）製品を開発
- 2021年：オランダ・Heineken Groupと提携
- 2022年：欧州最大となる培養肉のパイロット工場を竣工
- 2023年：世界有数な食品施設専門の設計・施工企業・Dennis Groupと提携
  資金調達ラウンド（シリーズB）で4,400万ドルを調達

事業概要・計画

　オックスフォード大学の組織工学の技術などをベースに、2019年末に同大学からスピンアウトした培養肉スタートアップ。現CEOはビール世界大手・Heineken HDの出身。

　初代細胞（プライマリーセル）を用いて、筋肉と脂肪を異なるタンクで別々に培養しながら肉製品を開発。2020年に初の製品となる培養ソーセージを開発し、その後、ミートボールや餃子、バーガーなど10種類を超える製品を開発済み。

　2022年8月、オックスフォード大学の近隣にパイロット工場としては欧州最大の培養工場を竣工。工場内を窓越しに見ることができるイノベーション・キッチンも併設。

　初の製品ローンチは2026年中に米国を予定し、年間1.2万tの製造能力を持つ商用工場を2024年中に米国で着工予定。自社ブランドを持たないBtoBモデルを想定。

日本企業との連携機会

　日本を含むアジアでの展開に向けた戦略パートナーとなる企業や肥育農家との協業。

ビジネスモデル・特徴

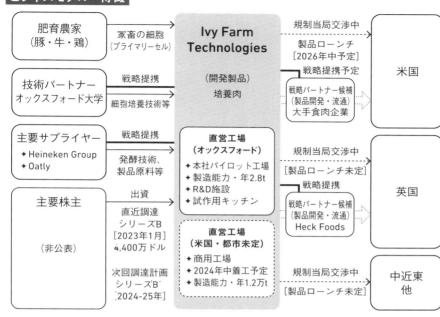

- 創業メンバーをはじめ、研究開発を担う人材、顧問メンバーなど、オックスフォード大学との人的な結び付きが強い。
- 経営チームは「外部」から招聘。世界有数の食品メーカーや投資銀行でマネジメント経験が豊かなメンバーで構成。

- 使う細胞は業界で一般的な幹細胞ではなく、生理プロセスを忠実に再現する「初代細胞」による生産方式を開発。
- 所有（研究開発チーム）と経営を分離し、イノベーションの発揮や迅速な事業展開が可能な組織体制を開発。

出所：Ivy Farm Technologies HP

SuperMeat the Essence of Meat Ltd.

発酵技術をベースに、シンプルかつスタンダードな製造プロセスで細胞培養チキンを開発する培養肉スタートアップ

会社概要
- 所在地　　：Pinhas Sapir St 3, Ness Ziona
- 代表者　　：Ido Savir（Co-Founder & CEO）
- 事業内容　：培養肉の開発
- 従業員数　：約45名
- 累計調達額：USD 70 million（シリーズA）

事業沿革
- 2015年：ソフトウェアエンジニアの現CEOが設立
- 2016年：クラウドファンディングで初の資金調達を実施し試作製品の開発を推進
- 2020年：世界初の培養肉工場併設レストラン「The Chicken」オープン
　　　　　欧州最大の養鶏企業・PHW Groupと資本業務提携
- 2022年：味の素と資本業務提携
　　　　　分析機器世界最大手・Thermo Fisher Scientificと業務提携
　　　　　スイス小売最大手・Migros Groupと資本業務提携

事業概要・計画
　鶏の幹細胞を培養して鶏肉製品の開発を行うスタートアップ。既存の発酵技術をベースに、「ビール製造」に似た従来の製造プロセスを採用。製品のクオリティや製造コストを左右する成長因子や栄養素などの培地開発は、日本の味の素が戦略パートナーを担う。また、分析機器世界最大手の米国・Thermo Fisher Scientificとも提携し、培地成分を最適化するスクリーニングシステムを共同構築中。

　初の製品ローンチは、2024年中に米国で鶏肉のハイブリッド製品を予定する。現地パートナーが建設した製造工場を通じてレストランへ上市される見込み。続くローンチ先はスイスやイタリア、ドイツなど欧州になる予定。欧州養鶏最大手のPHW Groupやスイス小売最大手のMigrosなどが戦略パートナーを担う。

日本企業との連携機会
　日本を含むアジア市場での製品ローンチに向けた既存パートナーを軸とした協業機会。

ビジネスモデル・特徴

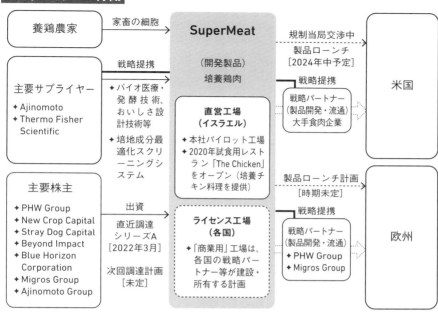

- 2015年の創業以来、「地に足のついた」事業展開による着実な技術・製品開発等のマイルストーンを達成中。
- エリアごとに提携した戦略パートナーが現地工場建設・製品製造を担う「アセット・ライト」なビジネスモデルを構築。

- 工場併設型レストランを通した製造プロセスの可視化とメニュー受容性テストを担う新たなマーケティング手法を開発。
- スケール化の実績が豊富な従来の発酵技術をベースとしたスタンダードな食品製造プロセスを培養肉分野へ応用。

出所：SuperMeat the Essence of Meat HP

Green Monday Holdings Ltd.

「フレキシタリアン」のライフスタイル提唱で、プラントベースの
ムーブメントを巻き起こしたアジアを代表する植物肉スタートアップ

会社概要

- 所在地　　：28/F, One Kowloon 1 Wang Yuen Street, Kowloon Bay, Kowloon
- 代表者　　：David Yeung（Co-Founder & CEO）
- 事業内容　：植物肉、植物シーフードの開発
- 従業員数　：約450名
- 累計調達額：USD 70 million（シリーズA）

事業沿革

- 2012年：環境家で起業家の現CEOや起業家の現COOなどの3名が当社設立
- 2018年：植物由来の豚肉製品「OmniMeat」を香港でローンチ
- 2020年：プラントベース食品専門の小売・カフェ店舗「GreenCommon」を香港に出店
  　　　　日本市場へ進出（東京の著名ビーガン・レストランや食品小売店など）
  　　　　中国とフィリピンのStarbucks、香港のSeven-Eleven全店でローンチ開始
  　　　　資金調達ラウンドで一度の調達でアジア最大となる7,000万ドルを調達
- 2021年：中国主要都市・香港・マカオのMcDonaldに製品ローンチを開始
  　　　　植物由来のシーフード製品「OmniSeafood」を発表
- 2023年：新フォーミュラによるアップグレード製品「OMNI Luncheon 2.0」をローンチ

事業概要・計画

　当社は2012年の創業以来、社名の由来である「最低週1回のプラントベース食品による食事の推奨」など、フレキシタリアン（ゆるやかな菜食主義者）のライフスタイルを提唱。

　当社グループは、植物ベース食品の製造と流通を担う当社を中心に、同製品の開発を行うOmniFoods、インパクト投資を行うGreen Monday Ventures、持続可能なプラントベースの生活を推進するNPO・Green Monday Foundationの3社で構成されている。

　2018年に当社初の製品を香港でローンチしたのを皮切りに、米国やカナダ、英国、日本、シンガポール、タイ、豪州など、既に世界20ヵ国・3万店舗以上で製品を展開。

日本企業との連携機会

　日本市場への一層の事業展開に向けた各種連携など。

ビジネスモデル・特徴

```
主要サプライヤー              植物原料        Green          製品ローンチ        世界20ヵ国
・穀物農家・商社         → ・エンドウ豆、  Monday HD    [2018年～]        以上
・食品メーカー 等          大豆、米、    (開発製品)    (合計3万店舗以上)  ・中国
                           シイタケ      植物ポーク・  →                 ・香港
                           ・キャノーラ油 シーフード    主要販路           ・マカオ
                                                       ・McDonald         ・台湾
                                       OmniFoods(子会社)・Starbucks      ・フィリピン
                                       ・製品開発(製造・・Seven-Eleven   ・タイ
                                        流通は親会社)  ・FamilyMart       ・マレーシア
                                       ・カナダにR&Dチーム・IKEA           ・シンガポール
主要株主                                                ・Gll Wonton       ・日本
・James Cameron          出資                           ・八方雲集          ・米国
・Mary McCartney         →                             ・Shizen            ・カナダ
・Susan Rockefeller                    Green Monday   ・RiceBox           ・英国 等
・John Wood              直近調達       Ventures(子会社)・ManEatingPlant
・Blue Horizon           シリーズA      ・社会課題に資する・Plant Hustler
 Corporation            [2020年9月]    インパクト投資部門・Eat Chay
・CPT Capital            7,000万ドル                   ・Black Cat Café
・Sino Group                                                              コンセプト・
・Swire Pacific          次回調達計画   Green Monday                      ストア
・The Rise Fund          シリーズB      Foundation    出店 [2020年～]    「Green
・Jefferies              [未定]         (グループ会社) (香港3店舗)        Common」
 Financial Group                       ・プラントベースの・Centrala        (小売・カフェ)
                                        生活を推進(NPO)・Harbour City
                                                       ・Tsuen Wan
```

- 製品導入店舗数が20ヵ国・3万店舗を超えるなど、アジア有数のプラントベース食品企業としての高いブランド力。
- 他社製品も含めた直営コンセプト・ストアを運営するなど、バリューチェーン全体を捉えたビジネスモデルを展開。

- 創業以来、他社に先駆けて新たなライフスタイルを提唱し続け、プラントベース食品という新市場をアジアで開拓。
- エンドウ豆や大豆、シイタケ、米の植物性タンパク質を独自の特許技術でブレンドする新しい製造プロセスを開発。

出所：Green Monday Holdings HP

Orbillion Bio, Inc.

独自の培養肉プラットフォームで、「WAGYU」や子羊、ヘラジカ、バイソンなど高級肉製品の開発を行う培養肉スタートアップ

会社概要
- 所在地　　：2261 Market St. San Francisco CA
- 代表者　　：Patricia Bubner（Co-Founder & CEO）
- 事業内容　：培養肉の開発
- 従業員数　：約30名
- 累計調達額：USD 5 million（シード）

事業沿革
- 2019年：ドイツ製薬大手出身の2名と米国化学工業会元所長の計3名が設立
- 2021年：米国の著名アクセラレーター・Y Combinatorの「Winter21」に参加
　　　　　世界で初めて培養WAGYU・ヘラジカ、羊の公開試食イベントを開催
　　　　　資金調達ラウンド（シード）で500万ドルを調達（応募超過で終了）
- 2022年：オランダの高級食肉卸・Luiten Food（豪州・大手食肉傘下）と提携
　　　　　精密発酵プラットフォーマーの米国・Solar Biotechと提携

事業概要・計画

　バイオプロセス／バイオ薬品分野で30年以上の研究とマネジメント経験、博士号を有す3名が創業。わずか半年程度の開発期間で、WAGYUや子羊、ヘラジカ、バイソンなどの複数の高級培養肉製品の開発に成功するとともに、製造コストの低減に必要な高い栽培密度の達成と分化時間の短縮にも成功した。

　最初のローンチ製品として、米国農家のWAGYUの幹細胞を培養した和牛製品を計画。将来的には細胞培養100％の和牛ステーキ製品を目指すが、初期製品としては、植物原料を混合したハイブリッドなひき肉製品（バーガー用パティなど）を想定している。

　製品ローンチは2024年中にシンガポールと米国、2025年中に欧州をそれぞれ計画している。流通面では、欧州域内で1,200以上の流通チャネルを持つ老舗高級食肉卸・Luiten Foodとの提携を発表済み。

日本企業との連携機会
　日本を含むアジア市場での将来的な製品ローンチに向けた協業余地がある。

ビジネスモデル・特徴

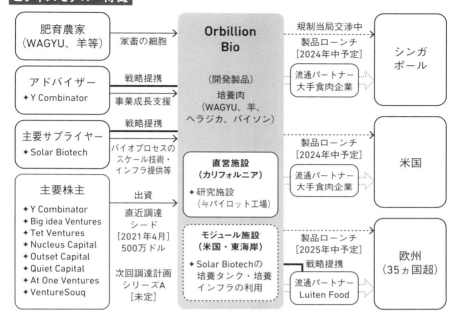

- 創業当初より、WAGYUや子羊、ヘラジカ、バイソンなどの「プレミアム肉製品」市場に開発製品を特化。
- ハイスループットスクリーニングと機械学習を組み合わせた最適な組織と培地の組合せのデータベースを構築。

- 担体(培養の足場)や遺伝子工学技術を使わずに浮遊状態で高密度に増殖する和牛細胞株を開発。
- 細胞採取から製品化までの開発期間と製造コストを大幅に短縮・削減する独自のバイオ製造プロセスを開発。

出所:Orbillion Bio HP

米国

Wildtype, Inc.

世界500億ドルのサーモン市場を対象に培養サーモンを開発する、
資金調達ベースで世界最大の培養シーフードスタートアップ

会社概要
- 所在地 ： 2475 3rd Street, Suite 250, SFO CA
- 代表者 ： Justin Kolbeck（CEO & Co-Founder）
- 事業内容 ： 培養シーフードの開発
- 従業員数 ： 約80名
- 累計調達額： USD 124 million（シリーズB）

事業沿革
- 2016年： 元米国外交官の現CEOと、京都大学やエール大学出身で心臓専門医・分子生物学者のArye Elfenbein博士の2名が当社設立
- 2021年： 寿司用の培養サーモン製品を発表し試食会を開催
  サンフランシスコに初のパイロット工場を開設
- 2022年： 資金調達ラウンド（シリーズB）で業界史上最大となる1億ドルを調達
- 2023年： 韓国のSK Holdings（韓国4大財閥の1社）が出資

事業概要・計画
「地球上で最もクリーンで持続可能なシーフードを開発する」ことをビジョンに設立された刺身用の培養サーモン製品を開発するスタートアップ。北太平洋沿岸で漁獲されたサーモンの細胞を単離し、バイオリアクターで細胞を培養後、植物由来の三次元足場の上で細胞を成長させ、サーモンの質感を再現した切り身製品を製造。

2021年の寿司用の培養サーモンを発表後、米国のレストランシェフ向けに幾度も試食会を開催し、製品グレードの改良を実現してきた。技術や品質面での製品開発は2022年中にほぼ終了し、2023年からは「大量製造（スケール化）」のフェーズに突入している。

初の製品ローンチ先は、2024年中に、米国のレストランチェーンを予定。2025年末に2-3ヵ国のレストランで製品を提供し、年商1,000～2,000万ドルを計画。その後、大量製造に向けた技術改良や一部のプロセス改良などによりコストダウンを図り、2030年までに現状のサーモンと同価格帯での食品小売店における製品展開を目指している。

日本企業との連携機会
米国に次ぐ開拓市場の1つと位置付けている日本での事業展開に向けた協業など。

ビジネスモデル・特徴

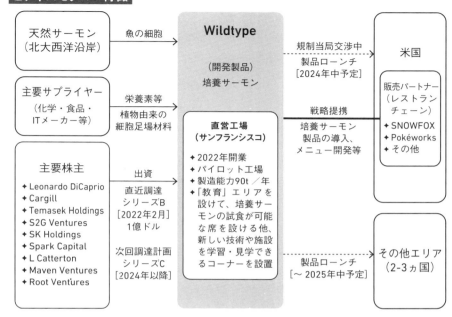

- 競合が少ない培養シーフード業界の中でも、巨大なサーモン市場に開発を特化する実質的に唯一無二の企業。
- 当初より、ネギトロやフレークなどのミンチ製品ではなく、ニーズの強い寿司ネタなどの切り身製品の開発に成功。

- 水銀やマイクロプラスチック、抗生物質、殺虫剤などが含まれていない細胞由来の新たな水産製品カテゴリーを開発。
- 当社製品は絶滅の危機に瀕しているギンザケの一部の個体群を開発しており、それら種の保存・維持に貢献。

出所：Wildtype HP

Finless Foods Inc.

培養シーフード業界のパイオニアで、細胞・植物ベースの
マグロ製品を開発する代替シーフードスタートアップ

会社概要
- 所在地　　：1250 53rd St Suite 4, Emeryville CA
- 代表者　　：Michael Selden（CEO & Co-Founder）
- 事業内容　：培養・植物性シーフードの開発
- 従業員数　：約45名
- 累計調達額：USD 48 million（シリーズB）

事業沿革
- 2017年：生化学と生物学、腫瘍学を研究する現CEOと現CSOの2名が設立
　　　　　世界で初めて培養マグロ開発の成功を発表
- 2019年：培養マグロのプロトタイプ製品（ネギトロ状製品）の開発に成功
- 2022年：全米レストラン協会の見本市で植物ベースのマグロ製品を発表
　　　　　植物ベースのマグロ製品（ハワイ料理「ポケ」風製品）をローンチ
　　　　　エメリービルにパイロット工場を竣工

事業概要・計画

　天然資源の枯渇が叫ばれて久しいマグロの代替製品を開発するスタートアップで、細胞ベースと植物ベースのマグロ製品を開発済み。植物ベースは、ハワイ料理「ポケ」風マグロ製品を2022年にローンチ済みで、冬瓜など9種類の植物原料で製造される。

　当社のコア製品である培養マグロ（クロマグロ）は、天然クロマグロから採取した細胞を約3週間かけて製造される。製品ローンチに向けて米国FDAと協議中であり、2024年以降に米国の高級レストランでの販売を予定する。

　培養マグロの技術はほぼ確立。今後は2025年頃に計画する大型商業プラントの稼働後に、現設備で88ドル／kgの製造コストが、2028年までに22ドル／kgへ大幅に低下予定。米国以外に日本や中国、シンガポールでの展開を計画する他、中長期にはサーモンやエビ、シーバスなどの製品開発も見据える。

日本企業との連携機会

　日本や中国での事業展開に向け、既存株主を中心とした販売面での連携など。

ビジネスモデル・特徴

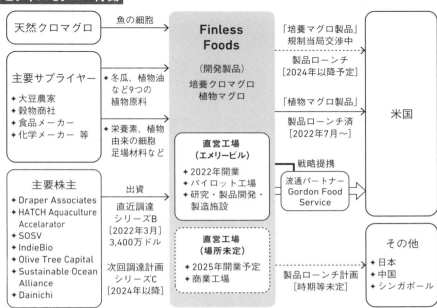

バリューチェーン
（付加価値・差別化）

- 世界で最も消費が多い魚種の1つで、かつ高級魚のマグロ（クロマグロ）に創業当初より製品開発を特化。
- （自社で制御可能な）製品開発のマイルストーンを着実に積み上げ、培養マグロの製造コストも大幅に低下中。

イノベーション
（新しい価値創造）

- 天然漁獲量が2番目に多い魚種である一方、国際自然保護連合から「絶滅危惧種」にも指定されるマグロの持続性に寄与。
- 幅広い消費者層へ代替マグロ製品を提供するため、細胞ベースと植物ベースの2種類の製品ポートフォリオを開発。

出所：Finless Foods HP

Shiok Meats Pte. Ltd.

エビ・ロブスターなどの培養甲殻類におけるパイオニア的なスタートアップ

会社概要

- 所在地　　：9 Chin Bee Dr, Singapore
- 代表者　　：Dr. Sandhya Sriram
　　　　　　　（Co-Founder & CEO）
- 事業内容　：培養甲殻類の生産
- 従業員数　：15名以下
- 累計調達額：USD 30million（シリーズA）

事業沿革

- 2018年：現CEOと分子生物学者のKa Yi Ling博士（現CSO）と設立
- 2019年：培養エビのシュウマイを開発
- 2020年：培養ロブスターのガスパチョを開発
- 2021年：Gaia Foods（培養肉）を買収
- 2022年：培養エビのコストを50ドル/kgに削減
- 2024年：シンガポールの同業他社であるUmami Bioworksとの合併計画を発表

事業概要・計画

　2019年に培養エビの開発に成功し、シュウマイを試験販売した培養甲殻類のパイオニア的な存在。その後も培養ロブスターの開発成功など、培養甲殻類ではトップランナーとなっている。

　当社の使命は培養エビの供給により、マングローブ林の破壊などの問題を抱える甲殻類養殖を縮小し、水産業の持続可能性の向上を目指す。また、マイクロプラスチックフリー、水産廃棄物の削減等を掲げている。

　現在は本格的な上市に向けて準備中である。ビジネスモデルとしては、シンガポール本国では自社プラントを運営するが、国際展開では2024年以降に生産設備のライセンス化による生産販売（ライセンス生産）を考えている。2024年3月、シンガポールでウナギなどの培養シーフード開発に取り組むUmami Bioworksとの合併計画を発表した。

日本企業との連携機会

　東洋製罐と戦略的パートナーシップを結んでおり、日本市場に強い関心を持つ。ライセンス生産先として、幅広い日本企業との連携を希望。

ビジネスモデル・特徴

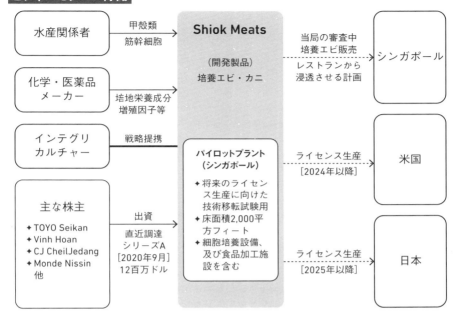

バリューチェーン
（付加価値・差別化）

- 廃棄物が出ず、海洋も破壊しない培養エビ肉の開発・生産。
- 培養エビ肉を卸値で50ドル/kgで製造することに目途。
- マイクロプラスチックフリーかつ重金属フリー。
- 培養豚肉にも進出。

イノベーション
（新しい価値創造）

- 培養甲殻類の効率的生産を実現。
- 甲殻類培養細胞由来のコスメティック品も開発。
- 培養液の再利用方法も開発しており、アップサイクルも目指す。

出所：Shiok Meats HP

Eat Just, Inc.

全米最大シェアを持つ植物ベースの代替卵製品と、世界初の製品上市を果たした細胞ベースの代替肉製品を有するスタートアップ

会社概要
- 所在地　　：300 Wind River Way, Alameda CA
- 代表者　　：Josh Tetrick（CEO & Co-Founder）
- 事業内容　：植物卵／培養肉の開発
- 従業員数　：約330名
- 累計調達額：USD 732 million（シリーズE）
　　　　　　　※子会社GOOD MeatのUSD 267 millionを含む

事業沿革
- 2011年：ミシガン大学の法学博士で社会起業家の現CEOが設立
- 2013年：当社発製品となる植物由来の代替マヨネーズ「JUST Mayo」をローンチ
- 2015年：細胞ベースの代替肉を開発する子会社GOOD Meatを設立
- 2019年：植物由来の代替液卵製品「JUST Egg」を食品小売店でローンチ
- 2020年：植物由来の代替卵焼き製品「JUST Egg Folded」を食品小売店でローンチ
　　　　　シンガポール食品庁の流通認証を取得し、世界初の培養肉製品をローンチ
- 2022年：代替卵「JUST Egg」が欧州委員会の流通承認を取得
- 2023年：米国FDA／USDAから培養肉製品の流通承認を取得

事業概要・計画
　植物由来の卵製品（JUST Egg部門）と細胞由来の肉製品（GOOD Meat部門）を開発。

　植物卵は、緑豆タンパク質とターメリック（ウコン）を主成分に、現在、主にオムレツやスクランブルエッグ用途の「JUST Egg（代替液卵）」と、「JUST Egg Folded（代替卵焼き）」の2製品を、全米4.8万以上の食品小売店で販売する他、カナダ、シンガポール、香港、中国、韓国、南アフリカ、欧州でも展開済み。

　培養肉は、2020年12月よりシンガポールで、会員制レストラン「1880」や宅配サービス「フードパンダ」、高級精肉店「フーバーズ・ブッチェリー」などを通じて流通。2023年5月に米国でも流通認可を取得。当面はワシントンのスターシェフ運営レストランでメニュー化を目指す。

日本企業との連携機会
　畜産法人や食肉メーカーなどと日本市場における製品・事業の共同展開。

ビジネスモデル・特徴

主要サプライヤー		Eat Just（開発製品）植物卵、培養肉		
◆ 肥育農家 ◆ 食品商社 ◆ 化学メーカー ◆ 設備メーカー ◆ 専門商社 等	→ 緑豆、キャノーラ油、乾燥タマネギ、ジェランガム、天然香料等 → 培養液、ビタミン、発酵タンク、各種設備等		植物卵製品 製品ローンチ [2013年9月〜] 培養肉製品 製品ローンチ [2023年4Q〜]	米国
ADM (Archer Daniels Midland)	戦略提携 培養肉の培地開発等	JUST Egg部門 （植物卵製品） ◆ 2011年より展開 ◆ 米国・ドイツで大規模工場を運営 ◆ シンガポールで新工場を建設中 [2024年竣工予定]	植物卵製品 製品ローンチ [2018年10月〜] 培養肉製品 製品ローンチ [2020年12月〜]	シンガポール
Jose Andres (米国のスターシェフ)	戦略提携 培養肉の製品開発等			
主要株主 ◆ Khosla Ventures ◆ Founders Fund ◆ VegInvest ◆ Marc Benioff ◆ Jean Piggozzi ◆ K3 Ventures ◆ UBS O'Connor	出資 直近調達 シード [2021年4月] 500万ドル 次回調達計画 シリーズA [未定]	GOOD Meat部門 （培養肉製品） ◆ 2015年より展開 ◆ 米国に実証工場と製造委託工場 ◆ シンガポールで新工場を建設中 [2024年竣工予定]	植物卵製品 製品ローンチ [2014年6月〜] 培養肉製品 製品ローンチ [未定]	カナダ 香港 韓国 南アフリカ 欧州

第3章 サステナブル代替食品（代替タンパク）

バリューチェーン
（付加価値・差別化）

- 様々な植物性タンパク質をAI解析する手法を開発し、機能性や味、栄養価などの豊富なデータベースを構築。
- 植物卵製品のリピート率は50%超と高く、既に全米約5万店舗の販売チャネルを持つ。

イノベーション
（新しい価値創造）

- 卵アレルギーやビーガン、ベジタリアンなどの消費者層へ、機能性や栄養価が同じ新たな鶏卵の代替製品を開発。
- シンガポールで世界初となる細胞ベースの代替鶏肉（培養鶏肉）を製品ローンチし、新たな市場を開拓・創造。

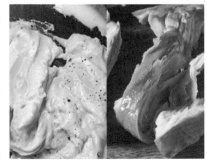

出所：Eat Just HP

The EVERY Company

世界2,000億ドルといわれる卵市場において、世界初の精密発酵ベースの卵タンパク質製品をローンチした業界のパイオニア

会社概要
- 所在地　　：1 Tower Place, Suite 800, South SFO CA
- 代表者　　：Arturo Elizondo（CEO & Co-Founder）
- 事業内容　：精密発酵ベースの卵タンパク質開発
- 従業員数　：約90名
- 累計調達額：USD 275 million（シリーズC）

事業沿革
- 2014年：米国農務省や大手投資銀行出身の現CEOが設立
- 2021年：アニマルフリーの消化酵素製品「EVERY Pepsin」をローンチ
　　　　　可溶性の卵タンパク質粉末製品「EVERY Protein」をローンチ
　　　　　世界初のタンパク質強化ハードジュースやスムージーをパートナーがローンチ
　　　　　ビール世界最大手のAB InBevと戦略提携を発表
- 2022年：アニマルフリーの卵白製品「EVERY EggWhite」をローンチ
　　　　　世界初の動物成分を含まないマカロンをパートナーがローンチ
- 2023年：米国の代替肉スタートアップ・Alpha Foodsと提携

事業概要・計画
　醸造及び発酵技術を活用して、卵から採取したDNAからアニマルフリーの卵タンパク質を開発する「卵」発酵タンパク分野のパイオニア。

　現在、精密発酵由来の卵タンパク質関連製品を3種類ローンチ済み。卵タンパク質粉末製品は、可溶性でかつ無味無臭な点が特徴で、主に飲料・食品向けのタンパク質強化用途（ホエイプロテイン等代替）に使われる。2022年3月には主に菓子原料用途の卵白製品を、同年5月には主に栄養補助食品原料用途のペプシン製品（豚の胃壁由来の製品代替）をそれぞれローンチ。

　今後、スケール化による製品コストの低下を計画。2025年より2,000tの製品供給を目指し、2040年には従来の卵製品を当社製品に置き換えることを長期ビジョンとする。

日本企業との連携機会
　日本やアジア市場における戦略パートナーの探索。

ビジネスモデル・特徴

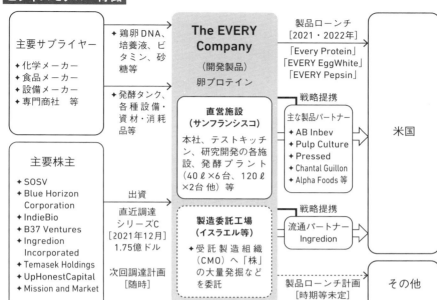

バリューチェーン（付加価値・差別化）
- 精密発酵で卵白製品を上市している企業は他になく、開発済みの「株」や製品種類、スケール化で業界をリード。
- 飲料向けプロテインで一般的な豆や乳清と異なり、酸味もなく、砂糖や添加物が不要の無味無臭な製品を開発。

イノベーション（新しい価値創造）
- 卵1パック（12個）つくるのに約2,400ℓの水を消費する従来の鶏卵製品に代わる新たな代替市場を創造。
- 100種類以上のタンパク質から構成され、独特な機能性を持つ「卵白」の代替製品を世界に先駆けて開発。

出所：The EVERY Company HP

MycoTechnology Inc.

菌糸体由来の「発酵プラットフォーム」を用いて、代替プロテインの製品開発とソリューション提供を行うマイコテックスタートアップ

会社概要

- 所在地　　：18250 E 40th Ave Suite 50, Aurora CO
- 代表者　　：Alan Hahn（Co-Founder & CEO）
- 事業内容　：微生物発酵由来の代替プロテイン開発とソリューション提供
- 従業員数　：約115名
- 累計調達額：USD 235 million（シリーズE）

事業沿革

- 2013年：IT企業出身の現CEOが共同設立
- 2018年：当社の「FermentIQ」タンパク質製品が米国FDAのGRAS認証を取得
- 2022年：オマーン産のデーツで高品質タンパクを開発するJVをオマーン投資庁と設立
  　　　　世界有数の香料メーカー・International Flavors & Fragrances（IFF）と提携
- 2023年：当社菌糸体由来の発酵タンパク質が欧州委員会の流通認可取得
  　　　　「ハニートリュフ」の甘味タンパク質の特定（単離）を発表

事業概要・計画

　菌糸体に関する特許と豊富な研究データにより、菌糸体由来のタンパク質「マイコプロテイン」を使った製品開発やソリューション提供を実施。「ClearIQ」や「FermentIQ」などの製品を北米や日本を含むアジアでローンチ済み。

　「ClearIQ」は、生薬原料として使われるキノコの一種である冬虫夏草から製造される代替タンパク質。冬虫夏草を栽培し分泌された液体部分を取り除いた固体部分を粉末化して製品化。主に飲料や食品の苦みや酸味、渋み、金属っぽい味を取り除く目的で添加される。

　「FermentIQ」は、エンドウ豆と玄米のタンパク質をシイタケ菌糸体で発酵した代替タンパク質。代替乳製品や肉製品・飲料の溶解性や口当たり、風味の改善、栄養価や弾力性などを提供し、代替製品で多い砂糖や塩、油脂などのマスキング材料が不要となる。

　ソリューション提供では、独自開発の発酵プラットフォームとデータベース、発酵タンクを用いた代替食品開発の支援を実施する他、今後、ライセンスビジネスなども検討中。

日本企業との連携機会

　既に展開している日本での製品・サービスの普及。

ビジネスモデル・特徴

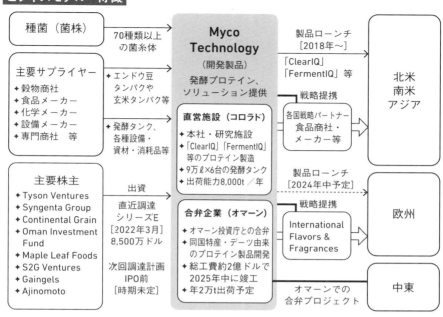

○「マイコプロテイン」分野で60を超える特許と多様な菌株、豊富な知見とプロファイルデータなどを有する。
○食品や飲料の風味、食感、栄養価などの改善を望む企業へソリューション提供する新たなビジネスモデルを実践。

○菌糸体自体をバイオマス発酵して製品化するのではなく、植物タンパク質を「媒介」する役割として菌糸体を活用。
○様々な理由で廃棄される農産物やもともと価値が低い農産物を「アップサイクル」させるソリューションを提供。

出所：MycoTechnology HP

Wicked Foods, Inc.

米国

植物ベース食品の「製品ローンチ数」と「ローンチ店舗数」で
世界有数の実績を誇るミネアポリス発の植物食品スタートアップ

会社概要
- 所在地　　：817 5th Ave South, Suite 400, Minneapolis MN
- 代表者　　：Pete Speranza（CEO）
- 事業内容　：植物由来食品、シーフードの開発
- 従業員数　：約35名
- 累計調達額：USD 35 million（シリーズA）※グループ全体USD 132 million

事業沿革
- 2018年：ビーガン・シェフ2名の兄弟が設立
　　　　　英国小売最大手・Tescoと提携し、当社初の製品をローンチ
- 2022年：フィンランド小売最大手・S Groupと提携し傘下小売店で製品をローンチ
　　　　　植物シーフードスタートアップのGood Catchを買収
　　　　　タイ小売最大手・Central Groupと提携し東南アジアで製品をローンチ
- 2023年：植物シーフードスタートアップのCurrent Foodsを買収
　　　　　英国食品卸最大手のBookerと提携

事業概要・計画
　兄弟のビーガン・シェフ2名が設立したプラントベース食品の専門スタートアップ。動物由来の食材を一切使用しないピザやパスタ、ヌードル、クラブケーキ、調味料、アイスクリームなど150種類（200SKU）以上のプラントベース食品を開発。既に英国のテスコや米国のWalmartやKroger、7-Eleven、タイのCentral Groupなど、欧米・東南アジアの1.5万店舗を超える大手食品小売店やレストランなどへ製品ローンチ済み。

　創業者2名は、当社設立の2年前に植物性シーフードのパイオニアとして著名なGood Catchを設立しているが、2022年にグループ再編で同社は当社に買収された。また、2023年、当社は植物性シーフードの有力スタートアップ・Current Foodも買収している。

日本企業との連携機会
　日本または周辺の東アジア市場での各種連携や次回資金調達ラウンドでの参画など。

ビジネスモデル・特徴

```
主要サプライヤー           植物原料              Wicked Foods      製品ローンチ      欧州
・穀物農家・商社      → ・エンドウ豆、         （開発製品）      （4,500店舗超）   ・英国
・食品メーカー 等        ヒヨコ豆、レン       植物由来食品・     主要販路         ・フィンランド
                        ズ豆、ソラ豆、       シーフード        ・Tesco          ・オランダ等
                        白インゲン豆、      ※150種類超ローンチ ・Booker
                        大豆など6種類                         ・Albert
                        の豆タンパク                          ・S Group
                       ・藻類オイル等
                                          ┌──────────────┐
主要株主                                  │ Good Catch   │  製品ローンチ      北米
・Chris Paul           出資                │ （子会社）    │ （10,000店舗超）
・Beyond Impact     直近調達               │・植物性シーフード│  主要販路
・Ahimsa VC         シリーズA              │ のパイオニア   │ ・Walmart
・PTT Public        [2022年9月]            │・2016年設立    │ ・Kroger
  Company           2,000万ドル            │・2022年当社買収 │ ・Sprouts
・Woody Harrelson                          └──────────────┘  ・Loblaws
・Unovis Asset                                               ・Sobeys
  Management       次回調達計画            ┌──────────────┐
・NR Instant Produce シリーズB              │ Current Foods│  製品ローンチ    東南アジア
・E2JDJ             [2024年以降]            │ （子会社）    │ （500店舗超）     ・タイ等
                                          │・植物性シーフード│  主要販路
                                          │ の有力ベンチャー│ ・Tops
                                          │・2019年設立    │ ・Central
                                          │・2023年買収    │
                                          └──────────────┘
```

- 他社を凌駕する圧倒的な製品ラインナップを有し、既に米国だけで1万店舗を超える食品小売店等の販路を開拓。
- 買収戦略により、植物性シーフードのパイオニア2社を子会社化し、製品カテゴリー（領域）を拡充・強化。

- 消費者ニーズの高まりを受けて、ビーガン食品のラインナップを充実させたい食品小売企業の潜在需要を開拓。
- 創業者兄弟が製品開発を、販売と経営は米国食品大手ゼネラル・ミルズ出身の現CEOが担うマネジメント体制。

出所：Wicked Foods HP

Geltor Inc.

独自のバイオデザインと精密発酵技術を用いて、アニマルフリーなコラーゲンを開発する米国プリンストン大発のスタートアップ

会社概要
- 所在地　　：1933 Davis St Ste 312 San Leandro CA
- 代表者　　：Alexander Lorestani（CEO & Co-Founder）
- 事業内容　：精密発酵ベースのコラーゲン製品開発
- 従業員数　：約70名
- 累計調達額：USD 114 million（シリーズB）

事業沿革
- 2015年：プリンストン大学の分子生物学博士である現CEOと現CTOが設立
- 2018年：海洋由来の保湿用スキンケアビーガン・コラーゲン「Collume」をローンチ
- 2019年：化粧品配合用途の（希少な）21型コラーゲン「HumaColl21」をローンチ
- 2020年：局所美容・スキンケア分野のビーガン・ヒトエラスチン「Elastapure」をローンチ
- 2021年：食品・飲料分野のビーガン・コラーゲン「PrimaColl」をローンチ
- 2023年：ヘアケア分野のビーガン・コラーゲン「NuColl」をローンチ
　　　　　美容分野の生理活性コラーゲン「Caviance」をローンチ

事業概要・計画
　タンパク質配列のコンピューターデータベースと精密発酵技術を用いて、栄養価や機能特性が同等な代替コラーゲン製品を開発。例えば、皮膚の若返り効果など抗酸化特性を促す生理活性コラーゲン「Caviance」は、チョウザメのⅡ型コラーゲンのタンパク質配列を特定し、その遺伝子を組み込んだ微生物が代替チョウザメコラーゲンを生成する。

　対象市場は、ヘアケアやスキンケアなどの美容業界、スムージーやサプリメントなどの健康食品・医療業界。これまで5種類の製品をローンチし、P＆G（米国）やJ&J（同）、Unilever（英国）、L'oréal（フランス）、AHC（韓国）などのグローバル企業へ製品提供。

　また、テクスチャーやアミノ酸配列などの栄養・機能特性など、顧客が求めるタンパク質成分をオーダーメードで開発するソリューションサービスも提供。

日本企業との連携機会
　日本の化粧品・健康食品・医療業界の各社との連携機会。

ビジネスモデル・特徴

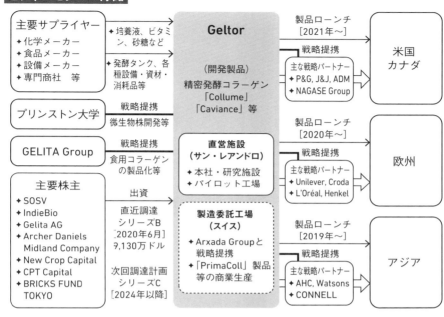

- 世界で初めて精密発酵由来の代替コラーゲン製品を開発・ローンチし、既に様々な大手グローバル企業と連携。
- 生産能力などの「スケール化」に成功し、70億ドルといわれるコラーゲン市場でオンリーワンのポジションを開拓中。

- 代替肉市場の拡大による畜産廃棄物の供給量減少が予測される中、コラーゲン原料の持続性に寄与。
- サステナブルな製品原料を求めている美容・食品業界へ、顧客需要を満たす新しいカテゴリー製品を開発・提供。

出所：Geltor HP

MeliBio, Inc.

精密発酵と植物科学を活用して、ミツバチを使わずに本物のハチミツと分子的に同等な代替ハチミツを開発するスタートアップ

会社概要
- 所在地　　：1176 19th St. Suite 5, Oakland CA
- 代表者　　：Darko Mandich（CEO & Co-Founder）
- 事業内容　：精密発酵ベースのハチミツ開発
- 従業員数　：約10名
- 累計調達額：USD 10 million（シード）

事業沿革
- 2020年：養蜂業界出身の現CEOと分子生物学者（博士）の現CTOが設立
- 2021年：世界初となる精密発酵由来の代替ハチミツを開発し試食会を実施
  TIME誌の「ベスト・インベンション2021」に選出
- 2022年：サンフランシスコとニューヨークの著名ビーガン・レストランへ製品ローンチ
  欧州最大の有機食品メーカーであるNarayan Foodsと戦略提携
- 2023年：ビーガンハチミツの自社ブランド「Melody」のローンチを発表

事業概要・計画
　養蜂業界の持続性に疑問を持った現CEOらが、精密発酵と植物科学を活用して、ミツバチが作るハチミツと見た目や味、栄養価、質感など、が同じビーガンハチミツ製品を開発。原料は、精密発酵由来の甘味料（果糖やブドウ糖など）をベースに、ウルシ豆やソラ豆、インドトランペットの花、生コーヒー豆、カモミール、シーベリーなどの植物抽出物。

　ビジネスは基本的にレストランや食品メーカー向けのBtoBモデル。2022年より米国の一部のビーガン・レストランへ、2023年からはニューヨークの三ツ星レストラン店頭での製品ローンチをそれぞれ開始。2024年より、欧州の有機食品メーカーを経由して、英国・スイス・オーストリアなど欧州7.5万店舗へのローンチも開始。自社工場は保有せず他社へ製造委託。現在の出荷量は、中規模な養蜂企業に匹敵する1日当たり1万ポンド（4.5t）。自社ブランド「Melody」の小売価格は1瓶（360g）・45ドルで、2024年末には欧米産のハチミツと同価格を目指している。

日本企業との連携機会
　中長期的な対象市場として日本を含むアジアを想定。戦略パートナーを探索。

ビジネスモデル・特徴

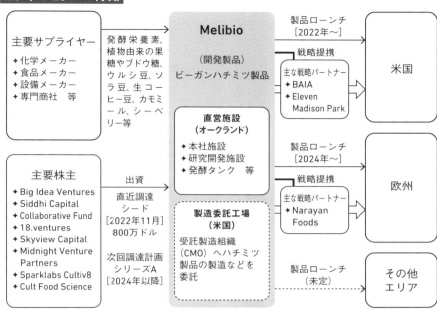

バリューチェーン（付加価値・差別化）
- 約100億ドルのハチミツ市場において、精密発酵ベースの代替ハチミツを開発するオンリーワン企業。
- 従来の植物由来の代替ハチミツに欠けがちなハチミツの複雑な味や成分、特性などを精密発酵技術で再現することに成功。

イノベーション（新しい価値創造）
- 世界の作物の4分の3がミツバチの受粉に依存している中、近年深刻なミツバチの減少を補う新たな生産プロセスを開発。
- 養蜂産業の持続性と生態系の維持に貢献する他、「本物の」ビーガンハチミツを求めるシェフや消費者の需要を創造。

出所：MeliBio HP

第 **4** 章

サステナブル代替資材

——農畜水産業のエコロジカル・フットプリントの
削減に挑むアグリテック最注目のセクター

1 概要

　サステナブル代替資材は、持続不可能な水準にまで膨らんだエコロジカル・フットプリント（第2章6.(2)参照）を環境収容力[1]の範囲内に戻すために必要な代替資材であり、化学農薬・肥料の代替製品であるバイオ農薬・肥料などがある。また、化学農薬などを減らす目的で取り組む有機栽培において、収量低下を防ぐ手段で用いる代替製品のバイオ種苗なども含まれる。

　ここで勘違いしてはいけないのは、フットプリント削減のために有機農業への移行が前提ではなく、フード＆アグリテックを活用した精密農業への移行が前提となる。世界最高峰の農業系大学であるオランダ・ワーゲニンゲン大学の学長Sjoukje Heimovaara博士は、「代替資材やAIなどの精密農業を組み合わせることで、無理なく化学肥料や化学農薬の使用量を削減可能であり、有機農業へ移行すればいいというわけではない」[2]と発言している。筆者もこの考えは正しいと考える。化学農薬・肥料、種苗などのサステナブル代替資材が対象とする市場規模は圧倒的に大きく、今後のサステナブル社会への移行を見据えた際、サステナブル代替資材はアグリテック分野の中核的な存在になろう。

　第1章で紹介した通り、持続性に関する総合的な影響（フットプリント）を分析し、それが環境収容力の範囲内にあるかを分析した指標としてStockholm Resilience Centerの「プラネタリーバウンダリー」がある。これは人類の活動が環境収容力の中に収まっているか、収まっていない場合はそのリスク量を示した指標で、オーバーシュートしている項目を改善しない限り、不可逆的な悪影響が発生する可能性があるものとしている。直近の分析では、新規化学物質（Novel entities）、窒素とリンのフロー（Biogeochemical flows）、気候変動（Climate change）、水資源利用（Freshwater change）、生態系保全（Biosphere integrity）が既に環境収容力の範囲を超えている。

　最新のプラネタリーバウンダリーでは、ほとんどの項目が不可逆的な影響を与える水準となっているが、2009年段階は生態系保全（Biosphere integrity）

---

1)　その環境内で処理できる環境負荷のことで、環境収容力を大幅に超えると不可逆的に環境が悪化する。

2)　クーリエ・ジャポン「「農業界のスタンフォード大学」が描くオーガニックじゃない「未来の農業」（2024年5月11日Web記事）」

図表4-1　プラネタリーバウンダリー（2023年）

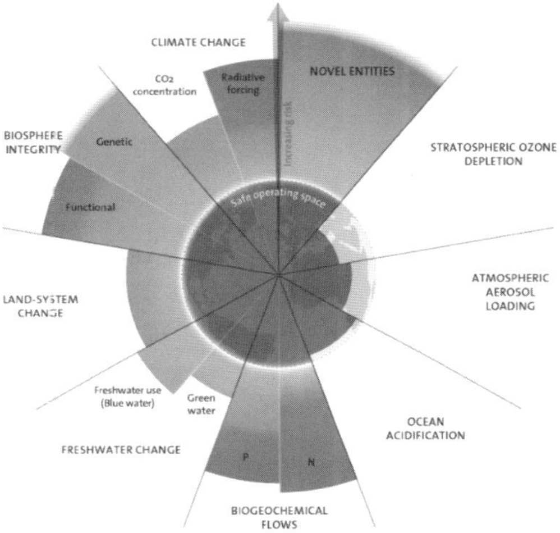

出所：Stockholm Resilience Center HP

と新規化学物質（Novel entities）が不可逆的な影響を与える水準に達している
のみで、その他の3項目はこの15年で急速に悪化した項目である。その影響
は、異常気象や干ばつ、ゲリラ豪雨、台風の頻発などとして顕在化している。

　これらを踏まえ、筆者が注目するサステナブル代替資材のサブセクターとし
て、（1）代替化学農薬、（2）代替化学肥料、（3）代替種苗（ゲノム編集種苗）、
（4）代替香料・甘味料、（5）代替皮革（マッシュルームレザー）、（6）代替梱
包・内装材（キノコ由来製品）、（7）代替飼料（昆虫・SCP[3]飼料）の7つを取
り上げる。

　1960年代からはじまった「緑の革命」は、劇的な作物収量の向上を実現し、
食料危機を回避できた一方、いくつかの問題を引き起こした。1つは化学肥料
の大量投入である。緑の革命は化学肥料を大量に使うことで収量の拡大を目指
し、品種改良も化学肥料の使用を前提としたものとなった。化学肥料は空気と
石炭からパンを作るといわれた夢の技術である「ハーバー・ボッシュ法（1918

---

3)　Single Cell Protein。藻類や古細菌由来のタンパク質。20世紀中頃から後半に研究が進んだが、緑
　の革命と遺伝子組換え作物による食料増産成功で一旦開発が下火になった。

図表4-2　サステナブル代替資材のサブセクター分類

サブセクター （製品カテゴリー）	概要
（1）代替化学農薬	● 微生物や肉食性の昆虫、フェロモンなどを使った防除剤 ● 既存産業だが、最新テクノロジーを駆使して高成長を予測する
（2）代替化学肥料	● 植物の共生菌や窒素固定菌、リン溶解菌などの微生物を使って肥料吸収を助ける資材 ● 共生菌など、昔からある製品を最新のテクノロジーで刷新するもの
（3）代替種苗 （ゲノム編集種苗）	● 厳密には代替ではないが、育種期間を劇的に短縮できるゲノム編集技術を活用して開発した種苗
（4）代替香料・甘味料	● 精密発酵を利用して生産した香料や人工甘味料 ● 開発途上国の飲料市場の拡大を背景に成長を予測する
（5）代替皮革 （マッシュルームレザー）	● キノコの菌糸を皮革状に加工したもの ● レザー製品への忌避感や環境意識の高まりを背景に成長を予測する
（6）代替梱包・内装材 （キノコ由来製品）	● 農業残渣などをキノコの菌糸で固めたアップサイクル製品。生分解性 ● 脱プラスチックを背景に成長を予測する
（7）代替飼料 （昆虫・SCP飼料）	● 昆虫や単細胞タンパク質から作った飼料 ● 既存技術の再評価である単細胞タンパク（SCP）に特に注目している

出所：野村證券フード＆アグリビジネス・コンサルティング部

年、1931年ノーベル化学賞受賞）」を使っていたが、大量の二酸化炭素を排出（全産業総排出量の約7％）している上、施用した化学肥料の5割程度は作物に吸収されずに流出してしまうことで水質汚染などを引き起こしてきた。特に流速が遅い長河川が多く、地下水位が浅い欧州などの大陸国でこの影響が大きい。

　また、化学農薬の高度化は、作物の収量向上と食品の安全性向上に大きく貢献したが、同時に生態系への影響が指摘されている。欧州やカナダでは、媒介昆虫（花粉送粉を行う昆虫）の生態系に負の影響がある可能性が指摘され、結果的に果菜類や果樹の生産に影響を与えるとして、屋外での使用に制限をかけ

る動きが出ている。

　このように、化学肥料と化学農薬は環境に大きな負荷を与えているが、増加する世界人口を背景とする農業生産の拡大には不可欠なものである。少なくとも、使用量は削減する必要があるが、ゼロにすることは不可能であろう。仮に農薬を使用しない場合、大幅な食料不足に陥る可能性が高い。したがって、一部を持続可能な代替品に切り替えることで環境負荷を軽減することが現実的である。本書では、そのような代替品を代替化学肥料・農薬と呼ぶ。

　サステナブル代替資材の中に、筆者は代替種苗（ゲノム編集種苗）を含んだが、これは正確には代替物ではない。少なくとも、遺伝子組換え育種やゲノム編集育種は何かを代替するものではなく、既存の品種改良技術の延長線上に存在するものである。したがって、品種改良で目的の性質を改良する際に必要に応じて使い分ける技術である。

　ただし、食料増産を考えた場合、作物の品種改良は非常に重要である。我々が食べている農作物は全て、野生植物から人類に都合がいい性質を持ったものを選び、より人類に都合がいい性質になるように品種改良をした人工的なものだからである。この作物の品種改良によって、人類は一時的には飢餓を克服して人口増加を達成した。例えば、トウモロコシはほとんど食べる箇所がない野生種のテオシントを約1万年かけて現在のトウモロコシにまで改良している。

図表4-3　テオシント（左）と
　　　　　トウモロコシ（右）

出所：バイテク情報普及会HP

　このように、品種改良は古来から続けられており、その技術は進歩してきている。19世紀に発見されたメンデルの遺伝の法則[4]、マラー[5]の実験など20世紀以降に起こった遺伝学の急速な発展は育種の世界にも革命をもたらした。20世紀には雑種強勢による丈夫さが付与された

---

[4]　メンデルが発見した遺伝の法則性に関する研究。雑種における表現型の顕在化の基礎として、F1育種に使われる技術となっている。

[5]　ショウジョウバエに放射線を与えて突然変異を誘発した実験（1946年にノーベル医学生理学賞を受賞）。人為的突然変異はその後の分子生物学の発展や、作物の品種改良に多大な貢献をした。

F1野菜が、高い収量や耐病性などの有利な性質を背景として切り替えられていき、野菜種子の主流となった。F1種子は強健さ、収量、耐病性などが非常に優れており、現代農業を支える重要な技術である。

　一括りに育種といっても、例えば、突然変異育種、遺伝子組換え育種、ゲノム編集育種はそれぞれ全く異なるものである。突然変異育種は化学物質や放射線でランダムに遺伝子を破壊し、目的となる形質を得る確率を上げる技術であり、遺伝子組換え育種は目的となる遺伝子を直接作物などに組み込む技術である。また、ゲノム編集育種は、「精密化させた突然変異育種」であり、目的とする遺伝子をピンポイントで破壊するものである。ただし、いずれも育種で使う技術であるため、膨大な変異個体を作り、それを基に交配を繰り返して形質を安定させる点は共通している。

　こうした育種技術は安全性不安が常に取り上げられる傾向があるが、育種では毒性や耐病性が低いなどの人類に不利な形質を持った個体は選別によって取り除かれる。さらに、遺伝子組換え品種とゲノム編集品種に関しては毒性試験も実施される。特に、遺伝子組換え作物の認可基準は、カルタヘナ議定書[6]や各国の食品安全関連法によって国際的に規制・管理されているなど厳格であり、その認可には数年を要する。ゲノム編集と紛らわしいが、ゲノム育種とは遺伝子解析による効率的な選別、遺伝子組換えやゲノム編集などの遺伝子工学的手法、突然変異誘発法などの様々な育種技術を総称した言葉である。本章では、その中から最新の技術であるゲノム編集種苗を代替種苗として述べる。

　代替化学農薬や代替化学肥料、代替種苗のほかに、近年はバイオ技術で生産した代替物が使われるようになってきている。また、畜産副産物や香料など、今までは第一次産品から製造していたが、人口増加や環境負荷の点から供給に制約がある製品について、バイオテクノロジーを利用した開発の動きがある。

　まず、代替香料・甘味料である。天然由来の香料や甘味料、色素などは生合成経路が解明されているものが多く、微生物を使った遺伝子組換えなどで大量生産することが可能である。こうした分野は精密発酵と呼ばれる。精密発酵は、主に、①微生物を非遺伝子組換え的な手法で品種改良して使う技術、②複

6）　現代のバイオテクノロジーにより改変された生物の国境を越える移動に焦点を当て、生物多様性の保全及び持続可能な利用へ悪影響を及ぼさないよう、改変生物の安全な移送・取扱・利用についての国際的な枠組み。

雑な発酵条件のコントロールで目的の物質を生産する技術、③遺伝子組換えやゲノム編集などのバイオテクノロジーを利用する技術がある。使う技術によっては遺伝子組換え規制などに該当することもあるが、その場合は表示義務が発生する。

　また、代替物として注目が集まり、近年メディアに取り上げられる機会が増加しているのが、キノコを使った代替皮革「マッシュルームレザー」や代替梱包・内装材である。マッシュルームレザーは、キノコの菌糸を固めて皮革製品のようにした代替製品であり、農業残渣（大豆粕など）やおがくずを使った培地でキノコの菌糸を培養し、それを基に製造されている。同様に、菌糸でおがくずを固めて作った代替梱包材や代替内装材なども開発されている。

　このように、キノコはかなり応用範囲が広い生物であり、皮革製品や一部のプラスチック製品の代替物として注目されている。消費者の目からしても、①キノコというなじみが深い素材であること、②廃棄物を再利用していること、③生分解性であること、④石油を使わないことなど、感覚的にエコと認識しやすいことも注目されている理由である。

　さらに、食用としては忌避感が高い昆虫も、水産飼料や養鶏飼料に使われる魚粉の代替物としての可能性を秘めている。魚粉は天然魚から作られるが、資源量の制約があり、採り過ぎれば枯渇する。しかし、昆虫は食品残渣などで肥育可能であり、資源量の制約を受けにくい利点がある。

　このように、サステナブル代替製品は非常に広範囲に及ぶセクターである。

2 グローバル事業動向

(1) 代替化学農薬

　第1章で述べた通り、各国とも化学農薬と化学肥料の使用量削減を掲げている。この理由の1つは、前述のプラネタリーバウンダリーにおける化学物質の投入が既に危険水準を超えているためである。

　もう1つに化学農薬の欠点も挙げられる。化学農薬は過去数十年にわたり、より安全性を高く、より効果をピンポイントにするように開発が続けられてきた。結果的に安全性は増したが、使えば使うほど害虫や病原体に耐性が付いて

しまい、毎年莫大な開発コストを投じる"いたちごっこ"の状態になってしまっている。

一方で世界の害虫被害は5,400億ドルにも上る[7]ともいわれ、防除産業自体の重要性は今後も高まっていくと予想される。世界の農薬大手は過去の反省から、耐性ができやすい化学農薬以外に様々な技術開発を行うスタートアップに広く投資をしている。例えばフェロモンを使って虫を防除するフェロモン剤、微生物の作用を使った殺菌剤や殺虫剤などである。これらは近年開発されたわけではなく、微生物防除剤として有機栽培でも認可されているBT剤[8]、天敵昆虫などがあり、アリスタ ライフサイエンスや住友化学などの日本の農薬メーカーをはじめ、グローバルでも既に多数が農薬として登録されている。

微生物を使った殺菌剤や殺虫剤などの農薬、天敵昆虫などの生物農薬は、拡大を続ける作物防除市場、さらに各国が掲げる農薬削減目標、消費者の安心感などが拡大の原動力といえるだろう。今後は化学農薬以外の手法での防除手段が拡充していくと予想する。

代替化学農薬のビジネスモデルは、製品によって大きく変わる。微生物を使った農薬の場合は、化学農薬メーカーのように製品を生産して流通業者に卸すビジネスモデルを採用する例が多い。例えば、米国のUnicorn企業である**AgBiome**は、微生物防除剤の開発・生産・卸売りを一気通貫で行っている。

また、米国のNext Unicorn企業で、フェロモンを使った害虫駆除を手掛けるProviviは、特許を取得済みの低価格生産法が特徴である。香りで昆虫をかく乱して防除するフェロモン製剤は安全性が高く、かつ残留性の心配もない。フェロモン製剤の開発は、意外な日本企業が大手として名を連ねている。半導体シリコンウェハーの世界的トップ企業の信越化学工業であり、既に日本でも多数のフェロモン製剤を農薬登録し販売するトップメーカーである。

他にも米国のSuterraは、1984年の創業以来、長くフェロモン製剤を手掛けてきた当分野のパイオニアで、トラップ式など様々な製品を開発している。

---

7) 英国王立キュー植物園（Kew Gardens）のレポートによる。キュー植物園は大英帝国の植民地プランテーション向けの作物開発と供給を担っていた。現在は植物学、園芸学分野において世界的にも重要な研究機関となっている。

8) 昆虫の消化管内でのみ有毒性を発揮するタンパク質を生産する枯草菌を使った農薬で、有機農業でよく使われる。なお、遺伝子組換えの害虫耐性品種には、この枯草菌のBTタンパク質の遺伝情報を組み込むことで同様の効果を狙っている。

図表4-4　信越化学工業（左）とSuterra（右）のフェロモン剤

出所：信越化学工業、Suterra HP

　なお、代替化学農薬の業界においても、IPM[9]（総合防除）による農薬使用量低減を目指すスタートアップ企業も存在する。オランダのPATS Indoor Drone Solutionsなどは、農業マネジメントシステムに近いビジネスモデルを採用している。IPMの重要度は非常に高いものの、Unicorn / Next Unicorn企業といえる存在がなく、農業デジタルプラットフォームの一部機能に組み込まれることから、本書ではこうしたIPMマネジメントではなく、微生物防除剤やフェロモン剤を中心に扱うこととする。

　これらの代替化学農薬は、開発から製造のプロセスが既存の化学農薬とは異なる。例えば、微生物農薬の場合、有用微生物の探索と培養を経て製品化が行われる。フェロモン製剤の場合は、昆虫のフェロモンを人工的に合成し、それを圃場の特定の場所に散布または設置できるように製品化する。化学農薬であれば構造が単純で合成が容易な原体を大量生産してそれを製品化することで生産されているが、フェロモン剤の場合は光学異性体がある複雑な構造の化合物など、今までとは異なる性質の物質を使うのが特徴である。

　フェロモン剤や天敵昆虫は昔からあるものの、昆虫の研究が進むにつれて利便性の向上や新しい物質の発見などが続き、製品種類が増加している。こうした非化学農薬の発展は、近年の昆虫に対する基礎研究が進展していることを意味し、基礎研究の成果を基に新しい候補物質が作られていく好サイクルがグ

---

[9]　病害虫のモニタリングによって天敵昆虫や物理的な防除などを効率的に運用し、農薬の使用量を減らす防除方法のこと。管理が難しいという欠点があるが、欧州では効果を上げることに成功している。

ローバルで回りはじめている。

（2）代替化学肥料

　代替化学肥料は、窒素固定細菌やリン溶解菌などを使った製品であり、化学肥料の削減を推進する各国の政策に合致している。主要国における化学肥料の削減目標は、概ね2030年に3〜5割（2020年比）であり、その分の代替物開発が進んでいる。それらには微生物の力を使って肥料吸収を改善する素材や、乾燥耐性や高温耐性を改善する微生物を活用するものなどがある。これらは近年、バイオスティミュラント（生物刺激剤）としても注目を集めている。

　もちろん、こうした物質を使っても化学肥料を完全に無くすのは難しい。現実的な問題として、化学肥料を使わないと現在の人口水準は維持できないからである。しかし、現在、農業で使用されている施肥量の半分程度は作物に吸収されずに河川に流出し、窒素分はメタンや二酸化炭素よりも強力な温室効果ガス（GHG）である一酸化二窒素を排出していることが問題視されており、代替化学肥料と有機肥料、もしくは化学肥料の併用は、このような従来型肥料成分（主として窒素、リン酸）の河川流出量とGHGの削減に寄与しよう。

　肥料の三要素である窒素・リン酸・カリウムのうち、化学窒素肥料の代替物としては堆肥や根粒菌（空気中の窒素から窒素肥料分を作る微生物）、硝化菌（有機肥料の分解を促進する微生物）の利用などが考えられ、リン酸の代替物としては土壌に吸着されたリンを溶解させる性質を持った微生物の利用が有望視されている。

　代替化学肥料の使用方法は、微生物の胞子を液体肥料や固形肥料のように散布する方法が一般的であるが、米国のGigacorn企業（筆者定義で累計資金調達額10億ドル以上のスタートアップ企業、以下同じ）であるIndigo Agのように、種子コーティング剤として使うなどの方法もある。こうした微生物は土壌や気候によっても異なり、地域に特有な種も多く、土壌微生物には様々な可能性が眠っている。

　そもそも、微生物を使って化学肥料を削減しようという研究の歴史は古く、アーバスキュラー菌根菌という、植物と共生して肥料分や水分の吸収を促進する微生物を使った代替化学肥料は、90年代初めには既に市販されていた。さら

に、こうした微生物は先進国だけではなく開発途上国でも広く研究されていた。今後、化学肥料はエネルギー価格の高騰などで価格の高止まりが予想されており、こうした埋もれていたシーズに再度注目が集まるだろう。フィリピンでは、フィリピン大学が開発したバイオ肥料「BIO N」が普及している（**図表4-5**）。微生物の働きで化

図表4-5　フィリピン大学のバイオ肥料「BIO N」

出所：フィリピン大学HP

学肥料の使用量を減らし、収量を増加させる効果がある代替化学肥料である。日本でも様々な微生物が土壌から単離されており、製品化が可能なシーズが多く眠っていると思われる。今後、研究機関に眠っている微生物のコレクションが、微生物資材の開発にとって重要なシーズとなるであろう。

　化学肥料の投入量が減少することは環境へのプラスの影響が大きい。また、筆者は世界の化学肥料産業の市場規模を1,760億ドル（2023年）と見積もっており、今後も堅調な成長を予想するが、仮にそのうちの3割が代替肥料に切り替わるだけでも事業機会のインパクトは大きい。

　近年、代替肥料に市場が伸びており、この業界のパイオニア企業の1社で、米国のUnicorn企業であるPivot Bioの2023年の売上高は既に1億ドルを超えている。これらの企業は、開発から生産までを自社で担い、農協などを販路とするビジネスモデルが採られている。微生物肥料・農薬など微生物を使った資材の場合は、微生物コレクションと培養技術が最大の差別化要因となり、ユニコーン企業やギガコーン企業ともなると、数万種の微生物コレクションを有する例さえある。日陰の研究を地道に続けて微生物コレクションの収集を続けてきた土壌微生物研究者の成果が、今になって注目されはじめている。

(3) 代替種苗（ゲノム編集種苗）

　農業の歴史は品種改良の歴史であり、人類は長い年月をかけて野生植物を品種改良して作物化してきた。19世紀以降、遺伝学の発展とともに様々な育種技術が開発され、それらは伝統育種（交配・選別育種）と比較して「分子育種（ゲノム育種）」と呼ばれ、食料危機の回避などに大きく貢献した。

　育種の分野では、DNAマーカー[10]や突然変異育種[11]などは既に一般化し、広く使われている。遺伝子組換え作物も既に一般化し、脱炭素分野における功績と高い安全性もあり、不耕起栽培と組み合わせた持続可能な高収益農業のソリューションとして広く世界に受け入れられている。評価体制に関しても、カルタヘナ議定書批准国では許可制として厳格に運用されている。

　しかしながら、外来遺伝子の挿入による形質の改変は環境影響リスクを完全には排除できないため、どうしても許認可を得るまでに時間とコストがかかる。そこで、目的の遺伝子をノックアウトできるゲノム編集作物の活用が期待されている。日米を含むほとんどの国では、ゲノム編集によるノックアウトは科学的には自然界で起こる変異と変わらず、数十年の歴史がある突然変異育種と比較しても同程度のリスクと評価されている。このため、多くの国はカルタヘナ議定書が規定する遺伝子改変生物には該当しないという判断を下した。例外として、ニュージーランドは法改正によってゲノム編集作物を遺伝子組換え作物並みに禁止したが、後述のように、欧州もリスク評価を経て法改正に動く方針であるため、ニュージーランドの動きは世界的には大きな影響はないだろう。

　遺伝子組換えの定義が他国と異なる特殊事情があった欧州は、2019年に最高裁判決で、「ゲノム編集作物を遺伝子改変生物と見なす」認定がなされた。しかし、2023年に欧州委員会は、ゲノム編集作物のリスク水準は既存の食品と変わらないため、環境放出令を改正する方針であるとの声明を発表した。欧州も時間はかかると見られるが、法改正でようやくゲノム編集作物に対応することとなる見込みである。

10）特定の遺伝子の配列を検出する技術。育種の他、医療、警察の科学捜査や身元不明遺体の特定などに用いられる。

11）放射線や薬品などで突然変異を起こした個体を選別して、親として品種改良に使う育種法のこと。世界中で広く行われている。遺伝子組換えやゲノム編集と同様に誤解されがちだが、伝統育種と同じように選別と交配を経ているので性質は極めて安定している。

ゲノム編集作物の上市で先行した日本では、筑波大学発ベンチャー企業のサナテックライフサイエンス（旧サナテックシード）（東京）が、国内で契約栽培した高GABAトマトの青果と加工食品（トマトピューレ）を通信販売で一般販売している（**図表4-6**）。この高GABAトマトは機能性食品表示を取得しており、血圧を下げる、ストレスを緩和、睡眠の質を高める、肌の健康を守るの4つの機能をうたっている。さらに、2023年には中玉品種をベー

図表4-6　サナテックライフサイエンスが開発する高GABAトマト「シシリアンルージュハイギャバ®」

出所：サナテックライフサイエンスHP

スとした高GABAトマトのゲノム編集作物登録を新たに取得し、商品ラインナップも拡充させている。

また、米国でも糯性トウモロコシ、辛みのないカラシナが認可されるなど、ゲノム編集作物はグローバルで上市フェーズに移行している。ゲノム編集種苗の米国の上市状況として、2022年から2024年初にかけて米国で多数のゲノム編集作物が、米国農務省（USDA）から植物病害規制確認書を取得している。米国の場合、遺伝子改変生物を含む新規育種手法による品種は、USDAによる植物病害規制と環境保護庁（EPA）による環境規制があり、許認可権限を有するのはUSDAとEPAである。米国食品医薬品局（FDA）は飼料用穀物や食品に関して、安全性確認のみを行うが、飼料の安全確認には数年間（家畜2世代分）の試験を要するため、飼料用作物の認可は時間がかかる傾向がある。米国のNext Unicorn企業である**Pairwise Plants**はブラックベリーで21品種、マスタードリーフは2品種でUSDAの確認書を取得済みである（詳細な形質は非公表）。また、米国上場企業のBenson Hill Biosystemsは、大豆で16品種、エンドウ豆で2品種についてUSDAの確認書を取得している（形質は主に代替タン

パク質用の形質と思われる）。さらに、米国Unicorn企業の**Inari Agriculture**も、トウモロコシと大豆で収量に関する形質を改変した品種でUSDAの確認書を受領している。その他にも除草剤耐性のイネやトウモロコシ、大豆、害虫耐性のワタなど、ここ数年で急速に確認書を取得する企業が増加している。今のところ、ゲノム編集技術を用いて、穀物向けでは高収量などの生産性に関連する形質、野菜向けでは機能性や味といった消費者が求める形質の改良を行う傾向が見られる。

　もちろん、ゲノム編集育種は種苗ビジネスの1形態である。つまり、種苗の開発、種子の委託生産、種子の卸売りといった既存の種苗ビジネスと同じビジネスモデルである。しかし、種苗単体では収益性が高いものの市場規模が小さい。そのため、**Pairwise Plants**やBenson Hill Biosystemsのように、種苗開発から最終製品の流通までを手掛けるビジネスモデルを採用する企業が増えている。**Pairwise Plants**は、市場規模が大きく単価が高いベリー類の種苗開発を行い、流通業者と連携してサプライチェーン全体を事業領域としている。Benson Hill Biosystemsは、高タンパク質大豆の種苗販売と、大豆の委託生産、大豆タンパク質への加工を行い、巨大ビジネスである代替タンパク質市場を対象としている。

　これらのビジネスモデルと一線を画しているのが、**Inari Agriculture**である。当社はゲノム編集の種苗開発を手掛けているが、開発品種を既存の種苗会社にライセンス化する開発特化型のビジネスモデルを採用している。当社は、種苗市場のおよそ7割を占めるトウモロコシ、大豆、小麦をターゲットにしており、対象市場も相対的に大きいため、開発特化型の事業モデルを成立させる可能性がある。当社と異なり、野菜や果樹などの市場規模が小さい種苗を扱う場合には、開発特化型ではなく、開発した種苗を販売するサプライチェーン全体の事業モデルが考えられていなければ、十分な事業規模に成長することは困難である。

　増加する人口を養いつつ環境負荷を軽減するためには、単収の改善が不可欠である。そのためにはゲノム編集や遺伝子組換えを効率的に活用した、より高効率な作物生産が拡大していくであろう。その結果として、今後も種苗市場は堅調な成長が予想される。

（4）代替香料・甘味料

代替香料・甘味料のビジネスモデルは、バイオ医薬品やアミノ酸製造と似ている。つまり、使う微生物は異なるものの、タンクでの大量培養とその精製、そして卸売りである。多くのスタートアップ企業が設立されているが、米国スタートアップ企業の**Manus Bio**は、培養タンクを多数備えた商用工場を完成させ、代替香料と代替甘味料製品を既に上市している。

精密発酵で物質生産を行う場合、重要になるのは使用する微生物と培養方法である。タンク培養を行う際の培養条件や微生物の種類を変えることで、必要な物質を効率的に生産できる技術を持つことが大きな競争力となる。例えば、米国スタートアップ企業の**Conagen**は、中国とハンガリーの工場で安定的に物質生産を行っているが、安定的にタンク発酵させる技術を持ち、量産体制を確立していることに強みを有している。

香料や色素は単価が高く、既存のプレーヤーも限定されている。多くの香料や色素は加工食品や工業原料であり、卸売りが基本となるが、**Manus Bio**の精密発酵由来のステビア製品のように、自社ブランドの周知目的で小売まで行う企業もある。

精密発酵は遺伝子組換えを使う手法と、遺伝子組換えを使わずに発酵条件を調整する2通りが存在する。ただし、遺伝子組換えを使った物質生産自体は昔から行われており、特に医薬品分野が先行している。既にインシュリン[12]の大半は遺伝子組換えによって生産され、バイオ医薬品も遺伝子組換えを使ったものが数多く存在する。医療用で培った遺伝子組換えによる物質生産技術を食品や香料、甘味料などに応用したのが精密発酵であり、精密発酵によって食品原料を生産すること自体も歴史は古い。例えば、チーズの生産に使われるレンネット[13]における遺伝子組換え精密発酵品のシェアは約8割を占めている。レ

---

12) インシュリンは1979年に米国で遺伝子組換え製品（遺伝子組換え医薬品第一号）が認可され、現在はほとんどが遺伝子組換え製品に代わっている。現在はインターフェロンなども遺伝子組換えで生産されている。

13) レンネットはキモシンという酵素を中心とする酵素の集合物である。ウシなどの反芻動物で母乳を飲む時期しか分泌されない上、屠殺しなければ採取できないため、倫理面と供給面で問題があった。そのため、20世紀半ばに発酵品が普及し、1990年代に開発された遺伝子組換え由来の代替品に置き換わっていった。

ンネットは古来、仔牛の第4胃で作られる胃液を使っていたが、動物愛護の観点や生産性に大きな問題があった。その後、レンネットの主成分であるキモシンを生産する微生物が発見されたことにより、微生物発酵によって生産していたが、これも大量生産には向かなかった。1990年代後半に登場した遺伝子組換えレンネットは今日ではその高い生産性でチーズの大量供給を可能にした。仮に精密発酵ではなく、仔牛や微生物のみに頼っていた場合、チーズは現在のように市場に出回る製品にはならなかったものと推察される。

　このように、精密発酵は技術的観点からは真新しいものではない。医療分野での長年にわたる安全性審査のノウハウもあり、近年では、食品分野でも精密発酵を用いた製品開発が急速に進んでいる。今後は、香料などの単純な構造の化合物から、タンパク質などの複雑な形状の物質まで、開発される物質も増加していくであろう。スクワランなどの化粧品向けやステビアなどの健康食品向けの物質は特に単価が高く、有望な市場と考えられる。

　ステビアなどの甘味料は、肥満に悩む先進国（特に米国）では注目されて久しい。2019年にはグローバル穀物商社のCargill（米国）が、同化学メーカーのDSM-Firmenich（オランダ／スイス）と合弁会社・Avansyaを設立し、精密発酵ステビアの大規模生産プラントを建設している。精密発酵は、理論上、様々な物質の生産が可能で、物質によって開発ステージは異なるものの、既に商業生産の目途が立っている分野である。今後は精密発酵により、天然では希少性の高い味覚修飾能力を持つ味覚修飾タンパク質（ミラクリン、クルクリン、ソーマチンなど）の生産と販売が一般化すると予測している。味覚修飾タンパク質は、舌にある味蕾（みらい：味を感じる器官）の受容体に結合することで強い甘みを感じさせるタンパク質である。少量で作用し、カロリーもほとんどないため、ダイエット用途製品などの代替甘味原料として注目されている。ただし、タンパク質の合成は非常に難しいため単価が非常に高く（数十億円／kg）、かつタンパク質の化学合成は技術的にほぼ不可能で遺伝子組換えによる精密発酵しかない。そのため、参入障壁が高く、当局の認可さえ取れれば一定の競争力が期待できる。

　このような甘味タンパク質の開発は既に始まっており、米国スタートアップ企業のSweegenは、精密発酵でスクロース（砂糖の主成分）の500～2,000倍の甘さを持つ甘味タンパク質「Brazzein」の生産法を確立し、既に米国で食品

図表4-7　Sweegenが開発する甘味タンパク質「Brazzein」の生産法

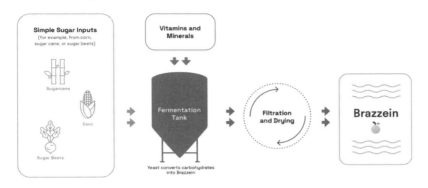

出所：Sweegen HP

添加物認可も取得している。

　繰り返しになるが、精密発酵は医療分野や食品添加物製造で古くから使われていた技術を食品分野に応用したものである。安全性評価基準も確立されているため、今後、精密発酵由来の代替香料市場は、急速に拡大するものと予想する。

(5) 代替皮革（マッシュルームレザー）

　マッシュルームレザーは、キノコ由来の代替皮革である。米国を中心に開発が先行していたが、近年はインドネシアでも開発が加速している。この分野のパイオニアは、米国スタートアップ企業のMycoWorksである。当社は2023年9月に、製造工程のおよそ8割が自動化された世界初の商用プラントを稼働させるなど、スケール化と生産性において他社を一歩リードしている。当社のマッシュルームレザー「Reishi」はその名の通り、マンネンタケ（霊芝）の菌糸を使っており、耐久性は動物皮革と同等といわれている。マッシュルームレザーは、コスト削減と耐久性の向上が当面の課題だが、着実に進化を続けている。

　マッシュルームレザーは日本でも製品展開が始まっている。「吉田カバン」の通称で、「PORTER」などの人気ブランドを有する国内老舗皮革製品メーカー

図表4-8　MycoWorksのマッシュルームレザー量産工場の外観と内部

出所：MycoWorks HP

の吉田（東京）は、2022年から、米国の代替皮革Unicorn企業であるBolt Threadsのマッシュルームレザーを使った財布やバッグを日本で発売している。

　また、インドネシアの代替皮革スタートアップ企業である**Mycotech Lab**は、日本パートナーのMYCL Japanを通じて、アパレルデザイナー・FUMI KODA（東京）とコラボレーションし、2024年から受注生産でマッシュルームレザーのバッグを日本で発売している。このような展開は今後も拡がる可能性が高い。

図表4-9　Mycotech Lab／MYCL Japanのマッシュルームレザー製品

出所：MYCL Japan HP

　マッシュルームレザーを開発する企業は、原皮（バッグなど革製品の原材

料）製造までを手掛け、最終製品はアパレル企業とコラボレーションするビジネスモデルが多い。マッシュルームレザーのブランドは維持しつつ、最終製品のデザインから製造、流通はパートナーのアパレルブランドが担う協業方式である。ただし、最終製品にも自社のマッシュルームレザー商標を取り入れる企業が多く、動物皮革の原皮製造とは異なり、ブランド戦略に力を入れる傾向がある。

マッシュルームレザーの原皮製造は、素材となる気中菌糸培養（菌糸シート生産）とそれを原料に原皮加工を行う工程がある。主に欧米系のスタートアップ企業は、気中菌糸培養と原皮加工の両工程を自社で行うことが多く、アジア系スタートアップ企業は、気中菌糸培養をパートナーへ委託することが多い。

気中菌糸培養を自社で行う企業は、ロボットを使った自動化に注力しており、効率的に量産することが差別化要素になっている。また、委託栽培の企業は、農業者などに製造設備や培地、種苗などを供給（販売）し、栽培指導を行い育成した菌糸シートを農業者から調達することとなるため、マッシュルームレザー会社にとっては"アセットライト"な経営が可能となるメリットがある。

ただし、両モデルともに、菌糸のシートを加工して動物皮革と似た性質を持つ素材に加工する工程（後工程）は自社で担うことが多い。各社が内製化する理由は、後工程は通常の皮革製品の生産でも使われるなめし工程に近いものであり、皮革製品に必要な強度や肌触りなどを左右する重要な工程だからである。

(6) 代替梱包・内装材（キノコ由来製品）

キノコ由来の代替梱包・内装材を開発している著名なスタートアップ企業は、米国の **Ecovative** と、前項のマッシュルームレザー開発でも著名なインドネシアの **Mycotech Lab**（連携先である日本の MYCL Japan 含む）である。キノコ由来の梱包・内装材の製造もマッシュルームレザーと似ている。自社で菌糸培養から後工程までを手掛ける場合と、菌糸培養は農業生産者などへ委託する場合がある。キノコ由来の梱包・内装材の開発は、**Ecovative** や **Mycotech Lab** のように、マッシュルームレザー開発と同時に行う企業が多いが、MycoWorks のようにマッシュルームレザー専業の企業もあり、戦略が二分している。

キノコ由来の代替梱包・内装材は、未だ基礎化学品よりも高コストではある

ものの、例えばEcovativeの製造コスト低減はかなり進んでおり、当社製品は、サステナビリティに関心が高いIKEAやDELLなどのグローバル家具メーカーや電子機器メーカーなどに採用されている。

図表4-10　キノコ由来の代替梱包材（左）・内装材（右）

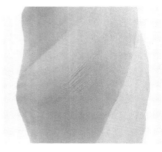

出所：Ecovative HP

　代替梱包・内装材の一般的な生産方法は、まず、おがくずや大豆ミールなどの食品残渣を混合した培地を、梱包用緩衝材や内装材の形に成形する。次に、その培地にキノコの胞子を植え付け、特別な条件で培養し、均一に菌糸が回り全体が接着される。最後に特殊な乾燥装置で乾燥して水分を蒸発させるとともに菌糸を滅菌し、消毒するというものである。そのため、使用後は土に埋めても環境に大きな影響を与えないとされている。

　キノコ由来の内装材製品は、内装ボードやランプシェードなどが開発されている。これら製品は、天然由来の生分解性であることや軽量であること、また、農業廃棄物をアップサイクルできることなどから注目が集まっている。こちらも梱包材と同じような生産プロセスであるが、表面の肌触りなど内装材特有の条件もあるため、そのような条件を変えることで様々なタイプのものが開発されている。欠点としては強度が低いというものがあるが、荷重がかかる箇所に使わないなど、用途を選ぶことで対応も可能と考える。

　最後に代替梱包・内装材のビジネスモデルを述べたい。例えば、**Ecovative**の現在のモデルは、生産から卸売りまでを行うものであるが、知財戦略も固めており、将来的にはライセンス方式によるグローバル展開を考えている。その理由は生分解性梱包材の地産地消である。つまり、その地域で手に入りやすい

農業残渣や木材チップを使って生産することで、環境負荷が少ないサプライチェーンを構築するビジョンがある。

キノコを使った内装材や梱包材などは地産地消で賄え、軽量で生分解性であることが利点である。一方、内装材として使う場合には難燃処理などが必要になると考えられ、さらなる技術開発が待たれている。

(7) 代替飼料（昆虫・SCP飼料）

代替飼料として筆者が注目している製品は、主に魚粉代替となる昆虫飼料と単細胞タンパク質（SCP）である。

まず昆虫飼料だが、昆虫は肥育効率が良く、食品残渣や非可食の植物を有効活用できるだけでなく、水の消費量が少なく効率的にタンパク質を生産できるという利点がある。また、水産養殖の飼料として魚の嗜好性も良いという特徴を持つ。

一方で昆虫というと、ネックになるのは消費者の忌避感かもしれない。ただ、考えてみれば、渓流釣りではニジマス（海洋で養殖したものがトラウトサーモン）やヤマメなどの釣り餌にも昆虫（ブドウ虫）を使っている。昆虫を食べた魚といっても、特に違和感はないだろう。

昆虫飼料より注目している代替飼料として、古細菌の一種である化学合成菌を使う微生物タンパク質がある。化学合成菌は、細胞内で特殊な化学反応を行い、エネルギーや物質を自力で生産可能な独立栄養の（他の生物を捕食しない）微生物である。使用する基質も様々で、メタン、水素分子、硫化鉄、酸化鉄、アンモニアなどがある。例えば、化学合成菌の一種であるメタン資化菌を使えば天然ガス（メタン）からタンパク質が、また、水素菌を使えば二酸化炭素、水素ガスなどを原料に安価なタンパク質がそれぞれ生産できる。

その際、工場から排出された二酸化炭素から代替飼料を生産することも可能となる。余談だが、陸上養殖（RAS）（第6章参照）の好気ろ過装置で使われる硝酸菌、亜硝酸菌も化学合成菌の一種である。化学合成菌というと不気味に思えるが、シロウリガイなどの深海生物は、体内に化学合成菌を共生させ、通常は有毒物質である硫化水素を使った化学合成で栄養を得ている。少なくとも、化学合成菌が作るタンパク質自体は正常なものである。

化学合成菌は、人間や農作物、家畜が利用できない化学物質を養殖飼料などに利用できる形に変換してくれる上、培養効率が良いため、飼料用タンパク質としての可能性を秘めている。また、人が食べるものは養殖魚であって、化学合成菌そのものではない点も利点の1つである。こうした化学合成菌などを使ったタンパク質を「SCP（Single Cell Protein）」と呼ぶ。

　SCPは、1960〜70年代に盛んに研究された技術を再利用しているものである。当時は食料危機が懸念されたが、緑の革命で乗り切ったため、SCPが日の目を見ることがなかった。緑の革命の延長での食料増産が難しくなってきている現在、再びSCPは注目を浴び始めている。

　化学合成菌の一種である水素菌を使ったSCPの場合、工場から回収した二酸化炭素とグリーン水素さえあれば安定的にタンパク質を供給することが可能である。化学合成菌は他の微生物が栄養にできない物質（無機塩類など）を使って養分を作り出しているため、他の微生物が生存できない特殊な環境（熱水噴出孔など）で培養ができる。したがって、他の微生物の混入（コンタミネーション）リスクも低く、安定的に生産することが可能である。

図表4-11　化学合成菌の力で餌が不要なシロウリガイ（左）とSCPプラントの例（右）

 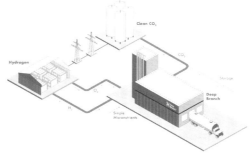

出所：海洋研究開発機構　　　　　出所：Deep Bramch HP
　　　（JAMSTEC）HP

3 グローバル市場展望

(1) 代替化学農薬

　化学物質の投入量が限界を超えている一方で、世界の害虫被害を減らすことは食料生産の増大に繋がるため、農薬産業の市場は今後も安定的な拡大が見込まれる。筆者は、2023年のグローバル農薬市場（化学農薬＋代替化学農薬）の市場規模を695億ドルと見積もるが、今後、同市場は年平均成長率（CAGR）3.4％で伸長し、2035年には1,031億ドルに拡大するものと予測する。

　グローバル農薬市場の大半を占めるのは、引き続き化学農薬である。2023年の化学農薬のグローバル市場規模を623億ドルと試算しているが、2035年には827億ドルまで拡大することを予想する。その一方、代替化学農薬の2023年のグローバル市場は73億ドルと見積もられるが、今後市場はCAGR10.9％で伸長し、2035年には254億ドルまでの拡大を予測している（**図表4-12**）。

図表4-12　代替化学農薬（右目盛）のグローバル市場規模予測

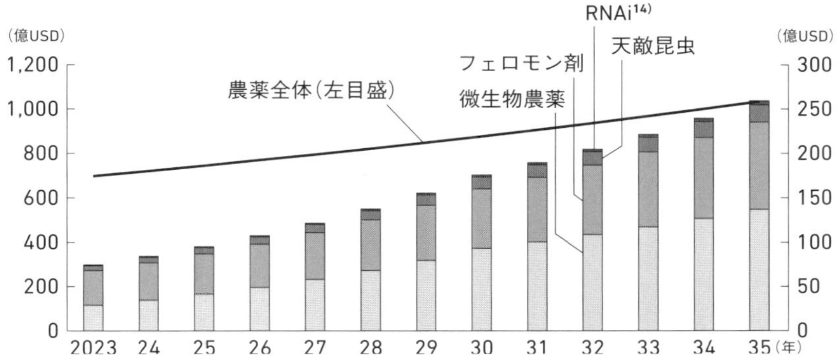

出所：野村證券フード＆アグリビジネス・コンサルティング部

　化学農薬は、開発途上国での食料増産に対応するために、引き続き市場伸長の下支えとなるものの、先進国では総じて、化学農薬の使用量の減少が予想さ

14）日本語では「RNA干渉」。現在、医療応用が進んでいる安全性が高い遺伝子発現抑制手法で、遺伝子改変を伴わない。2009年に発見者の2名はノーベル医学・生理学賞を受賞。

207

れる。この背景には、米国も欧州も、化学由来の農薬や肥料の使用量を半減させる「大胆な」政策目標がある。このような構造的な変化を踏まえ、農薬全体に占める化学農薬のシェアは2023年の約90％から2035年には75％（777億ドル）まで低下することを予想する。

この化学農薬のシェア低下の背景には、代替化学農薬の拡大に加えて、化学農薬の成分高度化による有効成分量の減少も影響することが予想される。この場合、化学農薬の使用量は減少するものの、付加価値の上昇により、農薬の単価上昇が使用量減少を上回ることが想定され、金額ベースで見れば成分高度化の影響は化学農薬にとってプラスと考えられる。

代替化学農薬の製品分類は大きく4種に分けられる。「微生物農薬」と「フェロモン剤」、「天敵昆虫」、「RNAi」であり、本書における代替農薬の市場推計はこの4製品に絞った。代替化学農薬で最も高いシェアを占める製品を微生物農薬と予想する。微生物農薬は約半分が有機農業でも使われるBT剤（殺虫剤）で、かつ用途も野菜用のため、現状はフェロモン剤よりもシェアは小さい。しかし、2035年までに、その対象が殺菌剤や除草剤にも拡大し、かつ穀物用にも普及していくと予想する。その結果、2035年時点で、微生物農薬が代替化学農薬全体の53％を占めると予想する。フェロモン製剤と天敵昆虫は、用途や対象病害虫の選択性が高いため、微生物防除剤よりも市場規模は小さくなるだろう。

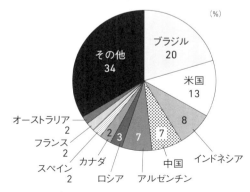

図表4-13　世界の農薬使用量の国別構成比（2021年総計353万t）

出所：FAO STATより野村證券フード＆アグリビジネス・コンサルティング部作成

有望エリアは、世界の穀物生産の大部分を占める北米と南米、中国である。国連食糧農業機関（FAO）によると、世界の農薬使用量は353万t（2021年）だが、そのうち、ブラジル、米国、インドネシア、中国、アルゼンチンのわずか5ヵ国で全体の55％を占めている（**図表4-13**）。それ以外の国々のシェアは極端に低いが、アフリカは今後の人口増

加や経済成長によって防除資材の購買力が上昇し、長期的には成長市場となることが予想される。アフリカは代替防除手段に先行して化学農薬の需要が増加することが予想され、化学農薬自体の市場増加も見込まれる。そのため、代替農薬への切り替えはアフリカよりも経済成長が先行したインド、中国、東南アジア、及び先進国が主戦場になると予測する。作物別で見ると、トウモロコシ、大豆、小麦の三大穀物及びイネでほぼ7割のシェアを占めることになろう。

（2）代替化学肥料

肥料の三大要素は窒素、リン酸、カリウムであるが、世界の使用量は窒素がおよそ半分を占める。窒素はハーバー・ボッシュ法を利用するためGHGの排出が多く、リン酸とカリウムは鉱物資源を使うため供給面で制約がある。

供給側に課題を抱える反面、世界の人口爆発を背景に穀物の生産量を、2050年までに少なくとも2020年比で2倍に増加させる必要がある。そのためには開発途上国などを中心に化学肥料と高収量品種の普及は不可欠であり、肥料市場全体で見れば、今後もグローバルで高い成長が予想される。

筆者は、2023年のグローバル肥料市場（化学肥料＋代替化学肥料）の市場規模を1,796億ドルと試算しているが、今後、同市場はCAGR 6.8％で伸長し、2035年には3,950億ドルまで拡大するものと予測している。

化学肥料は引き続き大半を占めるが、化学農薬と同じく、欧米を中心に「化学肥料の半減」を政策で推進している先進国は多い。先進各国の化学肥料半減に向けた主要施策が、微生物などの代替化学肥料を使った肥料成分の有効利用や堆肥などの有機肥料の活用である。

具体的には、作物の肥料吸収効率の向上である。化学肥料や有機肥料はともに、施用した肥料成分の半分以上は作物が利用できず流出している。そこで、作物の肥料吸収効率を高めることで化学肥料の使用量を削減しようという試みが推進されている。具体的には、肥料成分の吸収効率を高める微生物資材の開発、窒素固定微生物剤などの空気から肥料を作る微生物の製品化、低窒素要求性種苗の開発である。

前者が代替化学肥料であり、今後、化学肥料のシェアを徐々に代替していくものと考えている。代替化学肥料の主な分類は、「微生物剤」と「アミノ酸」、

「フルボ酸」の3つ（加工製品を含む）であり、今後、市場をけん引するものと考える。その他、上記3種に含まれない雑多な天然由来成分（キトサンなど無数に存在）などがある。注目する3つの代替肥料製品と「その他」製品の合計4つの製品群で市場推計を行った。その結果、筆者は代替化学肥料の2023年のグローバル市場を36億ドルと見積もるが、今後市場はCAGR 16.5％以上で伸長し、2035年には226億ドルまで拡大することを予測する（**図表4-14**）。

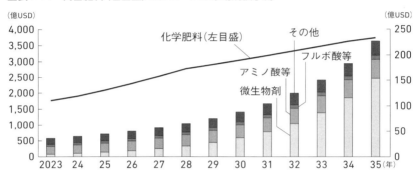

図表4-14　代替肥料（右目盛）のグローバル市場規模予測

出所：野村證券フード＆アグリビジネス・コンサルティング部

　代替化学肥料の4つの製品群のうち、2035年段階で最大シェアに成長するのは微生物剤（153億ドル）である。アミノ酸も38億ドルに成長するが、アミノ酸は穀物より生産量が少なく、かつ高付加価値の野菜・果樹類に利用されることを想定し、主要穀物（トウモロコシ、大豆、小麦、イネ）を対象に開発が進む微生物剤よりも市場成長は穏やかになると予想する。フルボ酸などの腐植酸は、供給制約が大きいことから成長余地が最も少ないであろう。その他についてはアミノ酸のように主に野菜・果樹類向けに使われると予想する。

　今後、先進国は化学肥料の削減が進むと考えられる一方で、アフリカを中心とする新興国では、所得水準の向上や人口増加などによる食料増産の必要性から、化学肥料の需要自体が拡大しよう。

　また、FAOによると、2021年の世界の窒素肥料使用量は、中国、インド、米国、ブラジルの4ヵ国で55％を占めている（**図表4-15**）。今後もこのような国々が肥料市場をけん引していくことが見込まれる。中でも、リン吸着土壌といわ

れるサブサハラ、ブラジルなどの肥料の効きが悪いエリアにおける微生物資材の活用は、大きなビジネスの可能性があろう。

代替化学肥料の普及リスクは、窒素肥料に利用されるのアンモニアのイノベーションである。具体的には、再生可能エネルギーを使って（二酸化炭素を排出しない方法で）生成されたグリーン水素を原料とする「グリーンアンモニア」を量産できるイノベーションが起こった場合である。この場合でも、代替化学肥料の需要は大きな伸びが期待されるが、多少伸びが鈍化する可能性はある。

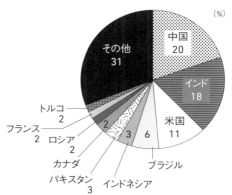

図表4-15　世界の窒素肥料使用量の国別構成比（2021年総計1億868万t）

出所：FAO Statより野村證券フード＆アグリビジネス・コンサルティング部作成

(3) 代替種苗 (ゲノム編集種苗)

世界の種苗市場は650億ドル（2023年、筆者試算値）の巨大産業であるが、今後、世界人口の増加に伴う穀物需要の増大に応えるため、高収量品種への切り替えが進むものと考えられる。これにより、グローバル種苗市場は今後CAGR 6.2％で堅調に推移し、2035年には1,333億ドルへの拡大を予想する。

作物別の構成比を見ると、2023年の種苗市場は、約69％を主要穀物（トウモロコシ、大豆、小麦）が占めており、野菜や果樹などは11％程度に過ぎない。また、2023年の種苗市場の半数強は遺伝子組換え種子によるものである。

現在の種苗産業は、用途として家畜飼料用のトウモロコシと大豆が大きなシェアを占めているように、畜産生産に大きく依存している。しかし、今後の成長ドライバーは畜産生産の拡大ではなく、筆者は、新興国の経済成長に伴う人口増加と野菜需要の拡大、そして代替タンパク質の市場拡大にあるものと考えている。

まず、中国やインド、東南アジアなどの新興国で主食の地位にあるイネは、

これらの地域の経済成長と人口増加により、高収量品種の需要が高まり、種苗需要が拡大していくものと予想する。将来的には小麦を上回る規模の種苗産業へと成長するであろう。イネは各国で遺伝資源のコレクションと品種改良が行われているが、今後も伝統育種が中心で、ゲノム編集なども一部利用されることが推察される。

　また、今後、新興国の経済発展による野菜需要の増加が見込まれる。貧困地域ではカロリーの摂取が優先され、穀物需要が大きいが、豊かになると1人当たりでは穀物消費量が減少し、代わりに肉や野菜を食べるようになる。野菜の生産は農業全体からすれば小さな規模ではあるが、高品質な野菜種苗は、こうした増産に応えるために需要が増加するものと予想される。野菜は一般的に少量多品種の商品開発手法であるため、開発コストが高い遺伝子組換えやゲノム編集の利用は一部に留まるであろう。

　さらに、代替タンパク質の市場拡大も種苗業界には追い風となる。植物由来の代替肉などに使う植物性の精製タンパク質原料は、エンドウ豆や大豆、ヒヨコ豆であるが、品種改良が十分ではない。今後、マメ科の穀物は、高タンパク質含有量、有毒成分（大豆のサポニン）などの含有量を減らした代替タンパク質用の品種の需要が、増加していくものと予想している。

　21世紀は生命科学の時代であるといわれるように、種苗業界におけるゲノムサイエンスは、育種に必要なツールとして既に定着し、必要に応じて使い分けるものとなっている。現在の種苗開発では遺伝子解析はほぼ全ての作物で利用され、育種期間の短縮化に貢献しているほか、トウモロコシ、大豆、ワタでは、遺伝子組換え種子がそれぞれ高いシェアを持っている。ゲノム編集に関しても、欧州は規制緩和の方針に転換するなど、国際的に見れば1990年代から普及しはじめたゲノムサイエンスは着実に農業界に根付いてきたといえよう。

　2010年代後半からは、遺伝子組換えよりも環境負荷が少ないゲノム編集が注目を集めており、遺伝子組換えによって可能となった除草剤耐性、害虫耐性などのうち、今後、その一部はゲノム編集に置き換わると予想する。また、遺伝子組換えとゲノム編集を組み合わせる可能性もあり得る。

　もちろん、伝統育種による品種改良も進むことが予想されるが、グローバルで増加する需要に迅速に対応するために、特に穀物（主食用・植物性タンパク質用）においては、遺伝子組換えやゲノム編集技術による育種がより重要にな

るものと予想する。野菜や果樹などの品種改良に関していえば、引き続き伝統育種が主流で、高栄養価や食べやすさなど、伝統育種では難しい高付加価値野菜需要により、一部の先進国でゲノム編集作物が使われるだろう。

このように、種苗はその開発目的によって伝統育種、遺伝子組換え、ゲノム編集が使い分けられるものと考えられる。

筆者は、本書で注目するゲノム編集種子の2023年のグローバル市場規模を0.1億ドルに満たない水準と推計しているが、今後、CAGR85.3％で伸長し、2035年には82億ドルまで拡大することを予想する（**図表4-16**）。

図表4-16　代替種苗（ゲノム編集種苗）（右目盛）のグローバル市場規模予測

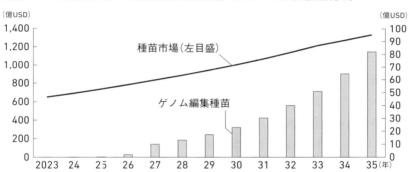

出所：野村證券フード＆アグリビジネス・コンサルティング部

ゲノム編集は2030年までは穏やかな成長に留まり、それ以降、成長率が高まるものと考えている。ゲノム編集品種の開発にかかる期間（3～5年）、種子上市までの規制当局（後述）事前コンサルティング（1年程度）、種苗サプライチェーンの整備（2～3年）、欧州の環境放出令改正、現在のスタートアップや種苗大手のパイプラインを考慮すると、2027年に品種の上市が相次ぎ、2030年以降に本格成長ステージに入ると予想する。

当然、全ての遺伝子組換え種苗がゲノム編集種苗に代わるということはなく、遺伝子組換えも非常に重要な育種技術として利用され続け、2035年段階でも種苗市場のおよそ4割のシェアを持ち続けることが予想される。

日本国内においては、ゲノム編集育種による作物を上市している企業はサナテックシード（東京）のみである。当社はゲノム編集トマトを2020年に上市し

ている。今後は日本においても、当社以外に様々な企業による数多くの品種（高栄養価などの高付加価値品）の登録が増えていくものと予想する。

　もっとも、日本は土地制約の問題から相対的に果樹・野菜の生産が農地面積の約5割と諸外国に比べて著しく高く、穀物は少ない傾向にあるなど、他の先進国とは異なる制限要因がある。そのため今後も、少量多品種の作付けになりやすい野菜を中心に種苗産業は成長していくものと予想する。そのため、日本では遺伝子解析や突然変異育種が主体で、ゲノム編集育種は限定的に使われることになろう。

(4) 代替香料・甘味料

　香料・甘味料市場は、世界人口増加と開発途上国の経済成長に伴い、今後も堅調な市場拡大を予想する。筆者は、2023年のグローバル香料・甘味料市場を953億ドルと推計しているが、今後、CAGR 4.5％で伸長し、2035年には1,616億ドルまで拡大することを予想する。

　精密発酵由来の代替香料・甘味料の市場規模は、2023年はグローバルでせいぜい6.3億ドル程度と試算するが、2030年には33億ドル、2035年には71億ドルまで拡大するものと予測している。この間のCAGRは22.4％に達する。

　代替香料・甘味料は、主にバニリン、リモネン、メントール、人工甘味料な

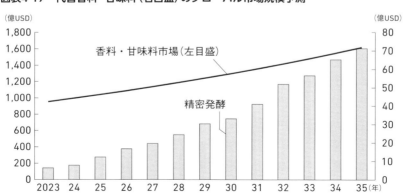

図表4-17　代替香料・甘味料（右目盛）のグローバル市場規模予測

出所：野村證券フード＆アグリビジネス・コンサルティング部

どで代替が進むものと予想する。特にバニリンは有望であり、香料市場54億ドル（2023年、筆者推計）のうち、実に29億ドル（同、市場シェア約54%）を占める巨大市場である。バニリンは石油などから化学合成が可能であるが、既に精密発酵での生産にも成功している。石油相場の動向にもよるが、石油製品削減などのあおりを受け、発酵由来は今後シェアを拡大していくであろう。

香料以上に注目されるのが人工甘味料である。人工香料も人工甘味料も飲料需要が大きいが、肥満が社会課題となる先進諸国などを中心にゼロカロリー飲料が普及している。添加量でいえば人工香料よりも人工甘味料の方がはるかに大きく、市場規模として898億ドル（2023年、筆者推計）と試算している。開発途上国の経済発展による飲料市場の成長、先進国での砂糖からゼロカロリー甘味料への乗り換えを背景に2035年には1,542億ドルへの拡大を予想する。

香料や人工甘味料の需要は、新興国の経済発展と連動している。主に清涼飲料水や化粧品などに使われるこうした素材は、所得水準の向上と消費量の増加に相関が見られる。今後も市場が堅調に推移することが予想される。

人工甘味料の市場に関しては、特に米国を中心とする先進国で1つの社会課題になっている「肥満」の増加も追い風となる。カロリーゼロの甘味料であるステビアや、味覚修飾タンパク質など、限りなくカロリーがゼロに近い甘味料は精密発酵によって天然物に依存することなく供給されていくであろう。

精密発酵の物質生産は未だコストが高いため、主に高単価な物質で、かつ自然界からの供給に制限がかかりやすい物質などが当面の条件となろう。人工甘味料ではステビアと味覚修飾タンパク質が該当し、当面の伸長が期待される。

(5) 代替皮革（マッシュルームレザー）

マッシュルームレザーの成長の原動力は、新興国の経済発展によるファッション・アパレル産業の市場伸長である。世界の皮革製品市場は、経済成長を上回る水準で成長を続けており、筆者は2023年を4,685億ドルと推計し、今後、CAGR6.7%で成長し、2035年におよそ1兆ドルまで拡大することを予想する。

今後、ファッション業界におけるアニマルウェルフェア（動物福祉）の流れが加速するほか、畜産牛肥育頭数の伸び悩み、人造皮革の脱炭素化などを見通

すと、マッシュルームレザーは徐々に現状の革製品市場を代替していくことが見込まれる。筆者は、マッシュルームレザー原皮の2023年のグローバル市場規模をわずか200万ドルと見積もっており、今後、CAGR 78.6％で伸長し、2035年には21億ドルまで拡大することを予測している。足元では、2024年にMicoworksの新工場（2023年竣工）がフル生産体制に移行し、年間数十万㎡（皮革の単位は面積、約50万ドル相当）の供給が見込まれている。

　ファッション・アパレル産業は、製品をデザインするブランドと製造する企業、原材料を供給するサプライヤーが分業体制となっている場合が多い。マッシュルームレザー業界は、現状、原材料のサプライヤーがほとんどと考えているが、将来的には、最終製品の販売分野にも進出する企業が登場すると予想する。ただし、最も利益率が高い最終製品販売まで進出できるかはブランディングにかかっていること、原皮製造とアパレルブランドはビジネスモデルが根本から異なることから、最終製品販売進出のハードルは高いだろう。なお、マッシュルームレザー最終製品の市場規模であるが、最終製品の60〜70％がブランド粗利、製造企業の納品価格が3〜4割、製造原価のうち、原材料価格が約4割であるため、原皮市場の8.3倍が最終製品価格と予想する。そのため、最終製品の市場規模は2035年で174億ドル程度と予想する（市場予想のグラフは次項のサブセクターと一緒に紹介：**図表4-18**）。

(6) 代替梱包・内装材（キノコ由来製品）

　キノコ由来の代替梱包・内装材は、主に住宅内装材やインテリア、物流に使われる梱包材の利用が想定される。内装材は、石膏ボードなどの強度が不要な構造材やランプシェードなどが主体であろう。石膏ボードの2023年のグローバル市場規模を243億ドルと推算しており、新興国の経済成長による建築の近代化などを背景に、今後、CAGR 6％台の市場成長を予測する。

　石油由来のグローバル梱包材市場も、2023年で322億ドルに達したと推計している。梱包材も世界経済の成長に伴う工業生産の増大によって堅調な成長が見込まれ、CAGR5％台で伸長していくものと予想する。

　このように、内装材と石油由来梱包材はともに堅強な市場成長を予測するが、石膏ボードの原料である石膏は、製造工程で多くの二酸化炭素を排出し、

また、廃棄の際も処理が必要となる。石油由来梱包材の原料は主にプラスチックであるが、プラスチック削減のうねりが世界中で起きていることは周知の通りである。これらを背景に、現状、コスト面でやや高いキノコ由来の梱包材に切り替える動きは、早晩、進むものと予測する。

これらを背景に、筆者はキノコ由来の代替梱包・内装材のグローバル市場規模を、2023年段階でわずか600万ドルと推計するが、今後、CAGR57.5%で伸長し、2035年には14億ドルまでの拡大を予想する（**図表4-18**）。マッシュルームレザーと比較して市場規模が小さいのは、マッシュルームレザーがファッションや車の内装、家具などの嗜好品（高価格帯）を対象としている反面、内装材や梱包材は汎用品であり、低価格なものが好まれやすい事情がある。

図表4-18　マッシュルームレザーとキノコ由来梱包・内装材のグローバル市場規模予測

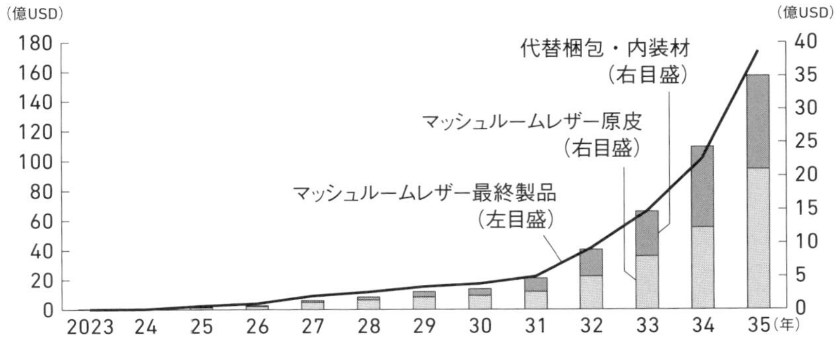

出所：野村證券フード＆アグリビジネス・コンサルティング部

（7）代替飼料（昆虫・SCP飼料）

代替飼料においては、昆虫飼料とSCP飼料の市場展望（市場推計）を行う。

まず、昆虫飼料は、フランスを中心にグローバルで、昆虫肥育の量産化を伴う商用プラントが複数稼働し始めている。先行しているのはアメリカミズアブを使ったプラントであり、様々な食品残渣を餌にできることと、サナギを作るので加工工程を自動化しやすいメリットがある。

昆虫を飼料として活用する動きはグローバルで拡がっており、例えば、2017

年以降、欧州でも昆虫を家畜・水産肥育用飼料として使用できるように規制緩和が行われている。飼料は規制産業であり、特に厳しい欧州で規制緩和が行われたことで、技術革新によるコスト削減も併せて普及することが見込まれる。もちろん、魚粉などの現行の飼料が全て置き換わることはないが、2035年までに、魚粉の7.9％程度が昆虫飼料に置き換わるものと予想する。魚粉は天然資源に依存したイワシなどを原料とするため、供給面での制約がある。昆虫飼料は魚粉の代替物として、製造コストの低下とともに徐々に浸透していくものと考える。

筆者は、グローバル昆虫飼料の2023年の市場規模を約1億ドルと推計するが、今後、CAGR 15.9％で伸長し、2035年には6.4億ドルまで拡大することを予想する。

また、単細胞タンパク質由来のSCP飼料は、加水分解酵母タンパク質などが既に実用化されており、空気から直接タンパク質を生産できる化学合成菌は量産フェーズに入った昆虫飼料に比べると出遅れ感がある。しかし、グリーン水素の価格が低下すれば、増産スピードは格段に上がるものと予想する。

SCPのうち、メタン資化菌は電子供与体として天然ガスを使うので比較的量産しやすいが、水素ガスが電子供与体として必要なものは多少厄介である。それは、水素の供給に天然ガスなどを使うと二酸化炭素が発生してしまうためである。SCP由来の代替飼料はグリーン水素の生産に依存しているが、現在、グリーン水素は、エネルギーのグローバル企業を中心に、砂漠地帯などの再生可能エネルギーに向いている地域での量産に向けた投資が活発になっている。それを受けて、2030年にかけて大幅にコストが下がり、水素ガスが必要なSCP飼料の製造コストが魚粉並みに下がることを予想している。

SCPは量産のハードルが比較的低いのも特徴である。精密発酵による乳タンパク（カゼイン、ホエイ）の生産は既に実用化フェーズに入っているが、こうした精密発酵もSCPの一種といえる。SCPに酵母などを使うことは先行している医療分野も含めて技術蓄積があるが、大量の飼料用タンパク質を生産して安価に供給するのはこれからの産業である。

なお、食用タンパク質を生産する精密発酵と異なり、一部に例外はあるものの、多くの飼料用SCPは遺伝子組換え技術を使っていない。これは化学合成菌を使うメリットの1つといえよう。

筆者は、2023年のグローバルSCP飼料の市場規模を1.6億ドルと試算するが、今後、CAGR 23.4%で伸長し、2035年には20億ドルまで拡大することを予想する。上記の通り、現在、昆虫飼料と比べて割高なSCP飼料は、2030年までに昆虫飼料よりもコストが低下しよう。

これらを踏まえ、昆虫飼料と微生物飼料の2つを合計した代替飼料の市場規模は、2023年推計は2.7億ドルだが、2035年までに26.4億ドルまで拡大しよう。この間のCAGRは20.9%に達する。この結果、先述の通り、2035年までに魚粉の7.9%程度が代替飼料に置き換わるものと予測する。

図表4-19　代替飼料（昆虫・SCP飼料）のグローバル市場規模予測

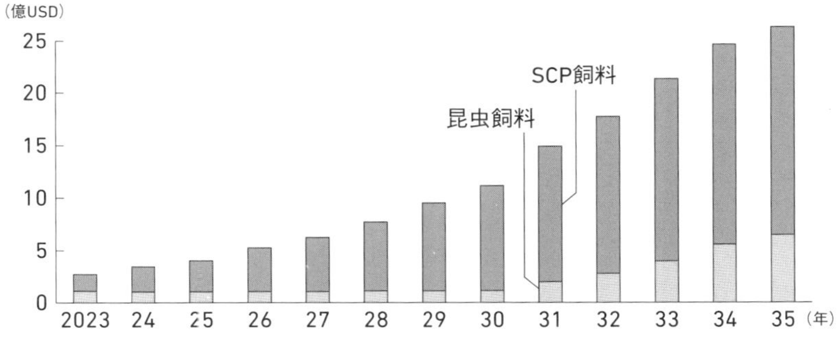

出所：野村證券フード＆アグリビジネス・コンサルティング部

4 グローバル・ユニコーン企業

筆者が取材したサステナブル代替資材のユニコーン企業14社を紹介する。筆者定義では、①Unicorn企業（累計資金調達額2億ドル以上）7社、②Next Unicorn企業（同1億ドル以上2億ドル未満）2社、③Future Unicorn企業（近い将来成長期待の同1億ドル企業）5社となった。

図表4-20　サステナブル代替資材のグローバル・ユニコーン企業リスト

サブセクター 名称	企業名	本社	設立 (年)	累計資金調達額 USD M	直近 シリーズ	ユニコーン 分類
(1) 代替化学農薬	AgBiome	米国	2012	252	D	Unicorn
(2) 代替化学肥料	Indigo Ag	米国	2014	1,400	F	Unicorn
(3) 代替種苗 (ゲノム編集種苗)	Inari Agriculture	米国	2016	609	F	Unicorn
	Pairwise Plants	米国	2018	155	C	Next Unicorn
(4) 代替香料・甘味料	Manus Bio	米国	2011	99	B	Future Unicorn
	Conagen	米国	2010	30	—	Future Unicorn
(5) 代替皮革 (マッシュルームレザー)	Newlight Technologies※	米国	2003	231	G	Unicorn
(6) 代替梱包・内装材 (キノコ由来製品)	Ecovative	米国	2007	121	E	Next Unicorn
	Mycotech Lab	インドネシア	2012	1	シード	Future Unicorn
(7) 代替飼料 (昆虫・SCP飼料)	Ÿnsect	フランス	2011	580	D	Unicorn
	InnovaFeed	フランス	2016	490	D	Unicorn
	Calysta	米国	2012	221	D	Unicorn
	NTG Holdings (Nutrition Technologies	シンガポール	2015	34	A	Future Unicorn
	Oakibo (Novo Nutrients)	米国	2017	26	A	Future Unicorn

※　：廃棄物由来メタンから代替樹脂（プラスチック）を生産する企業。便宜上ここへ分類。
注　：累計資金調達額は2024年10月1日時点
出所：Crunchbase、各社ヒアリングなどより、野村證券フード＆アグリビジネス・コンサルティング部作成

米国

AgBiome, Inc.

微生物の遺伝解析や微生物資材の開発を通じて、農業、医薬品、動物医薬品等に展開するバイオスタートアップ

会社概要

- 所在地　　：104 TW Alexander Dr building 1, Research Triangle Park, NC
- 代表者　　：Dr. Scott Uknes（Co-Founder & Co-CEO）
- 事業内容　：バイオ医薬品、バイオ農薬等の開発・生産
- 従業員数　：約130名
- 累計調達額：USD 252million（シリーズD）

事業沿革

- 2012年：化学者であった現共同CEOらが設立
- 2014年：Syngentaと開発パートナーシップを締結
- 2017年：バイオ殺菌剤「Howler®」を発売

事業概要・計画

　当社は微生物の遺伝解析とコレクションを持ち、その中から有用な微生物を医薬品や農薬等に応用し、非化学性防除やヘルスケア分野の製品を開発している。

　ビジネスモデルは複数存在する。バイオ農薬では当社が事業として直接生産販売までを行っているが、それ以外の分野ではパートナーと合弁での開発・生産、また、当社が開発した製品をライセンス化してパートナーに導出し、開発委託料や開発マイルストン／ロイヤリティを受け取るなど、製品によってマネタイズの方法が異なる。ただし、いずれの形でも最大の強みは当社の圧倒的な微生物コレクションと、スクリーニング能力といえる。

　バイオ農薬については、今後市場拡大が見込まれる。現在は米国で販売が好調である他、メキシコなどにも進出している。日本を足掛かりにアジアマーケットを開拓したいと考えている。

日本企業との連携機会

　アジア市場を成長市場と考えており、アジアに拠点を有する日本企業との販売面での連携を模索している。日本企業が株主に加わることも歓迎の方針。

ビジネスモデル・特徴

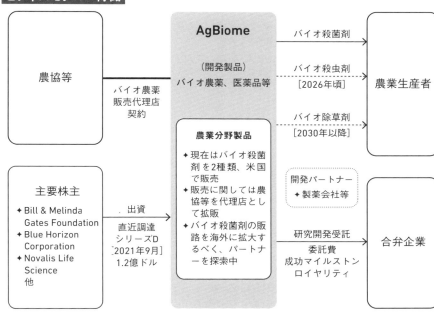

バリューチェーン
（付加価値・差別化）

- 圧倒的な微生物スクリーニングコレクション（10万以上）を保有。
- 高速スクリーニング技術・体制。
- 大量の微生物を使ってバイオアッセイ（生物学的な応答を分析する方法）を行い、新製品を開発できる研究開発能力。

イノベーション
（新しい価値創造）

- 創業後数年間かけて膨大な量の微生物サンプルを解析し、マシンラーニングとAIを駆使して有用な微生物を探しだす体制を構築。
- それを製品開発に生かせる研究開発体制。

出所：AgBiome HP

Indigo Ag, Inc.

米国

微生物資材とカーボンファーミングで
持続可能な農業の実現を目指すユニコーン企業

会社概要
- 所在地　　：500 Rutherford Ave, Boston, MA
- 代表者　　：Ron Hovsepian（Co-CEO）
- 事業内容　：カーボンファーミングソリューション、バイオ農薬等の開発・生産
- 従業員数　：約2,200名
- 累計調達額：USD 1,400million（シリーズF）

事業沿革
- 2014年：複数のバイオ企業設立に関わったGeoffrey von Maltzahn博士が設立
- 2016年：最初の商業製品（綿花向け）を上市
- 2018年：衛星データを利用したAI解析企業のTellusLabsを買収
- 2019年：カーボンクレジットビジネスを上市
- 2021年：Barclays、JP Morgan Chase、IBMなどへカーボンクレジットを販売

事業概要・計画
　自然の力を利用し、地球を豊かにすることを通じて持続可能な農業を実現することをミッションとし、低資源投入、生物多様性への配慮、炭素貯留などをキーワードにしている。対象作物もトウモロコシ、ダイズ、綿花、コムギ、イネなど多岐に渡り、世界9ヵ国に進出し、800万エーカー（320万ha）の農地に採用されている。

　ビジネスは大きく3つ。1つ目は作物の生育促進や乾燥耐性、耐病性を向上させる微生物を使ったコーティング種子の販売、2つ目は圃場の管理方法の改善による土壌炭素貯留コンサルティングによって貯留された炭素のカーボンクレジット販売、3つ目は生産者と買い手が品質や農法、価格等を直接交渉できるマーケットプレイスの運営である。2022年の売上高は約10億ドルで、カーボンクレジットの販売量も13万3,000tに達した。

　大企業との連携も積極的で、ビール大手のAnheuser-Busch InBevは米国で資源投入量と二酸化炭素排出量を約10%削減した米を当社から購入している。

日本企業との連携機会
　アジア市場での展開を見据えて住友商事と既に連携している。

ビジネスモデル・特徴

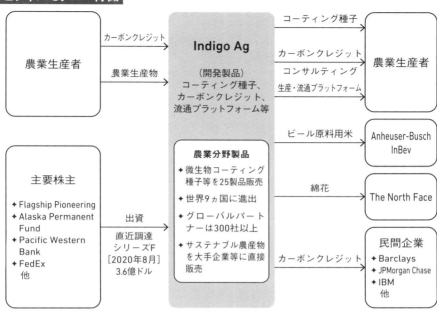

- 微生物工学、リモートセンシング、データサイエンスの融合による農業環境負荷を軽減する仕組みを構築。
- 生産者向けの微生物資材と、生産物の流通、カーボンファーミングを一貫して手掛ける。

- 膨大な量の微生物サンプルを解析し、36,000株以上の微生物コレクションを有する。
- この豊富な微生物コレクションを利用した低肥料・低水分要求性コーティング種子を開発。

出所：Indigo Ag HP

Inari Agriculture, Inc.

米国

ゲノム編集と情報生物学を駆使して穀物種子の開発受託サービスを手掛けるユニコーン企業

会社概要
- 所在地　　：One Kendall Square, Building 600/700 Suite 7-501, 5th Floor, Cambridge, MA
- 代表者　　：Ponsi Trivisvavet（CEO）
- 事業内容　：種苗開発受託サービス（SEEDesign）
- 従業員数　：約270名
- 累計調達額：USD 609million（シリーズF）

事業沿革
- 2016年：著名な遺伝学者であるGeorge Church博士、分子生物学者のSteve Jacobsen博士らが設立
- 2021年：米国の中小種苗開発会社Metric、M.S. Technologiesとダイズの品種改良で連携を発表
  コムギの品種改良分野でEden Enterprise, Inc.と戦略的連携を発表
  米国3位の種苗会社Beck'sと研究開発での連携を発表
- 2022年：豪州のコムギ種苗大手InterGrainと提携を発表

事業概要・計画
　高度な遺伝解析、AIを用いた効率的な遺伝子改変技術や、ゲノム編集、遺伝子の発現量調節技術などを駆使して作物を高度にデザインする技術を開発している種苗スタートアップ。ターゲットとしているのは670億ドルの種苗市場の70％を占めるトウモロコシ、ダイズ、コムギであり、当社はこの3種類の作物の品種改良を最重要案件と考えている。

　開発特化型のビジネスモデルをとり、種苗の開発を受託し、ライセンス料を得る開発代行サービスを提供する。現在はダイズの高収量品種の最終試験を米国内の種苗会社とともに行っており、早ければ2025年にはリリース予定である。その他にもトウモロコシ、コムギ等で複数のパイプラインを有しており、開発完了と当局へのコンサルティングが終了次第、順次、上市予定。

日本企業との連携機会
　次回調達時（時期未定）での参画を希望。

ビジネスモデル・特徴

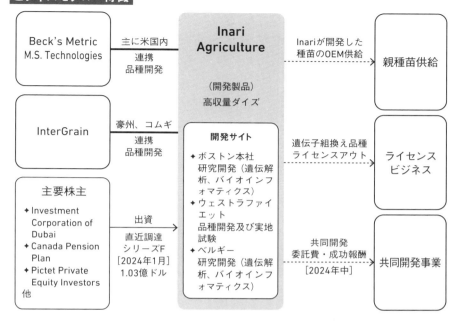

バリューチェーン
(付加価値・差別化)

- 高度な遺伝解析と遺伝子改変技術による迅速で効率的な種苗開発体制。
- AIやドローンといった最新技術を活用した高速育種。
- インディアナ、ベルギーに保有する開発サイト。

イノベーション
(新しい価値創造)

- 遺伝学、作物形質だけではなく、効率的な圃場でのデータとAIやデータベースを駆使した情報処理。
- 目的遺伝子の動きを的確に制御するゲノム編集や遺伝子発現量調節技術。

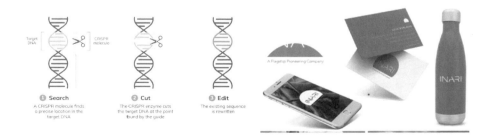

出所：Inari Agriculture HP

Pairwise Plants, LLC

ゲノム編集を駆使して高付加価値ベリー、野菜等の開発から
流通までを手掛けるシードテック系スタートアップ

会社概要
- 所在地　　：807 East Main Street, Suite 4-100 Durham, NC
- 代表者　　：Dr. Tom Adams（Founder & CEO）
- 事業内容　：種苗開発、青果流通
- 従業員数　：約150名
- 累計調達額：USD 155million（シリーズC）

事業沿革
- 2018年：Monsant（現Bayer）の研究者だった現CEOらが設立
- 2022年：辛み成分を抑えたカラシナ（ベビーリーフ用）がFDAの認可取得
- 2023年：辛みを抑えたカラシナを「Conscious™ Greens」ブランドで販売開始

事業概要・計画
　高度な遺伝解析、ゲノム編集などを駆使してベリー類、野菜類を機能的に改良する種苗スタートアップ。国民の野菜や果物の摂取量が少ない米国で、「野菜や果物の摂取量を向上させ、米国人を健康にすること」をミッションに掲げる。そのため、改良目的も生産性が高いだけではなく、機能性の高い果物や野菜、より簡便に食べられるもの、味が良いものなど、消費者に価値がある品種となっている。
　販売戦略として、種苗販売に加えて生産者から青果物を買い上げ、「Conscious Foods」ブランドとして販売する流通インテグレーションモデルを採用している。このビジネスモデルは米国最大のベリー流通企業Doriscoll'sをモデルにしたもので、同社出身の人材も採用している。2023年5月に第一号品種として、辛み成分を抑えたカラシナを市場投入。数年後を目途に、本命の品種であるブラックベリー（高生産性、食べやすさを改善した新品種）を市場投入予定。

日本企業との連携機会
　日本国内での「Conscious Foods」ブランドパートナーを探しており、日本企業からの出資に関しても歓迎している。

ビジネスモデル・特徴

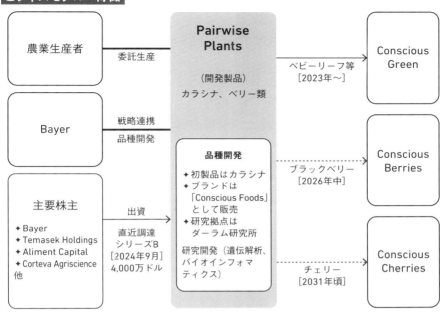

バリューチェーン
（付加価値・差別化）

- Driscoll'sと同じインテグレーションモデル（品種開発と流通）を手がける戦略。
- 市場が大きく単価が高いベリー類（市場規模170億ドル）に注力。
- Bayerとの連携による膨大な重要特許群を保有。

イノベーション
（新しい価値創造）

- テクノロジーの力を活用して野菜の消費量を向上させることで、人々の健康増進を助ける。
- ゲノム編集を、人々が手軽に野菜や果物を摂取できる形質（味、栄養素、食べやすさ）にフォーカスして改良。

出所：（左）野村證券フード＆アグリビジネス・コンサルティング部、（右）Pairwise Plants HP

Manus Bio Inc.

精密発酵技術を使って様々な代替甘味料・香料を生産するスタートアップ

会社概要
- 所在地　　：43 Foundry Avenue #230 Waltham, MA
- 代表者　　：Dr. Ajikumar Parayil（Founder & CEO）
- 事業内容　：バイオ医薬品、甘味料、香料の開発・生産
- 従業員数　：約160名
- 累計調達額：USD 99million（シリーズB）

事業沿革
- 2011年：著名な化学工学者であるGreg Stephanopoulos博士と現CEOが会社設立
- 2019年：アウグスタの工場の改装が完了し、甘味料やフレーバーの製造を開始
- 2020年：初の商品であるステビアを発売

事業概要・計画
　様々な微生物の代謝解析や化学工学の研究を元に精密発酵で効率的、かつ持続的にフレーバー、甘味料、医薬品原料などの物質を生産している。当社は細胞生物学や遺伝子工学を駆使した「細胞工場」をデザインするスキームと、数十にも及ぶ豊富な有用物質生産法、さらに、ラボレベルでの成果をジョージア州にある量産工場で安定生産することが可能である。

　現在の主力商品はカロリーゼロの精密発酵ステビア「NutraSweet Natural」であり、米国では大手通販サイトでも購入可能としている。その他、イスラエルのバイオ企業STK Bio-Ag Technologiesと生物防除剤の共同研究もしている。

　「NutraSweet Natural」は一般消費者向けにも販売しているものの、基本的なビジネスモデルはBtoBであり、化粧品会社や食品会社の求める物質を精密発酵で生産している。

日本企業との連携機会
　多数の有用物質生産法を有しており、必要な物質をカスタムで生産可能。技術開発パートナーも含め、連携に関しては常にオープンの姿勢。

ビジネスモデル・特徴

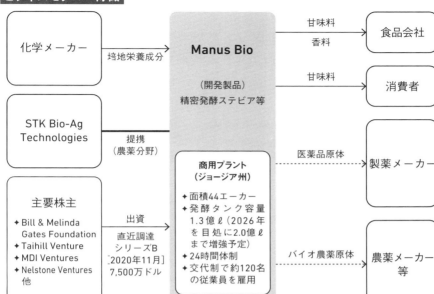

バリューチェーン
(付加価値・差別化)

- ボストンのR&D体制と、ジョージアでの量産体制を構築。
- ジョージア州アウグスタの生産プラントは24時間稼働。
- 顧客の要望に合わせて精密発酵での生産システム構築と量産を行える体制。

イノベーション
(新しい価値創造)

- 遺伝学、細胞生物学、化学工学を駆使して精密発酵に使う「細胞工場」の開発プラットフォームを構築。
- 20以上の有用物質生産法を開発。

出所：Manus Bio HP

第4章 サステナブル代替資材

米国

Conagen Inc.

精密発酵で様々な物質を生産する代替甘味料・香料のパイオニアで、
研究開発力と量産技術を特徴とするスタートアップ

会社概要
- 所在地　　：15 DeAngelo Drive Bedford, MA
- 代表者　　：Dr. Oliver Yu（Co-Founder & CEO）
- 事業内容　：バイオ医薬品、甘味料、香料の開発・生産
- 従業員数　：約1,000名（グループ8社全体）
- 累計調達額：USD 30million（コーポレートラウンド）

事業沿革
- 2010年：著名な生化学者である現CEOらが設立
- 2015年：現在の住所に本社を移転
- 2019年：ステビア製品「BESTEVIA（R） TASTE SOLUTIONS」を発売開始
　　　　　天然香料分野でBASFと提携
- 2019年：住友化学と資本業務提携

事業概要・計画
　当社は遺伝子工学、細胞生物学、生化学の知見を組み合わせて、様々な微生物の代謝解析や生化学の研究を元に精密発酵で効率的、かつ持続的にフレーバー、甘味料、医薬品原料などの物質の発酵法の技術開発から量産化までを行う。安定してタンク発酵させる技術により量産体制を確立しており、生産はグループ企業が担う。

　現在の主力商品はカロリーゼロの甘味料ステビアであり、カリフォルニア州の関連会社Sweegenが製造販売している。

　その他にも各種の甘味料や香料（リモネン、バニリン）など様々な物質をカリフォルニア、中国、ハンガリーの工場で量産している。ボストンの本社は研究開発に特化しており、生産などのビジネスの中心や実質的な本社機能はカリフォルニアに置いている。

日本企業との連携機会
　住友化学とは農業、グリーンケミカル分野で資本業務提携をしているが、ポートフォリオは多岐にわたり、他の分野でのパートナーの募集は常にオープンな姿勢である。製造工場拡大のために大規模な投資を控えており、出資も歓迎する。

ビジネスモデル・特徴

```
化学・医薬品メーカー ──戦略提携 スケール化──┐
                                            │
住友化学 ──戦略提携 農業、グリーンケミカル分野──┤
                                            │
主要株主                                     │
  ◆ National Science Foundation              │
  ◆ Sumitomo Chemical 他                     │
  ──出資 直近調達 コーポレート[2020年1月] 3,000万ドル──┤
                                            ▼
                                        Conagen
                                    （開発製品）
                                    精密発酵プロセス
                                    量産化技術

                                    ──ライセンス カリフォルニア、中国、ハンガリーの各工場──→ Blue California
                                        商用プラント
                                        ◆ 世界3ヵ所のプラントで商用生産
                                        ◆ 製品は食品や医薬品向けに販売

                                    研究開発プラットフォーム
                                    ◆ 合成法の開発から量産方法の確立までを行う
                                    ◆ 技術開発とグループの知財管理が主な役割
                                    ◆ 実際の生産は関連会社のBlue CaliforniaとSweegenが行う

                                    ──ライセンス──→ Sweegen
                                        商用プラント
                                        ステビア等の甘味料、香料を食品や医薬品向けに販売
```

バリューチェーン（付加価値・差別化）
- ボストンのR&D体制と、カリフォルニア、中国、ハンガリーでの量産体制を構築。
- 様々な香料、甘味料、医薬品原料の製造技術開発。
- 工場での量産ノウハウ。

イノベーション（新しい価値創造）
- 遺伝学、細胞生物学、化学工学を駆使した精密発酵の技術開発能力。
- 精密発酵プロセスを量産化する体制。

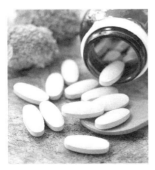

出所：Conagen HP

Newlight Technologies, Inc.

再生可能エネルギーで廃棄物由来メタンから
カーボンネガティブ樹脂を生産する代替プラスチックスタートアップ

会社概要

- 所在地　　：14382 Astronautics Lanehuntington Beach, CA
- 代表者　　：Mark Herrema（CEO & Chairman）
- 事業内容　：カーボンネガティブ樹脂の生産
- 従業員数　：200名以上
- 累計調達額：USD 231million（シリーズG）

事業沿革

- 2003年：現CEOが化学エンジニアのKenton Kimmel氏とともに設立
- 2019年：大型商業プラントであるEagle 3が稼働
- 2021年：NikeがAir Carbonの開発パートナーとなる
- 2022年：住友化学と自動車・繊維向け樹脂の共同開発に着手

事業概要・計画

　当社の技術はメタン資化菌という特殊な細菌を使う。メタン資化菌はメタンと二酸化炭素を使い、PHAというプラスチックの原料を合成する。この際、天然ガスや家畜糞尿、農業残渣の発酵によって発生したメタンと工場排ガスの二酸化炭素を使用すると、主産物である生分解性樹脂ができる上、二酸化炭素が空気中から取り除かれる。

　現在の主力販売商品はこのPHAから合成したAir Carbon製のフードウェア（フォークやスプーン、ストロー）である。Air Carbonの特徴は通常のプラスチックと同じように使うことができることである。脱炭素化で米国内での需要が拡大しており、生産も順調に伸びている。

　現在は商用プラントであるEagle 3が稼働し、Nikeや住友化学などの大手企業と共同開発を行い、アパレル向けや自動車用樹脂の開発を行っている。

日本企業との連携機会

　プラスチック製品の製造を請け負う企業への原料供給。プラスチック製品を扱う小売企業（スーパーマーケット、コンビニなど）への樹脂製品の供給。技術開発パートナーを探索。

ビジネスモデル・特徴

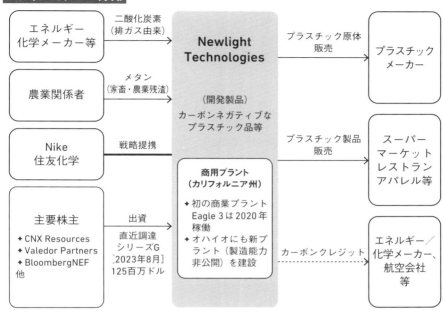

バリューチェーン
（付加価値・差別化）

- メタン（農業由来）や二酸化炭素を回収して樹脂を製造。
- 再生可能エネルギーをエネルギー源として、カーボンネガティブを実現。
- 既に量産体制を構築している。

イノベーション
（新しい価値創造）

- カーボンネガティブなプラスチック製品の量産化に成功。
- この樹脂は生分解性プラスチックである。
- 石油由来プラスチックとの混合、または単体でプラスチック製品として既存品と同様に利用可能。

出所：Newlight Technclogies HP

Ecovative LLC.

キノコ菌糸体からベーコン、皮革製品、梱包材、
インテリア材まで作るマイコテックのパイオニア企業

会社概要
- 所在地 ： 70 Cohoes Ave, Troy, NY
- 代表者 ： Eben Bayer（Co-Founder & CEO）
- 事業内容 ： マッシュルームレザー、代替タンパク質、キノコ由来資材等の開発・生産
- 従業員数 ： 約100名
- 累計調達額： USD 121million（シリーズE）

事業沿革
- 2007年： レンセラー工科大学で機械工学を学ぶ学生だった現CEOとGavin Micntyre氏（現経営陣）が設立
- 2008年： マッシュルームコンポジットとマッシュルーム梱包材を上市
- 2015年： スウェーデンの家具メーカーIKEAと提携
- 2018年： マッシュルームレザーを開発
- 2020年： 世界最大規模のキノコ由来資材工場が稼働

事業概要・計画
　キノコ菌糸を使った梱包材や住宅内装材、菌糸をシート状に培養して、それを味付けした代替ベーコンや、なめし加工したマッシュルームレザーを開発するスタートアップ。安価で生産でき、かつ農業廃棄物も再利用できるため、脱炭素時代に注目を浴びている。

　代替ベーコンは現在、ニューヨーク州オールバニーを中心に50以上のスーパーマーケットに出荷し、アパレルではNikeとも連携して商品化を進めている。稼働した年産300万ポンド（年産3億ポンドまで拡張可能）の最新工場では、生産工程は高度に自動化され、梱包材は競争力がある価格で生産可能である。マッシュルームレザーもカーフスキン（生後6ヵ月以内の仔牛の皮）に近い価格水準は可能ということである。

　各種製品の粗利も20％程度は達成しており、2027年までにそれを50％超までに引き上げ、黒字化の目途を立てている。

日本企業との連携機会
　日本でのライセンス生産、資本出資、技術開発での連携などを希望している。

ビジネスモデル・特徴

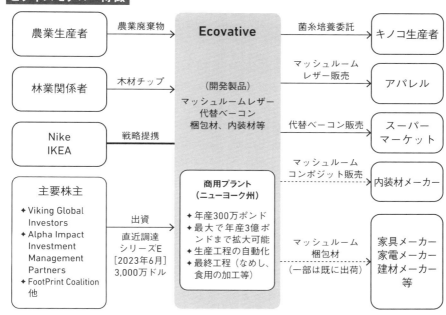

バリューチェーン
（付加価値・差別化）

- 自社生産と委託生産を組み合わせたビジネスモデルを構築。
- 低コストでの生産技術と自動化を達成。
- 量産体制の構築と製品開発に成功し、なめし皮や梱包材など、自社の手掛ける領域を明確化。

イノベーション
（新しい価値創造）

- キノコの品種改良（伝統育種）を行い、効率化を達成。非食用ではゲノム編集も活用を開始。
- 低コストでの生産システムを作り上げ、マッシュルームレザーの商品化に目途をつけた。

出所：野村證券フード&アグリビジネス・コンサルティング部

出所：Ecovative HP

Mycotech Lab Inc.

キノコの菌糸を使った代替レザーやインテリア用品等を開発するマイコテック系スタートアップ

会社概要
- 所在地　　：5GGW+2V5, Cipada, Kec. Cisarua, Kabupaten Bandung Barat
- 代表者　　：Adi Reza Nugroho（CEO）
- 事業内容　：マッシュルームレザー、菌糸体由来インテリア品等の生産
- 従業員数　：15名以下
- 累計調達額：USD 1.4million（シードラウンド）

事業沿革
- 2012年：現CEOら5名が設立
- 2016年：マッシュルームコンポジット（建材等に利用）を開発
- 2018年：マッシュルームレザーを開発
- 2022年：SALAI International（日本での事業パートナー）と合弁会社を設立

事業概要・計画
　創業者らが研究していたキノコの菌糸による代替皮革である「Mylea」や建材などに使うマッシュルームコンポジットを開発。培養に農業残渣なども使え、低コストかつ短期間（60日で1平方フィート）で製造可能な点が強み。当社はライセンス生産を採用し、菌糸体を生産者から買い取り、なめし加工等をしてアパレル製品にするビジネスモデルである。

　現在は靴、ジャケット、時計ベルト、パスケースなどを地元デザイナーと組んで製品を開発済み。生産はインドネシアのアパレル業者に委託し、販売は自社での通販や、合弁先のMYCL Japan（長野）を通して、アパレルデザイナーのFUMI KODA（東京）とコラボレーションし、一部は日本の店舗でも販売されている。

　今後は東南アジアを中心にライセンスやフランチャイズ先を展開し、日本事業はMYCL Japanを中心に展開予定となっている。

日本企業との連携機会
　MYCL Japanを中心にキノコの委託生産を行い、最終加工を行って出荷予定。東南アジアでの投資・技術開発パートナー（アパレル、自動車会社等の最終製品ユーザー）を探索。

ビジネスモデル・特徴

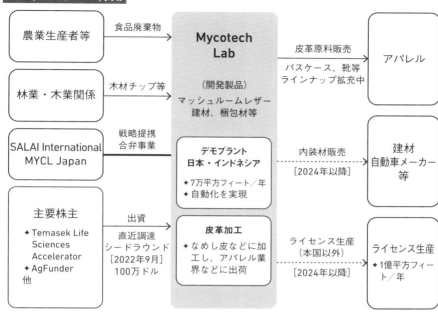

- 菌糸体の生産は農業生産者に委託。
- 最終的な加工工程、生産設備等を販売することで、農業生産者の所得向上にも貢献。
- 農業残渣を利用して生産が可能。

- キノコから低コストで代替皮革を生産。
- 生分解性で動物福祉にも適合し、環境にやさしい。
- 農業残渣を材料に農業生産者が菌糸体を製造でき、最終加工を自社で行う。

出所:野村證券フード&アグリビジネス・コンサルティング部

Ÿnsect SAS

「全自動垂直型の昆虫プラント」を特徴に、昆虫由来のペットフード・飼料・肥料・食品を開発するインセクト・テック業界のパイオニア企業

会社概要

- 所在地　　：1 Rue Pierre Fontaine Evry-Courcouronnes
- 代表者　　：Shankar Krishnamoorthy（CEO）
- 事業内容　：昆虫由来のタンパク製品開発
- 従業員数　：約290名
- 累計調達額：USD 580 million（シリーズD）

事業沿革

- 2011年：農業分野の科学者や技術者、環境活動家、金融投資家の4名が設立
- 2016年：フランス・ドールにパイロット工場を建設。初のペットフード製品をローンチ
- 2018年：フランス・アミアンに商業ベースの昆虫工場「Ynfarm」を開設
- 2021年：オランダの昆虫食スタートアップProtifarmを買収
  　　　　米国の犬用高級ペットフードメーカーPure Simpleと契約し、米国市場へ参入
- 2022年：米国の養鶏用昆虫飼料スタートアップJord Producersを買収
  　　　　北米最大の製粉会社Ardent Millsと米国での昆虫工場・製品開発で提携
  　　　　メキシコ大手食品企業Corporativo Kosmosと昆虫工場・製品開発で提携
- 2023年：丸紅と日本市場進出に向けた協業（基本合意書の締結）を発表
  　　　　韓国・LOTTEと食用昆虫の食品応用に向けた共同研究の覚書を締結

事業概要・計画

　タンパク含有量が多く脂肪分が低いミールワーム（甲虫の一種（ゴミムシダマシ科）の幼虫の総称）を独自の垂直型工場と全自動化技術で繁殖・加工し、代替飼料・食品を開発。

　現在はペットフードと水産・家畜向け製品が多くを占めるが、今後は利益率の高いペットフードと食品（スポーツ栄養市場／プロテインパウダー）、肥料分野に注力予定。

　欧州と北米市場において、今後3年間で1.8億ユーロの販売契約を締結済み。さらに10億ユーロの追加交渉も実施中（そのうち半分以上はペットフード用製品を想定）。

日本企業との連携機会

　次回の資金調達ラウンドにおける参画など。

ビジネスモデル・特徴

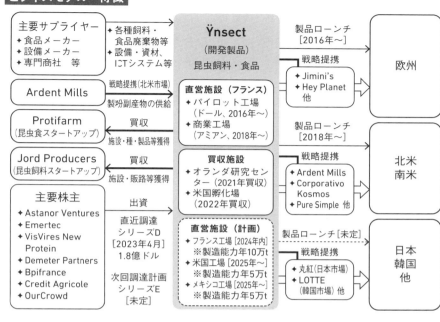

○ 欧米とアジアにて、同業他社のM&Aや有力プレーヤーとの戦略提携などのグローバル事業展開を加速化。
○ 業界に先駆けて、ペットフードを含む代替飼料と代替食品という2つの製品ポートフォリオを保有。

○ 共同創業者の40年に及ぶ昆虫育種の経験と44分野・約380件の特許に基づく独自技術を用いて全自動垂直農場を開発。
○ 飼育動物の生餌として長い歴史を持つミールワーム（2種類）を効率的に繁殖・製品化する新たなプロセスを開発。

出所：Ÿnsect HP

InnovaFeed SAS

フランス

「産業共生システム」を特徴に、昆虫由来の飼料やペットフードなどを開発するインセクト・テック業界のリーディングカンパニー

会社概要
- 所在地　　：79 Rue de Maubeuge Paris
- 代表者　　：Clément Ray（Co-Founder & CEO）
- 事業内容　：昆虫由来のタンパク製品開発
- 従業員数　：約350名
- 累計調達額：USD 490 million（シリーズD）

事業沿革
- 2016年：コンサル出身の現CEOをはじめとする3名のエンジニアが設立
- 2017年：最初の昆虫工場（パイロット工場）をフランス・グゾークールで開設
- 2018年：世界初の昆虫タンパクを与えたサーモンをバリューチェーン各社と共同ローンチ
- 2019年：穀物メジャーのCargillと水産養殖飼料分野での戦略提携を発表
- 2020年：フランス・Nestléに世界最大の昆虫工場（商業工場）を開設
　　　　　穀物メジャーのADMと米国における工場建設・運営の戦略提携を発表
- 2022年：ADMとペットフード分野の戦略パートナーシップ締結を発表
- 2023年：フランス・Nestlé工場の拡張を発表（既存の魚粉・ペットフードとのコストパリティの実現へ）

事業概要・計画
　栄養価が高く飼育期間が短いフェニックスワーム（アメリカミズアブの幼虫）を独自技術とプロセスで繁殖・加工して、水産・家畜飼料、ペットフード向けの代替製品を開発。
　戦略パートナー各社のデンプン工場やトウモロコシ工場の近隣に昆虫プラントを建設し、工場廃熱や（昆虫の餌になる）農業副産物を調達・活用する他、昆虫の廃棄物を堆肥化して地元農家へ供給する「産業共生システム」により、製造コストの低下を実現。
　2024年中に米国・ADM本社の近接地に大型昆虫プラントと研究開発センターが竣工・開設する他、EUと米国で昆虫食分野にも参入し、フェニックスワーム由来のエネルギーバーやスポーツドリンクの各製品を戦略パートナーと開発・ローンチ予定。

日本企業との連携機会
　次回の資金調達ラウンドにおける参画など。

ビジネスモデル・特徴

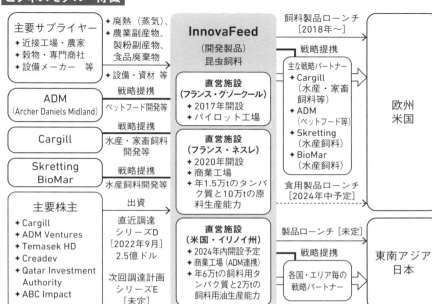

- 世界に先駆けて、昆虫飼料（5割混在）を与えたサーモンや鶏肉・豚肉をバリューチェーン各社と共同でローンチ済み。
- 穀物メジャーのCargillと水産・家畜飼料分野で、ADMとペットフード分野でそれぞれ戦略パートナーシップを締結。

- 栄養価が高く飼育期間の短いアメリカミズアブ由来の代替飼料の製品化とローンチ、スケール化に成功。
- 昆虫工場は、地元の農業副産物や工場廃熱を利用し、糞を堆肥化し農家へ還元する「産業共生システム」を開発。

出所：InnovaFeed HP

Calysta, Inc.

天然ガス（メタン）を独自の発酵プラットフォームで水産飼料用タンパク質に変換する技術を持つ世界有数の代替飼料スタートアップ

会社概要
- 所在地　　：1900 Alameda de las Pulgas Suite 200 San Mateo CA
- 代表者　　：Alan Show（Co-Founder & Co-CEO）
- 事業内容　：バイオマス発酵（単細胞タンパク質）由来のタンパク質製品開発
- 従業員数　：約70名
- 累計調達額：USD 221 million（シリーズD）

事業沿革
- 2012年：NASDAQ市場上場のバイオ企業Codexis創業者の現CEO（化学博士）が設立
- 2014年：メタンを直接飼料用タンパク質に変換する技術を持つノルウェーのBioProteinを買収
- 2016年：英国政府の支援を受けて同国ティーサイドでパイロット工場を開設
- 2017年：米国穀物メジャー・Cargillと合弁会社（NouriTech）を設立
- 2019年：英国石油メジャー・BP、ツナ缶世界最大手Thai Union Groupと戦略提携
- 2020年：中国大手飼料メーカー・Adisseoと折半出資の合弁会社（Calysseo）を設立
- 2022年：Calysseoが中国で商業工場を開設。サウジアラビアで商業工場の建設を発表
- 2023年：当社製品「FeedKind」が水産養殖用として米国FDAよりGRAS認証取得

事業概要・計画
　バイオマス発酵で主に水産養殖・家畜用の飼料製品「FeedKind」を開発。原料はSCPタンパク質で、天然ガス（メタン）を自然界に存在する非遺伝子組み換えのバクテリア「メタン資化菌」で発酵して生成。これまで水産・家畜用飼料製品を中心にペットフードと食品を含む計5製品を開発し、EUやアジア各国の市場で実証ローンチ済み。

　当社の中国合弁会社がグループ初の商業工場を2022年10月に竣工・稼働し、主に中国市場で「FeedKind」の本格出荷を開始。2023年2月には米国FDAより水産養殖向けの流通承認（既存魚粉に18％までの混入認証）を取得し、米国でのローンチも開始した他、2026年内を目途にサウジアラビアで大型商業工場の建設・稼働計画を発表済み。

日本企業との連携機会
　近畿大学の論文でも効能を評価されたハマチの養殖事業者へ向けた製品供給における協働先の探索。

ビジネスモデル・特徴

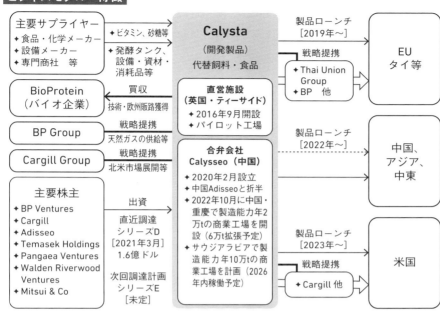

バリューチェーン
(付加価値・差別化)

○ 天然ガスをタンパク質に直接変換する技術を有し、かつそのスケール化に成功したオンリーワン企業。
○ 安価な天然ガスとバイオマス発酵の組み合わせによる相対的に高いコスト競争力。

イノベーション
(新しい価値創造)

○ 独自のメタン発酵プロセスを通じて、重金属や殺虫剤、マイクロプラスチックを含まない「クリーンな」代替飼料製品を開発。
○ 当社水産飼料10万tの使用は、従来飼料(魚粉・大豆油粕)比で、天然魚45万t、農地535km²、水90億ℓの節約にそれぞれ貢献。

出所:Calysta HP

NTG Holdings Pte Ltd.（Nutrition Technologies）

シンガポール

低エネルギーとゼロ廃棄物の「熱帯生産システム」で、昆虫由来の飼肥料開発を行うアジア有数のインセクト・テックスタートアップ

会社概要
- 所在地　　：20A Tanjong Pagar Road
- 代表者　　：Tom Berry / Nick Piggott（Co-Founder & Co-CEO）
- 事業内容　：昆虫由来のタンパク製品開発
- 従業員数　：約170名
- 累計調達額：USD 34 million（シリーズA）

事業沿革
- 2015年：元国連職員で英国人の現Co-CEO2名が設立
  ベトナムの国立農業大学・ノンラム大学とR&D拠点を開設
- 2018年：マレーシアのジョホール州でパイロット工場を開設
  水産養殖や家畜向けの飼料製品「Hi.Protein」をローンチ
- 2020年：マレーシアのジョホール州でアジア最大規模の昆虫工場を開設
- 2022年：マレーシアのPet World Nutritiosと提携し、当社原料配合のドッグフードをローンチ
- 2023年：韓国のプレミアムペット用品メーカー・Berg and Ridgeと戦略提携
  住友商事と戦略提携し、日本市場における独占的パートナーシップ契約を締結
  液体バイオ肥料製品の「Dipita」と「Vitalis」をローンチ

事業概要・計画
　フェニックスワームを独自の生産システムで繁殖・加工し、主に水産養殖・家畜向けの飼肥料を開発。東南アジアの熱帯条件に合わせて最適化された垂直型の自動化設備の他、複数微生物をブレンドした独自の接種材料と昆虫種、植物由来飼料を使用。

　現在、5つの製品をローンチ済みで、商業工場のあるマレーシア国内をはじめ、韓国や日本、インドネシア、タイ、ベトナム、フィリピン、チリなどで流通されている。今後は、2023年に輸出許可を得た英国やEUへの出荷を開始する他、出荷量の拡大に向けて、マレーシア以外に、ベトナムやタイ、インドネシアでの次世代工場の建設を計画している。

日本企業との連携機会
　日本側の戦略パートナー（住友商事）を通じた製品供給など。

ビジネスモデル・特徴

バリューチェーン
(付加価値・差別化)

- 熱帯でアメリカミズアブの周年生産が可能で、飼料源に近く、安価な人件費という東南アジアの立地を活かした価格競争力。
- 食品廃棄物の栄養素分解や幼虫の発育プロセスを加速する独自の(ブレンド化された)微生物ライブラリーを蓄積。

イノベーション
(新しい価値創造)

- 昆虫の繁殖から飼育、処理までをわずか1週間で実施し、かつ廃棄物を出さない独自の熱帯生産システムを開発。
- 昆虫排泄物などの養殖残渣、農業・食品廃棄物を高付加価値な肥料製品に転換する「廃棄ゼロ」のプロセスを開発。

出所：Nutrition Technclogies HP

Oakbio, Inc.（NovoNutrients）

米国

グリーン水素と排ガス中の二酸化炭素から安価な
カーボンニュートラルタンパク質生産を目指すスタートアップ

会社概要

- 所在地　　：1292 Anvilwood Ct.Sunnyvale, CA
- 代表者　　：David Tze（CEO）
- 事業内容　：微生物タンパク質飼料、食用タンパク質製造販売
- 従業員数　：約15名
- 累計調達額：USD 26million（シリーズA）

事業沿革

- 2017年：生化学者、環境学者、起業家である Brian Sefton 氏と現 CEO が設立
- 2022年：牛タンパクと同品質のタンパク質生産に成功
- 2023年：精製アスタキサンチン（カロテノイド）の低価格量産化に目途
　　　　　パイロットプラントの建設計画が進行中

事業概要・計画

　日光ではなく、水素のエネルギーを使って二酸化炭素から有機物を作る微生物である水素細菌（化学合成細菌）を使って飼料用・食用タンパク質生産を行う。この際、二酸化炭素は有機物として固定され、大気中から取り除かれるため、カーボンニュートラルなタンパク質となる。

　同社の技術は安価なグリーン水素と、化学工場や発電所の排気に含まれる二酸化炭素からタンパク質を製造する。理論上、170tの二酸化炭素から100tの精製タンパク質を製造可能である。

　現在は高栄養価のタンパク質とカロテノイドの製造に成功し、2024年中を目途に海外のエネルギー企業と商業プラントの稼働を予定している。グリーン水素の普及が進む見込みの2030年までに、魚粉並みの低価格化を実現する計画である。

　カロテノイドはサケ・マス類の養殖を行う際、身をオレンジ色にするために餌に添加される飼料添加物であり、抗酸化作用がある機能性物質でもある。

日本企業との連携機会

　生産プラントへの投資や飼料販売などで日本とも連携を考えている。当社の高性能飼料添加物（カロテノイド）は既に日本の飼料安全法の認可取得済み。

ビジネスモデル・特徴

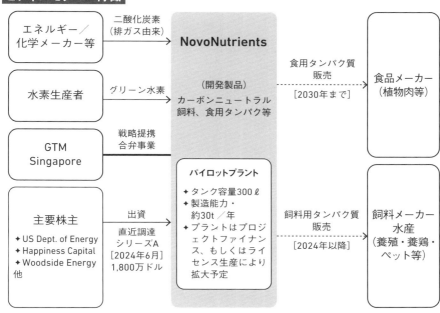

バリューチェーン
（付加価値・差別化）
- 水素細菌という特殊な化学合成細菌を使用。
- 二酸化炭素回収技術を組み合わせ、二酸化炭素とグリーン水素から直接飼料用タンパク質を量産。
- 既に日本での水産飼料認可取得済み（カロテノイド）。

イノベーション
（新しい価値創造）
- 工場排ガスから二酸化炭素を回収して直接タンパク質に変換できる（カーボンニュートラル）。
- 水素価格が低下すれば魚粉並みの低コスト化が可能。
- 同社のタンパク質は高栄養価で安全性が高い。

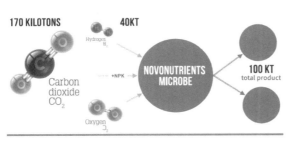

出所：NovoNutrients HP

第 **5** 章

植物工場

――デジタル・ロボット技術を駆使した「農業の工業化」で、
気候変動やフードロス・マイレージ削減等の
社会課題に挑むアグリテックの象徴セクター

1 概要

筆者は植物工場を「閉鎖空間において植物の生育に必要な光や温湿度、二酸化炭素濃度、養分・水分などの生育環境をコントロールして、気候やエリアに関係なく植物を計画的に周年生産する栽培システム」と定義している。

植物工場は、農産物生産の効率化と省力化、省水化に貢献するほか、栽培エリア（場所）を選ばないため、消費地または近郊での栽培を通してフードマイレージの削減にも寄与する。また、植物工場は基本的に無菌状態の閉鎖空間での栽培となるため、露地や施設園芸の一般的な野菜と比較し、無農薬による消費者への安心・安全を提供できるほか、食品小売店頭での「棚持ち（食品小売店が野菜類を販売できる期間）をよくする（延ばす）」メリットがある。

さらに、工場内は作物に快適な気候を周年で人工的に作り出すため、季節を問わず旬な野菜類の提供を実現できる。これらの理由から、「21世紀型農業」の象徴として、2010年半ば以降、グローバルで大きな注目を集めている。

一般的には植物工場は、閉鎖空間で人工光を用いて栽培する「人工光型植物工場」と施設園芸（温室／グリーンハウス）で自然光を用いて栽培する「太陽光型植物工場」の2種類があるが、今後の技術革新の進展可能性を鑑みて、本書の植物工場は前者（人工光型植物工場）のみを指すものとする。

図表5-1　植物工場の本書定義

> 閉鎖空間で植物の生育に必要な光や温湿度、二酸化炭素濃度、養分・水分などの生育環境をコントロールして、気候やエリアに関係なく植物を計画的に周年生産する栽培システム。本書定義では「施設園芸（グリーンハウス／温室）」は植物工場に含めない。

出所：野村證券フード＆アグリビジネス・コンサルティング部

2 グローバル事業動向

閉鎖空間で環境をコントロールして植物を栽培する植物工場は、デジタル・ロボット技術をフル活用した「サステナブル農業」を象徴する分野として、日本では2005年以降、海外では2015年以降、スタートアップ企業が急増した。

筆者は、日本の植物工場の歴史を、1980年代後半の第一世代、2005-10年の第二世代、2015年から現在を第三世代と整理しているが、第二世代の終盤

をピークに植物工場の運営企業数は減少に転じ、その後は、技術や流通に特徴を持ち、かつ一定規模で植物工場を運営する「少数精鋭」の構造に転換している。

一方、2015年9月、国連が「持続可能な開発目標（SDGs）」を制定して以降、海外では植物工場が大きな注目を集め、参入企業が急増した。海外のVCや大企業も当分野に着目し、著名なスタートアップ企業への出資が相次いだ。結果、2015年に1社も存在していなかった植物工場セクターのUnicorn企業の社数は、2017年6月の1社を皮切りに増加し、2022年末には累計7社まで増加した。

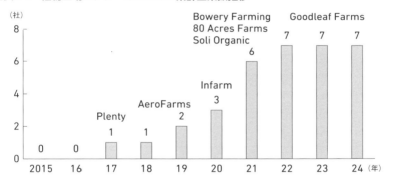

図表5-2　植物工場セクターのUnicorn累計企業数推移

注：「ユニコーン」は筆者定義で累計資金調達額が2億ドル以上のスタートアップ
　　棒グラフの上にその年に累計資金調達額が2億ドルを超えた企業名を記載
　　2024年10月1日時点
出所：野村證券フード＆アグリビジネス・コンサルティング部

しかし、2022年末を境にUnicorn企業は現れていない。むしろ、植物工場を取り巻く事業環境は、2022年半ば以降「180度」転換した。その背景には、まず、世界的な物価高や資源高に伴うエネルギーコストの急騰（高止まり）がある。植物工場の製造コストの3-4割は電気代であり、エネルギーコストの上昇は、植物工場のもともと高い損益分岐点をいっそう高めた。また、金融政策の歴史的な転換を受けた資本市場の変化（投資家心理の冷え込み）がある。金融緩和による「カネ余り」の資金調達環境が終焉し、継続的な資金調達を前提に研究開発投資を最優先にしていたスタートアップ企業の資本政策に大幅な狂いが生じた。結果、資金繰りに窮し法的整理を申請する企業が相次いだ。

図表5-3　植物工場Unicorn／Next Unicorn企業の累計資金調達額ランキング

スタートアップ企業名 （上場企業や清算企業は除く）			設立 （年）	本社	累計資金調達額		
					USD M	最終ラウンド	
						シリーズ	年月
植物工場	UNICORN	Plenty	2014	米国	961	E	2022.1
		Bowery Farming	2015	米国	625	C	2022.2
		Infarm	2013	ドイツ	605	D	2021.12
		Soli Organic	1989	米国	488	D	2022.10
		Dream Greens（AeroFarms）	2004	米国	313	E	2023.9
		80 Acres Urban Agriculture （80 Acres Farms）	2015	米国	275	B	2022.1
		Goodleaf Farms	2015	カナダ	248	C	2022.12
	NEXT	Oishii Farm	2016	米国	184	B	2024.2
		Intelligent Growth Solutions	2013	英国	114	C	2024.1
（参考）施設園芸	UNICORN	Gotham Greens Farms	2009	米国	435	E	2022.9
		Little Leaf Farms	2015	米国	435	B	2022.1
		Pure Harvest Smart Farms	2016	UAE	334	D	2022.1
		Revol Greens	2017	米国	215	C	2020.9

注　：「NEXT」は「Next Unicorn」の略。筆者定義で累計資金調達額が1億ドル以上2億ドル未満
　　　のスタートアップ（代表的な企業のみ記載）。
　　　累計資金調達額はCrunchbaseのデータ（2024年10月1日時点）
出所：Crunchbase、各社ヒアリングなどより野村證券フード＆アグリビジネス・コンサルティン
　　　グ部作成

　例えば、米国ペンシルベニア州で2016年に設立され、野菜栽培から製品加工（サラダキット）までの生産プロセスを完全自動化していたFifth Seasonは、予定していた資金調達に難航し、2022年11月に連邦破産法7条（Chapter7；清算型倒産処理手続）を申請し、全ての事業を停止した。累計資金調達額は3,500万ドルで、当時稼働していた工場の3倍に当たる日産1.8tの商業工場をオハイオ州で建設していた最中であった。

　また、フランス・パリで2015年に設立され、独自開発のコンテナ型植物工場で栽培したレタスやバジル、イチゴなどを販売していたAgricoolは、2022年12月、資金繰りが主因で民事再生手続きを開始した。従来栽培と比較して水

図表5-4　Fifth Seasonの工場・製品概要

出所：Fifth Season公表資料

と肥料を9割削減し、栽培を消費地のパリ近郊で行うことでフードマイレージを7割削減した点を特徴に、フランスを代表する多国籍企業のDanoneなどから累計3,800万ユーロ（4,000万ドル）の資金を調達していた。

さらに、オランダ・プールデイクで2016年に設立されたFuture Cropsは、業界では珍しく有機土耕と100％再生可能エネルギーを用いて年間85tのハーブ類などを栽培・出荷していた。エネルギーコストの急騰と資金繰り難で、2023年1月に破産申請した。累計資金調達額は3,000万ドル、別途、2022年3月に中国大手IT企業のTencentからも出資を受け、業界内では当社の次の一手に大きな注目が集まっていた矢先であった。

図表5-5　Agricool（左）とFuture Crops（右）の工場概要

出所：Agricool、Future Crops公表資料

資源高や金融引き締めの影響はユニコーン企業も例外ではない。まず、Next Unicorn企業で2013年設立のUpward Farms（米国・ニューヨーク州）は、

2023年4月、会社清算を発表した。当社は植物工場内で野菜と魚を同時に生産（栽培・飼育）する「アクアポニクス」のパイオニア企業で、ケールやマスタードなどのマイクログリーン野菜をWhole Foods Marketで販売していた。

2022年1月には、ペンシルベニア州で世界最大級の植物工場建設を発表したが、2023年3月、「植物工場の複雑さと課題の山積」を理由に、突如、工場の操業停止と会社清算をWeb上で表明した。2021年の資金調達ラウンド（シリーズB）で1.2億ドルの資金を調達し、累計資金調達額は1.4億ドルであった。

図表5-6　Upward Farmsの工場・製品概要

出所：Upward Farms公表資料

また、植物工場の世界的なパイオニア企業の1社でUnicorn企業の**Dream Greens（AeroFarms）**（米国・ニュージャージー州）は2004年に設立された業界の老舗企業で、全米2,000を超える食品小売店へマイクログリーン（現6種類）を販売している。植物を常時溶液に浸さず、根に溶液を噴霧する特許技術「Aeroponics」や栽培棚がプロセスに応じて自動で動くシーリング技術など、数々の先駆技術を持つ。

当社は2021年に、特別買収目的会社（SPAC）スキームでNASDAQ市場への上場申請を行ったが、半年後に申請を撤回した。その後、本社兼主力工場の流動化による資金調達を実行している。圧倒的な知名度を背景に、投資家から資金調達を繰り返し、先行的な研究開発投資に傾注していたが、2022年後半以降、資本市場の環境が激変したことで資金調達が困難になり、バランスシートは一気に悪化した。結果、2023年6月に連邦破産法11条（Chapter11；再建型企業倒産処理手続）を申請した。申請時の累計資金調達額は2.4億ドルに達していた。債権者と株主が主体となり再建プランをまとめ、既存株主であるAbu

Dhabi Investment Officeなどから再建資金として7,077万ドルを調達し、同年9月に債権者や裁判所の承認を得て、再建プロセスは完了した。当社のバランスシートは大幅に改善・強化され、2024年中の黒字転換を目指している。

図表5-7　AeroFarmsの工場・製品概要

出所：AeroFarms HP

同じくUnicorn企業で、欧州最大の植物工場プレーヤーのInfarm（ドイツ・ベルリン）も、2023年初めから各国の複数子会社の破産申請を開始した。

当社の基本モデルは、およそ2畳（4-5㎡）の植物工場設備を食品小売店の中に「出店」して、栽培した野菜類を店舗内で販売する「インストアファーム事業」である。筆者がドイツ・フランクフルトにあるEDEKAを視察した際、店長へ店側のメリットを聞くと、Infarmの植物工場により店内のほかの野菜も新鮮に見えるそうで、「野菜コーナーの売上が明らかに向上した」という。

ドイツ最大の食品小売チェーンであるEDEKAやREWEへの進出を皮切りに、業務用スーパー欧州最大手のMETRO、米国食品小売大手のKrogerなど、欧米の大手食品小売チェーン30社以上と提携し、2022年前半の最盛期には700店舗を超える出店を行っていた。日本でも2020年に設立されたInfarm Japan（Indoor Urban Farming Japan株式会社）が、翌年1月の紀ノ国屋インターナショナル（青山店）、サミットストア（五反野店）、Daily Table KINOKUNIYA（西荻窪店）への出店後、同年末までに都内10店舗超の食品小売店で事業を展開していた。このようなほかのUnicorn企業と一線を画す植物工場のビジネスモデルと急速なグローバル展開戦略で投資家の支持を集めた。

2022年半ばに業界を取り巻く事業環境が急変すると、同年11月、当社は従

業員のおよそ半数に当たる約500名の解雇を軸とする抜本的なリストラクチャリング（事業再構築／経営合理化策）を発表した。当時、業界を代表するユニコーン企業の1社であった当社のアナウンスは、これまで破竹の勢いで資金を集めていた植物工場業界全体に大きな衝撃をもたらした。ただ、当時は競合他社が戦略の見直しに躊躇している中、他社に先駆けていち早く抜本的な事業構造の見直しに着手した当社の経営判断には称賛の声もあった。

当社のリストラプランは、主に、①従業員数の半数（約500名）解雇、②収益化への明確な道筋を描けない不採算事業（国）の撤退の2つである。これを実施して収益構造を見直し、「18ヵ月以内の黒字転換」を表明した。

2023年に入り、デンマーク、英国、日本、フランス、オランダ、ドイツでの事業（子会社・支店）を閉鎖（破産申請）し、欧州市場から完全撤退した。事業継続が明確なのはカナダのトロントを拠点とする北米市場である。今後は、北米市場のほか、再生可能エネルギー源が豊富な中東市場において、従来の野菜販売に代わるサービス事業を軸とする再スタートが予想される。

図表5-8　Infarmの「インストア工場」

出所：Infarm、Infarm Japan公表資料

なお、植物工場セクターとして唯一、北米市場で上場していた米国・フロリダ州のKaleraは、2023年4月にChapter11を申請し、同月、NASDAQ市場を上場廃止になった。SPACスキームで2022年6月に同市場へ上場したものの、1年経たずの法的整理となった。

2007年設立のKaleraは、2020年からノルウェー・オスロ市場（Euronext Growth Oslo）へ上場していたが、業績不振が続き株価の大幅下落に陥り、市

図表5-9　Kaleraの工場・製品概要

出所：Kalera公表資料

場からの資金調達が困難となった。営業CFは大幅赤字で、損益分岐点を上回る売上高を獲得するためには、新たな工場建設資金が不可欠であった。そのため、当時、植物工場の成長性を高く評価していた北米市場への「くら替え」により、新たな資金調達を企図したものと推察される。

　Kaleraは NASDAQ市場への上場当時、地元のオーランドをはじめ、アトランタ、ヒューストンで植物工場を運営しており、さらにデンバー、シアトル、ホノルル、コロンバス、セントポールでも工場を建設していた。また、米国以外にミュンヘンとクウェートでも工場を運営しており、シンガポールに国外3つ目の工場も建設していた。植物工場専用品種を開発する子会社を有するなど注目を集めていたが、各工場が比較的小規模なこともあり、R&Dなどの莫大な先行投資（本社コスト）をカバーできる売上高を上げることができなかった。

　これまで見てきたように、植物工場の事業環境は極めて厳しい状況の真っ只中にある。その一方で、植物工場が社会で果たす将来ビジョンを堅持し、地道な技術と製品の改良、スケール化に取り組む企業も少なくない。

　その代表企業が、米国・バージニア州の**Soli Organic**である。当社はハーブ類で全米35％のシェアを持つユニコーン企業で、全米50州とカナダで2万を超える食品小売店の販路網を有し、2023年の売上高は1.5億ドルを超える。1989年の設立当時は、露地（屋外）で有機ハーブ類を栽培していたが、2000年に入り、気候変動や安定供給の観点から、全ての栽培を露地から施設園芸へ移した。さらに、2021年、流通コストやフードマイレージ削減などの観点か

図表5-10　2022年後半以降に法的整理を申請した主な植物工場スタートアップ

企業名	本社	設立	法的整理の概要			
			申請時累計資金調達額		申請年月	申請タイプ
			USD M	最終ラウンド		
Fifth Season	米国	2016年	35	シリーズB	2022年11月	清算型
Glowfarms	オランダ	2020年	5	シード	2022年11月	清算型
Agricool	フランス	2015年	40	シリーズB	2022年12月	再建型
Future Crops	オランダ	2016年	30	シード	2023年1月	清算型
Upward Farms	米国	2023年	142	シリーズB	2023年3月	清算型
Dream Greens（AeroFarms）	米国	2004年	238	シリーズE	2023年6月	再建型
Infarm（各国子会社）	ドイツ	2013年	604	シリーズD	2023年〜	清算型（各国子会社）
Kalera（参考：上場企業）	米国	2007年	—	—	2023年4月	再建型

出所：野村證券フード＆アグリビジネス・コンサルティング部

ら、今後、全ての栽培を温室から植物工場へ移すことを発表した。

　筆者が2023年に当社CEO（Matthew Ryan氏）にヒアリングした際、「生産プロセスのみを比べると露地や施設園芸の方がコストは安いが、生産歩留りやその後の物流、棚持ちなど、サプライチェーン全体のコストになると、都市近郊で栽培可能な植物工場に軍配が上がる」という。現在、全米9ヵ所の栽培施設のうち、有機土耕ベースの全自動植物工場「BioFarm」はまだ2つだが、2026年を目途に新たに6つの植物工場を稼働させ、その時点で栽培・出荷の9割を植物工場に移管する計画である。施設園芸セクターを代表する1社が満を持して植物工場への移管を図る。

　また、植物工場セクターの累計資金調達額で首位の米国・カリフォルニア州のPlentyは、2017年に植物工場セクターで初のUnicorn企業となった。2014年の設立当初より、IoTやAI、ロボットを活用した全自動型の植物工場を開発し、独自ソフトウェア「Plenty OS」を用いて温湿度や波長など約30種類のパラメータを自動調整し、作物ごとに最適な生育環境を再現している。植物工場を稼働する電力については、風力と太陽光を組み合わせた再生可能エネルギー

図表5-11　Soli Organicの工場・製品概要

出所：Soli Organic HP

100％を利用した持続可能なエネルギーシステムを開発している。

　当社は2020年以降、大手企業との戦略提携を加速している。2020年10月、イチゴ生産世界最大手のDriscoll'sとの資本業務提携によるイチゴの共同開発を発表し、2024年中に米国・バージニア州で竣工予定の世界最大クラスの植物工場内での商業栽培を開始予定である。また2022年1月、世界最大の小売チェーン・Walmartとの資本業務提携を発表し、同社カリフォルニア州の全店舗への供給契約を締結した。工場のスケール化では、資金調達の環境が激変し

図表5-12　Plentyの工場・製品概要

出所：Plenty HP

た2022年半ば以降、これまでの資本調達による工場建設ではなく、他社資本（プロジェクト・ファイナンス）による財務戦略へ転換した。2023年2月、米国商業REIT大手のRealty Incomeと戦略提携し、今後同社が最大10億ドルを投資して当社の大型植物工場を複数建設し、当社へ貸し出す計画が発表された。

さらに、累計資金調達額でPlentyに次ぐ第2位、売上高ベースではセクター最大のUnicorn企業の**Bowery Farming**は、当初の高い成長期待からは鈍化しているものの、技術力（再現性）とスケール化で競合他社を先行しつつある。

2017年に設立された当社は、播種から定植、移植、栽培、収穫、包装の全プロセスを自動化する独自開発のAIソフトウェア「BoweryOS」を特徴としている。既に全米5つの植物工場（商業工場は3つ）で栽培された10種類のリーフ系野菜と3種類のサラダキットを全米2,000以上の食品小売店舗などで販売している。2022年3月より、当社工場内でミツバチによって受粉されたガーデンベリーとワイルドベリーの2品種のイチゴ製品をローンチした。現在はリーフ系野菜を栽培する工場の一部での限定栽培・販売に留まるが、将来的にイチゴなどの専門工場の建設も計画している。

また、同年6月、農薬世界最大手のBayerとシンガポール国有ファンドの

図表5-13　Bowery Farmingの工場・製品概要

出所：Bowery Farming HP

Temasekとの合弁会社で植物工場ソリューション開発を行う米国・Unfoldと、植物工場の専用品種開発に取り組むパートナーシップ契約を締結した。

現在、テキサス州とジョージア州で大型植物工場を建設中で、これとは別に2024年末までに最大で3つの大型工場の着工を計画している。

近年、植物工場セクターで注目を集める作物の1つがイチゴである。Unicorn企業のPlentyやBowery Farmingもイチゴ開発に取り組んでいるものの、これまでPlentyは商業販売の実績がなく、また、Bowery Farmingもスポット販売に留まる。他社に先駆けてイチゴの量産化に成功し、現在、植物工場セクターで大きな注目を集めているスタートアップ企業が、米国・ニュージャージー州のOishii Farmであろう。2024年2月末、NTTや安川電機、みずほ銀行、McWin Capital Partnersなどから総額1.3億ドルの資金調達ラウンド（シリーズB）の完了を発表した。資金調達環境が激変した2023年以降、植物工場セクターで1億ドルを超える大型資金調達に成功したのは当社のみである。

当社は「持続可能な形で農業を変革する」ことをミッションに、2016年、日本人経営者の古賀大貴氏（現CEO）が米国で共同創業した植物工場スタートアップ企業である。2018年に完全無農薬イチゴの栽培に成功し、まず、ミシュランの星付きシェフへの販売を開始し、業界内外で大きな話題を集めた。2019年の小規模工場の竣工からDtoCなどの直売を開始し、2022年に世界最大のイチゴ植物工場の竣工からWhole Foods Marketでの製品ローンチがはじまっている。

図表5-14　Oishii Farmの工場・製品概要

出所：Oishii Farm HP

このような独自マーケティング戦略と先行者利得で既に高い製品ブランド力とオンリーワンの業界ポジションを築いている。2023年にイチゴの新品種と新たにフルーツトマトをローンチしたほか、工場の完全自動化に向けて安川電機と資本業務提携を行うなど、製品・技術面でさらなる磨き込みが図られている。

　これらの植物工場スタートアップ企業の多くは、北米での株式上場が計画されている。これまで北米で上場した企業は、既にChapter11の申請で上場廃止となったKaleraのみである。ただし、当社は欧州他市場からのSPACスキームによる「くら替え」上場であり、かつNASDAQ市場上場後1年と持たずに法的整理に陥った。経緯を踏まえると植物工場の上場1号案件とは言い難い。

　現在、北米で上場準備中の企業は、米国・マサチューセッツ州の**Freight Farms**である。2023年9月、トロント市場（TSX）に上場するAgrinam Acquisition Corporationと、合併後の推定時価評価額を約1.5億ドルとする企業結合の最終契約に署名した。2024年中のSPAC上場が計画されている。

　当社は2013年に設立されたコンテナ型植物工場のパイオニアであり、既に全米50州を含む世界41ヵ国で600台以上の植物工場が稼働している。コンテナ型植物工場は初期コストが少額のため参入障壁が低く、これまで日本を含む世界中で様々な企業が参入したが、商業規模でスケール化した事例は当社以外にない。投資家向けプレゼンテーションによると、2022年の実績ベースの売上高は2,260万ドル、同営業損失は730万ドルであり、2025年の計画として売上高6,000万ドル、営業利益90万ドル（黒字転換）を見込んでいる。

図表5-15　Freight Farmsのコンテナ型植物工場「Greenery」

出所：Freight Farms HP

3 グローバル市場展望

2010年代後半からグローバルで高い成長期待が集まった植物工場セクターは、2022年半ばから現在進行形で「冬の時代」に突入している。このまま植物工場は「ブーム」として消滅していく声もあるが、筆者は決してそうは思わない。およそ20年間にわたりこの業界の栄枯盛衰を現場に近いところで見てきたが、植物工場が持つ「気候や場所、経験に左右されず、いつでもどこでも誰でもできる農業」という本質的な価値は昔も今も変わっていないからだ。

マクロで見ると世界の人口増加により野菜の需要も今より増えるが、気候変動の進行に伴い農業生産の適地が限定的になり、かつ水資源や農業従事者の不足などもあり、供給はいっそう不安定になることが想定される。生産場所を選ばず、極めて省水・省力化された植物工場の役割がますます期待されている。

また、少し前までは、植物工場野菜の消費者における認知度は極めて低く、「太陽を浴びていない野菜」への拒否反応も強かった。しかし、この10年で認知度は確実に上がり、植物工場野菜は消費者が野菜を選ぶ際の選択肢に定着した。植物工場を選択する消費者からは、「洗わずに食べられる」「価格が年中変わらない」「無農薬で安心」などの声が強い。

昔も今も植物工場の普及の大きな課題は「価格」といわれる。もともと高い植物工場の製造コストは、2022年以降の世界的な物価高や資源高の影響を受けて、現在も高止まりしている。しかし、筆者は今後、植物工場野菜の価格は次の2つの視点で見直されるものと推測している。1つは植物工場のスケール化と技術革新による製造コストの大幅な低下であり、もう1つは露地や施設園芸で栽培される野菜価格の上昇である。前者は植物工場のスケール化や技術革新は現在も日進月歩で進行中であり、さらなる効率化や省力化、製造コスト低下が見込まれる。一方、露地や施設園芸の技術革新は既に1980年代から2000('00)年代にかけて推進し、現在は穏やかなフェーズに入っている。

後者の露地・施設園芸で栽培される野菜価格の上昇であるが、植物工場と異なり、露地・施設園芸は物理的に水資源や人材の一定投入が不可欠である。水については、「農業問題は水問題」といわれるように、水の価値は今後いっそう貴重になる。人材については賃上げをしても人が集まりにくくなっていることは周知の通りである。また、産地から消費地へ輸送される距離が植物工場と比

べて圧倒的に長い。特にリーフ系野菜は「空気を運ぶのと同じ」といわれるほど物流効率が悪く、コストに占める物流費の比率は高い。昨今の物流費高騰による経営への影響は、植物工場よりも露地・施設園芸の方が圧倒的に大きい。

　それだけでなく今後、持続可能な農業、野菜流通の実現に向けて、各国でフードマイレージやフードロスに対する「規制の導入」が予期される。露地・施設園芸で栽培される野菜の産地から消費地への長い輸送距離は、言い換えれば、大きなフードマイレージを負担している。また、収穫から店頭に並ぶまでの時間も擁するため、店頭で販売する期間が短く、売れ残りを通じたフードロスの比率も高まる。米国の西海岸で生産された野菜が東海岸に輸送する距離に「フードマイレージ／フードロス税」が課される時代になると、露地・施設園芸で栽培された野菜の価格は植物工場と変わらなくなるかもしれない。実際、欧州では既にフードマイレージ税の議論が進み、その枠組ができ上がりつつある。なお、植物工場の野菜は菌数が少なく、店頭での棚もち期間が相対的に長いため、フードロスの減少にも寄与する。これらの結果、近い将来、植物工場と露地・施設園芸における野菜の価格差は大幅に縮小するものと推察する。

　このような環境の中、生鮮野菜を取り扱う実需者側の変化も見逃せない。北米の大手食品小売チェーンは、生鮮野菜の安定調達と持続可能性への取り組みを強化する目的で、2020年辺りから、植物工場との提携を進めている。

　例えば、小売世界最大手のWalmartは、植物工場Unicorn企業の**Plenty**と2022年から資本提携しているが、その際に当社から取締役も派遣している。Walmartがスタートアップ企業に出資をする際に取締役まで派遣するのは極めて異例だ。その理由として、「お客様に最も新鮮で最高品質の食品を最良の価格で提供する」という当社ビジョンの実行と、足元の中期経営計画にも盛り込まれている「人と地球にやさしい新しいカテゴリーの生鮮食品を提供することで、持続可能性への取り組みを強化する」ことが背景にあるという。

　また、北米最大の食品小売であるKrogerは、2019年から植物工場Unicorn企業の**80 Acres Farms**とパートナーシップ契約を締結している。**80 Acres Farms**（米国）が植物工場で栽培した野菜類を当社店舗へ供給するこのサプライヤー契約は、2019年のオハイオ州シンシナティ店の1店舗から開始された。2021年にはオハイオ州、インディアナ州、ケンタッキー州の全域で300店舗以上に拡大し、2023年8月には中西部と南東部の全土で約1,000店舗に供給範

図表5-16　植物工場と露地・施設園芸の野菜における将来価格考察

植物工場	主な比較項目	露地・施設園芸
スケール化が進展中	スケール化	一定規模にスケール化済
技術革新が進展中 （2010年代半ばから進展中）	栽培技術	技術革新は穏やかなフェーズへ （1980年代から2000年代に進展）
	品種技術	
	その他技術	
設備のモジュール化が進展中	建設コスト	既にモジュール化済
自然エネルギー利用が進展中	光熱コスト	自然エネルギー利用が進展中
大幅な省水化	水道コスト	大幅な省水は物理的に限界
無人化（全自動運営）が進展中	人材コスト	大幅な省力化は物理的に限界
産地と消費地の距離が同じか近い	物流コスト	産地から消費地の距離が遠い
サステナ絡みの「支援」可能性	将来規制コスト	サステナ絡みの「規制」可能性

近い将来、両製品の価格差は大幅に縮小する可能性が高い

出所：野村證券フード＆アグリビジネス・コンサルティング部

囲を拡げることが発表された。その発表時に当社は、「Krogerでは、誰もが新鮮でおいしい食品を手に入れる権利があると信じています。**80 Acres Farms** の独自のアプローチとテクノロジーにより、当社は食品ロスを抑制し、新鮮で栄養価の高い農産物を顧客に安定的に提供することができます。」と述べている。背景には当社が2018年に掲げたミッション「Zero Hunger / Zero Waste（飢餓ゼロ／食品廃棄ゼロ）」があり、そのような持続可能な社会を2025年までに実現するための計画として、植物工場との連携を推し進めている。

　さらに、カナダの大手食品メーカーでフレンチフライポテト製品世界シェア首位のMcCain Foodsは、植物工場Unicorn企業のGoodleaf Farms（カナダ）と2018年から資本提携している。2021年には6,500万ドルの追加出資を行い、2022年末にはリード投資家として1.5億ドルの資金調達ラウンドも率い、現在、当社はGoodleaf Farmsの筆頭株主の1社になっている。背景には、カナダの食品企業の多くはレタス調達を米国に依存している現状があり、カナダ国内で栽培された新鮮なレタスを同国消費者へ安定供給し、フードマイレージや

267

フードロスの課題解決に取り組む狙いがある。当社は「植物工場への関与は、当社のグローバル・サステナビリティ推進計画に直結している。」と述べている。

このような北米の小売・食品企業による植物工場への関与ははじまったばかりだ。気候変動への安定供給対応やサステナビリティへの取り組み強化の側面から、今後、北米から他エリアに、そして大手企業から中堅企業にも拡がろう。2010年代から2022年半ばまで急速に膨らんだ植物工場への高い成長期待は一旦修正局面に入ったが、今後は地に足を付けた持続的な成長局面が予想される。

図表5-17　北米大手食品関係企業による植物工場企業との主な戦略提携事例

大手食品関係企業		提携概要		
企業名	業種	契約内容	提携企業名	主目的／背景
Walmart	食品小売	資本業務提携	Plenty	新鮮野菜の安定調達と企業ビジョン・ミッションの実現（サステナビリティの取り組み強化）
Kroger	食品小売	資本業務提携	80 Acres Farms	
McCain Foods	食品製造	業務提携	Goodleaf Farms	

出所：野村證券フード＆アグリビジネス・コンサルティング部

植物工場の持続成長を予想する上で、「工場資産の流動化」と「品目・製品の拡大」に関する昨今の動向も見逃せない。

まず、工場資産の流動化であるが、現在の植物工場はスケール化と全自動化が進展し、かつ自然エネルギー利用が標準になり、莫大な建設費用が伴う。立地や設備にもよるが、日産5t工場（葉物製品ベース）で最低5億ドル（土地含まず）、10t工場では同10億ドルが必要となり、スタートアップ各社はこの資金調達に苦慮してきた。植物工場がグローバルで注目を集めて10年が経とうとする中、ユニコーン企業を軸に既存工場を流動化するほか、パートナーと連携して新工場の投資（所有）と利用を分離する事例が散見されはじめた。

流動化の第一号案件は**AeroFarms**であり、当社は2021年12月、ニュージャージー州にある主力工場兼本社を、同じく同州の大手不動産会社であるRBH Groupへ売却（リースバック）した。また、**Plenty**は2023年2月、米国商

268

業REIT大手のRealty Incomeが最大10億ドルを投資して、当社がリースバックを受けて運用する複数工場の建設計画を発表した。PlentyのCEO（Arama Kukutai氏）は筆者インタビューで、「植物工場が直面する最大の課題は生産量を増やすために新しい農場を建設する多額の費用だ。Realty Incomeの新しい資本を利用することで、Plentyの農場の拡大と私たちの影響力を加速させることができる。」と述べている。同様に、Soli Organicは2021年10月、米国大手不動産投資会社のDecennial Groupから今後の複数の全自動型植物工場の建設に限定した資金として、1.2億ドルの資金を供給する協定を締結している。

このような植物工場の流動化は、実は日本でも2023年に実行されている。対象スタートアップ企業の技術・運営力による選別は必至ながら、今後、オルタナティブ／サステナビリティ投資に舵を切る不動産・投資会社による植物工場の建設と所有、それを借り受けて利用・運営する植物工場スタートアップ企業という分業により、大規模工場の展開がグローバルで進む可能性はある。

図表5-18　植物工場Unicorn企業による工場資産流動化事例（新工場含む）

対象工場	Unicorn企業名	実施時期	工場取得・建設投融資企業名
既存工場	Dream Greens（AeroFarms）	2021年12月	RBH Group（米国・不動産会社）
新工場	Sol Organic	2021年10月	Decennial Group（米国・投資会社）
	Plenty	2023年10月	Realty Income（米国・REIT会社）

出所：野村證券フード＆アグリビジネス・コンサルティング部

次に「品目・製品の拡がり」である。植物工場の商業栽培では、これまでグローバルで見てもレタスやマイクログリーンなどの葉類がほぼ全てであったが、2020年に入る頃からイチゴやトマトなどの果菜類の本格的な商業栽培が幕開けした。現状、スタートアップ企業によるイチゴの継続的な商業栽培はOishii Farmに限られるが、2022年3月から不定期販売を開始したBowery Farmingに加え、Plentyも2024年中に稼働予定のバージニア州の大型工場からイチゴの商業栽培を予定している。トマトについては、2019年7月に**80 Acres Farms**が先陣を切って商業栽培を開始し、2023年末には**Oishii Farm**によるフルーツトマト製品もローンチされた。**80 Acres Farms**はトマトやイチゴ

269

に加えて、キュウリやピーマンのR&Dも本格化している。

　また、2023年以降、野菜単品ではなく、グローバルで需要が伸びている中食市場に焦点を当てた製品ローンチがはじまった。ドレッシングやトッピングが同封され、その場で食べることができるサラダキット（パッケージサラダ）製品である。**80 Acres Farms**は2023年8月、「Lunch Got Just Fresher」のスローガンとともに3種類のサラダキットの販売を開始した。「FEELIN' GOUDA」と名付けられた製品パッケージには、2段目に植物工場由来の赤と緑のレタスが敷き詰められ、その上の1段目にケシの実、ビネグレットソース、ゴーダチーズ、角切りのリンゴ、ドライチェリー、塩漬けピーカンナッツが区分けされて入っている。同様な製品は**Bowery Farming**からもローンチされている。これら葉

図表5-19　主要植物工場スタートアップ企業の栽培・販売製品一覧

植物工場の主要スタートアップ企業		栽培・販売済製品（主要製品は◎）			
		葉菜類		果菜類	
		リーフ系	サラダキット	イチゴ	トマト
植物工場	Plenty	◎		（○） 2024年内予定	
	Bowery Farming	◎	○	○ （不定期）	
	Infarm	◎			
	Soli Organic	◎			
	Dream Greens（AeroFarms）	◎			
	80 Acres Urban Agriculture（80 Acres Farms）	◎	○		○
	Goodleaf Farms	◎			
	Oishii Farm			◎	○
	Intelligent Growth Solutions	◎			
（参考）施設園芸	Gotham Greens Farms	◎	○		
	Little Leaf Farms	◎	○		
	Pure Harvest Smart Farms	○		○	◎
	Revol Greens	◎	○		

出所：各社ヒアリングなどより野村證券フード＆アグリビジネス・コンサルティング部作成

270

菜類から果菜類への品目拡大に加え、中食市場に対応した製品開発への拡がりは、確実に植物工場市場のすそ野拡大に貢献している。

このような市場展望にもとづき、植物工場の2035年までの市場規模予測を行いたい。まず、植物工場が対象とする作物・製品のグローバル市場規模を予想する。既に植物工場で栽培済みの作物・製品だけでなく、市場予測最終年である2035年までに一定規模の商業栽培が行われる可能性のある作物・製品まで含むものとする。いわば、2035年までに植物工場がターゲットとする作物・製品の市場規模である。その作物・製品のカテゴリーとして、現在主力の葉菜類（リーフ系野菜）をはじめ、商業栽培が開始された果菜類（イチゴなど）とサラダキット製品、そして今後、一定市場の形成が想定される機能性植物原料（薬用作物（生薬）と医療用大麻草）の4つに分類した。

なお、Unicorn / Next Unicorn各社をはじめとする植物工場の主要スタートアップ企業へのR&D状況に関するヒアリングや、開発作物の商業性（販売単価／製造コスト）などの観点から、ダイコンやニンジン、タマネギ、ジャガイモなどの根菜類、花卉は予測から外した。また、葉菜類についてはレタス類、ホウレンソウ、ベビーリーフ、マイクログリーンを中心とし、ミズナ、シュンギク、コマツナ、ミツバまで含めた。キャベツやハクサイ、チンゲンサイなどは商業性の観点で外した。果菜類については、イチゴとトマトをはじめ、キュウリ、ナス、ピーマン、メロンを含め、トウモロコシやカボチャ、スイカなどは除外した。

これらユニバースの下、筆者は植物工場が対象とする作物・製品の2023年のグローバル市場規模を9,524億ドルと試算した。今後、当市場は年平均成長率（CAGR）4.3％で伸長し、2035年の当市場規模を15,810億ドルと予想した（**図表5-20**）。

内訳において、現在も将来も最大シェアを占めるのは果菜類であり、2023年に6,726億ドル（全体構成比約70.6％）と試算される市場は、CAGR 3.8％で伸長し、2035年には10,522億ドル（同66.6％）への拡大を予想する（**図表5-21**）。果菜類のカテゴリーは、イチゴとトマト、その他（キュウリ、ナス、ピーマン、メロン）の3品目に分類した。各品目が果菜類全体に占める構成比は、その他50％強、トマト40％強、イチゴが6％弱の一方、市場成長率はイチゴ（CAGR 5.4％）、トマト（同3.8％）、その他（同3.6％）の順番をそれぞれ予

図表5-20　野菜類など（植物工場対象作物・製品）※のグローバル市場規模予測

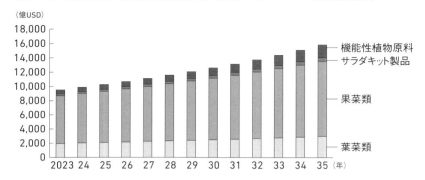

※植物工場が一定規模の商業栽培を行う作物・製品のみ（予測対象品目は本文参照）
出所：野村證券フード＆アグリビジネス・コンサルティング部

図表5-21　果菜類（植物工場対象品目）のグローバル市場規模予測

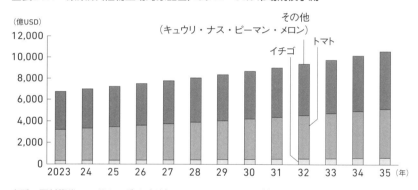

出所：野村證券フード＆アグリビジネス・コンサルティング部

測した。

　葉菜類は現在の植物工場の主要栽培作物であり、今後も安定的な成長が見込まれる。葉菜類の2023年の市場規模を1,975億ドルと試算したが、今後3.5％のCAGRで伸長し、2035年には2,989億ドルまでの拡大を予想する。

　そして、今後、最も高い市場成長を見込む作物・製品が、中食需要としてのサラダキット製品と健康・医療需要としての機能性植物原料である。サラダキット製品の2023年の市場規模試算245億ドルに対して2035年に2倍強の509億ドル（CAGR 6.3％）、また、機能性植物原料の2023年の市場規模試算

578億ドルに対して2035年に3倍強の1,789億ドル（同9.9％）をそれぞれ予想する。機能性植物原料は、薬用作物（生薬）と医療用大麻草の2品目（種類）のみを植物工場の対象品目にしているが、予想期間におけるCAGRを薬用作物7.5％、医療用大麻草21.7％とそれぞれ予測する。

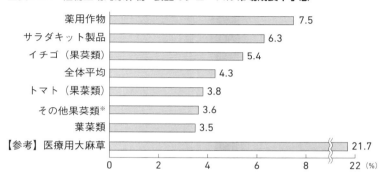

図表5-22　植物工場対象作物・製品のグローバル市場成長率予想

注　：市場成長率は2023－35年の予想期間における年平均成長率
　　　医療用大麻草は予想1年目の市場規模が相対比較で小さいため参考値
　　　※果菜類その他：キュウリ、ナス、ピーマン、メロンの4品目
出所：野村證券フード＆アグリビジネス・コンサルティング部

これらの見通しを踏まえ、植物工場のグローバル市場規模予測を行いたい。なお、本書の市場規模は、植物工場で栽培される作物・製品の工場ベースの出荷高とする。対象作物・製品は先述の通り、①葉菜類（8品目）、②果菜類（3分類6品目）、③サラダキット製品、④機能性植物原料（2品目）とする。

筆者は植物工場の2023年のグローバル市場規模を8.1億ドルと試算しているが、今後、CAGR 24.3％で伸長し、2030年に51億ドル、2035年に118億ドルまで拡大するものと予想する（**図表5-23**）。

まず、現在の植物工場の最大シェアを占めるのが葉菜類である。今後も、レタス類、ホウレンソウ、ベビーリーフ、マイクログリーンの4品目を軸に市場は安定的に推移するものと考える。筆者は葉菜類の2023年のグローバル市場規模を6.9億ドル（全体構成比86％）と試算し、2030年に24億ドル（同48％）、2035年に40億ドル（同36％）まで拡大するものと予想する。この間（2023-35年）のCAGRは15.8％である。

また、今後の植物工場における最大の成長ドライバーは果菜類である。植物

図表5-23　植物工場のグローバル市場規模予測

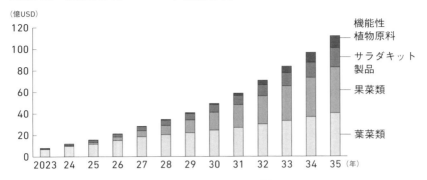

出所：野村證券フード＆アグリビジネス・コンサルティング部

　工場での果菜類の商業栽培ははじまったばかりであり、極めてわずかの企業による製品ローンチが開始されたところである。しかし、2015年以降、葉菜類の栽培が拡がったように、次第に果菜類の栽培技術も標準化されはじめ、これから様々な企業による製品ローンチが見込まれる。筆者は2023年の果菜類のグローバル市場規模を0.2億ドル（全体構成比2％）と試算するが、2030年に17億ドル（同33％）、2035年に42億ドル（38％）まで拡大することを予想する。この間のCAGRは58％に達する（**図表5-24**）。

　品目別で見ると、イチゴ、トマト、その他（キュウリ・ナス・ピーマン・メロン）の順番による市場形成が行われるものと想定するが、市場成長率では、その他（CAGR 69％）、トマト（同65％）、イチゴ（58％）の順番を、また、2035年の想定市場規模では、トマト（18億ドル）、その他（14億ドル）、イチゴ（11億ドル）の順番をそれぞれ予想する。「ポスト・イチゴ」の筆頭はトマト（フルーツトマト）である。背景として主に、露地・施設園芸で栽培されているトマトの世界市場規模はイチゴ（2023年・322億ドル、筆者推計）の約9倍の2,885億ドル（同）と巨大であること、また、特にフルーツトマト製品はイチゴと同様に高い付加価値を提供できる点などに注目している。この視点でいえば、果菜類の「その他」に含まれるキュウリ、ナス、ピーマンの同市場規模（2023年、筆者推計）はそれぞれ1,440億ドル、890億ドル、776億ドルと大きい。一方、メロンの市場規模は414億ドルと相対的に小さいが、イチゴやフルーツトマトのように付加価値を提供できる品目である点から注目してい

図表5-24　植物工場における果菜類のグローバル市場規模予測

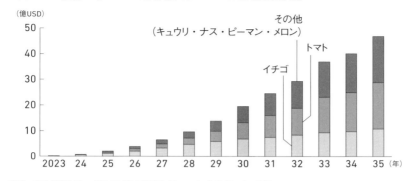

出所：野村證券フード＆アグリビジネス・コンサルティング部

る。

　さらに、サラダキット製品も、今後の植物工場における成長ドライバーの1つである。葉菜類と同様に現時点で一定の市場が形成されているが、旺盛な中食需要の下、植物工場の無菌状態で栽培された野菜原料由来のサラダキット製品は、既存製品と比較して安全・安心を消費者へ提供するほか、店頭での「棚持ち」を向上させることで、コンビニエンスストアやスーパーマーケットなどの実需者にも高い付加価値を提供するものと考える。筆者はサラダキット製品の2023年のグローバル市場を0.9億ドルと試算し、今後、CAGR 28%で伸長し、2035年に18億ドルまで拡大するものと予想する。

　最後に、植物工場の4つ目の作物・製品分類である機能性植物原料であるが、植物工場の長期的な成長ドライバーになることが見込まれる。筆者は2023年の機能性植物原料のグローバル市場規模をわずか500万ドル程度と試算しているが、2030年に1億ドル、2035年に11億ドルまで拡大するものと予想する（**図表5-25**）。この間のCAGRは56%に達する。果菜類とほぼ同等な高い市場成長を見込むものの、果菜類と異なり、機能性植物原料の市場が飛躍的に伸びるのは2030年以降と考えている。

　その背景には、露地・施設園芸で栽培される作物との価格差が指摘される。代表的な生薬である「甘草（カンゾウ）」は、漢方薬の約7割に配合されているが、かつて日本でも2010年頃、植物工場による甘草栽培に注目が集まった。大手企業によるR&Dも本格化したものの、露地・施設園芸で栽培される海外産

図表5-25　植物工場における機能性植物原料のグローバル市場規模予測

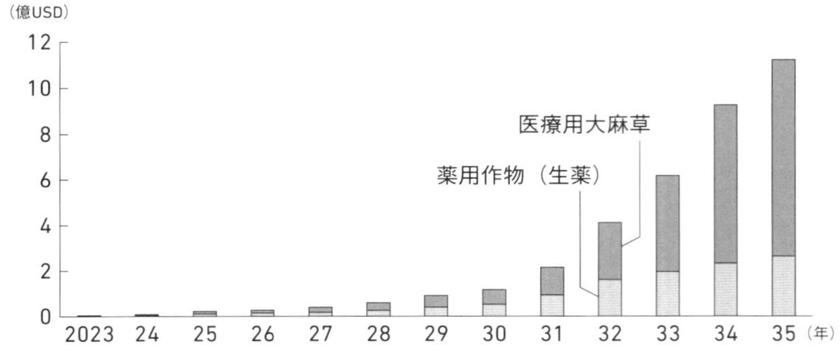

（億USD）

医療用大麻草
薬用作物（生薬）

出所：野村證券フード＆アグリビジネス・コンサルティング部

との「大きな」価格差が主因となり、商業栽培へ移行することはできなかった。

　現在、中国の植物工場プレーヤーなどの一部が植物工場で薬用作物を栽培しているが、本質的な価格差の解消に加え、有効成分の質と量などの差別化を図るには、植物工場に最適な品種の改良が不可欠と考える。ゲノム編集技術を用いた植物工場での品種改良がシンガポールや米国で本格化しはじめているが、既に商業栽培されている葉菜類などの品目が優先されており、機能性植物原料の本格開発には時間を要するであろう。

4 グローバル・ユニコーン企業

　筆者が取材した植物工場のユニコーン企業8社を紹介する。本書筆者定義では、①Unicorn企業（累計資金調達額2億ドル以上）5社、②Next Unicorn企業（同1億ドル以上）1社、③Future Unicorn企業（将来成長期待の同1億ドル未満企業）1社となった。

　また、本章定義では植物工場セクターではなく施設園芸セクターに分類されるが、参考までに、同セクターで世界最大の累計資金調達額を誇るUnicorn企業1社を紹介する。

図表5-26　植物工場のグローバル・ユニコーン企業リスト

セクター名称	企業名	本社	設立(年)	累計資金調達額		ユニコーン分類
				USD M	直近シリーズ	
植物工場	Plenty	米国	2014	961	E	Unicorn
	Bowery Farming	米国	2015	625	C	
	Soli Organic	米国	1989	488	D	
	Dream Greens (AeroFarms)	米国	2004	313	F	
	80 Acres Urban Agriculture (80 Acres Farms)	米国	2015	275	B	
	Oishii Farm	米国	2016	184	B	Next Unicorn
	Freight Farms	米国	2013	56	B	Future Unicorn
施設園芸(参考)	Gotham Greens Farms	米国	2009	435	E	Unicorn

注　：累計資金調達額は2024年10月1日時点
出所：Crunchbaseより、野村證券フード&アグリビジネス・コンサルティング部作成

277

Plenty Unlimited Inc.

独自の「3D垂直アーキテクチャ」を含む数十の特許で全自動工場を運営する、資金調達額で世界最大の植物工場スタートアップ

会社概要
- 所在地　　：570 Eccles Ave, South San Francisco CA
- 代表者　　：Arama Kukurai（CEO）
- 事業内容　：植物工場によるリーフ系野菜生産
- 従業員数　：約280名
- 累計調達額：USD 961 million（シリーズE）

事業沿革
- 2014年：連続起業家等の現取締役会長ら3名（スタンフォードGSB出身）が設立
- 2015年：ワイオミング州ララミーに研究開発施設を開設
- 2017年：サウスサンフランシスコの本社工場にパイロット工場を開設
　　　　　植物工場ハードウェア・スタートアップのBright Agrotechを買収
- 2020年：イチゴ世界最大手のDriscoll'sとイチゴの屋内栽培で戦略提携を発表
- 2022年：Walmartと戦略的な資本業務提携を発表（大規模出資／取締役派遣）
　　　　　バージニア州リッチモンドで世界最大クラスの大規模商業工場建設を開始
- 2023年：商業REITのRealty Incomeと最大10億ドルの工場開発契約を締結
　　　　　カリフォルニア州コンプトンで初の大規模商業工場を開設

事業概要・計画

　植物工場初のユニコーン企業で、AIやロボットを活用した全自動植物工場を開発するサンフランシスコのスタートアップ。本社工場は、室内（4,645㎡）に赤外線カメラを約7,500個、温湿度や二酸化炭素の濃度を測るセンサーを約3.5万個設置し、独自ソフトウェア「Plenty OS」を用いて、LED照明の強さや波長、温湿度など約30種類のパラメーターを作物ごとに最適にコントロール。

　2018年より製品をローンチし、現在はベビールッコラ、ベビーケール、クリスピーレタス、カーリーベビーホウレンソウの4種類。稼働工場（R&D施設含む）は3つで、2024年中にイチゴ栽培などを行う大型商業工場が竣工予定。長期目標は世界主要都市に計500ヵ所の植物工場建設。

日本企業との連携機会

　将来的な日本展開における戦略パートナー候補との連携。

ビジネスモデル・特徴

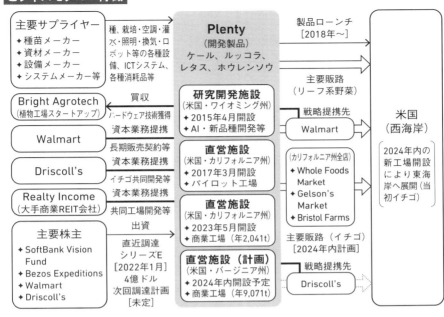

バリューチェーン
（付加価値・差別化）

- 食品小売世界首位のWalmartやイチゴ世界首位のDriscoll'sと戦略的な資本業務提携を行った初の植物工場企業。
- 米国大手REITと最大10億ドルもの工場開発に向けた戦略契約を締結するなど、中長期の成長資金を確保。

イノベーション
（新しい価値創造）

- 風力エネルギーと太陽光エネルギーを組み合わせた再生可能エネルギーを100％使用した持続可能な電力システムを開発。
- 植物学を知らないデータサイエンティストが、700種類もの作物での最適なパラメーターを調整するAIを機械学習で開発。

出所：Plenty HP

Bowery Farming Inc.

米国

独自AI運営システム「BoweryOS」を使い、全自動の大型植物工場を多展開する、事業規模で米国最大の植物工場スタートアップ

会社概要
- 所在地　　：151 W 26th St 12th Floor, New York, NY
- 代表者　　：Irving Fain（Co-Founder & CEO）
- 事業内容　：植物工場によるリーフ系野菜・イチゴ生産
- 従業員数　：約475名
- 累計調達額：USD 625 million（シリーズC）

事業沿革
- 2015年：AIソフトウェア会社を起業しオラクルに1億ドルでEXITした現CEOらが設立
- 2017年：ニュージャージー州に最初のパイロット植物工場を開設
- 2018年：ニュージャージー州に商業ベースの植物工場を開設
- 2020年：メリーランド州に商業ベースの植物工場を開設
- 2021年：ニュージャージー州に植物科学イノベーションハブ「ファームX」を開設
- 2022年：2種類（品種）のイチゴ製品を食品小売店で限定ローンチ開始
  　　　　　3D画像解析とロボット収穫技術を持つスタートアップのTrapticを買収
- 2023年：ペンシルベニア州に商業ベースの大型植物工場を開設

事業概要・計画
　独自開発のAI運営システム「BoweryOS」を用いたフルオートメーションの植物工場で、ロメインレタスやホウレンソウ、ベビーケール、バジル、パセリなど10種類のリーフ系野菜と3種類のサラダキット、2種類のイチゴ、計15製品を栽培・ローンチ済み。リーフ系野菜の小売店頭価格は3.99ドル／パック（113g）。販路は主に全米2,000を超える食品小売店で展開する。

　現在、米国内で5つの工場（うち商業工場は3つ）を運営し、別途、2つの大型商業工場（テキサス州とジョージア州）を建設中。旺盛な需要に対応するため、2024年末までに、新たに3つの工場建設（着工）を計画。イチゴ製品は既存工場の一部での生産のため、供給量は極わずか。将来的にはイチゴやブルーベリーに特化した工場建設も計画。

日本企業との連携機会
　日本またはアジアで、当社と共同展開を希望する企業がいれば検討可能。

ビジネスモデル・特徴

主要サプライヤー
- 種苗メーカー
- 肥料メーカー
- 資材メーカー
- 設備メーカー
- システムメーカー等

→ 種、苗、肥料等
→ 栽培・空調・灌水・照明・換気・ロボット等の各種設備、ICTシステム、各種消耗品等

Bowery Farming
（開発製品）
レタス・ハーブ類、イチゴ

製品ローンチ [2018年〜]

直営施設（米国）
- 全米3州・5工場
- 別途2工場を建設中

（大型植物工場）
- ニュージャージー州
- メリーランド州
- ペンシルベニア州
- テキサス州（建設中）
- ジョージア州（建設中）

（パイロット植物工場）
- ニュージャージー州2ヵ所

（主要販路）
- Whole Foods Market
- AmazonFresh
- Walmart
- Westside Market
- Foragers
- Albertsons
- Ahold Delhaize
- Safeway
- Giant Food
- Stop & Shop
- Baldor Specialty Foods
- Four Seasons

米国

Traptic（新興3Dビジョン・ロボットメーカー）
← 買収　AI技術等獲得

Unfold（種子メーカー）
← 戦略提携　専用種子開発等

主要株主
- Google Ventures
- GGV Capital
- General Catalyst
- Temasek Holdings
- Quiet Capital
- Flybridge
- Amlpo

← 出資
直近調達シリーズC [2022年2月] 840万ドル
次回調達計画 [未定]

第5章 植物工場

バリューチェーン（付加価値・差別化）
- 機械学習やビジョンシステム、ロボット工学、センサー等を駆使したフルオートメーション工場の開発に成功。
- ベース技術が固まり、高い歩留り実績に2,000以上の小売店販路に伸長するなど、業界随一の出荷量と成長を誇る。

イノベーション（新しい価値創造）
- 業界に先駆けて、フルオートメーション工場のスケール化とその横展開に成功（投資コストは新規競合他社の参入障壁）。
- 播種から栽培、収穫、包装の全自動化と独自種子開発、再エネ100%利用、水再循環システム等により、低コスト運営プロセスを開発。

出所：Bowery Farming HP

Soli Organic Inc.

独自の生物学と技術プラットフォームにより、有機土壌ベースの垂直農場「BioFarm」を開発・運営する植物工場スタートアップ

会社概要

- 所在地　　：3453 Koehn Drive. Harrisonburg, VA
- 代表者　　：Matthew Ryan（CEO）
- 事業内容　：植物工場・グリーンハウスによるリーフ系野菜生産
- 従業員数　：約950名
- 累計調達額：USD 488 million（シリーズD）

事業沿革

- 1989年：Office Depot出身のPhilip Karp氏（現President）らが設立
- 1990年：バージニア州ロッキンガムで小規模な屋外ハーブ農場（グリーンハウス）を開設
- 2005年：米国農務省より、「USDAオーガニック認証」を取得
- 2010年：植物工場のR&Dを開始
- 2021年：社名・製品ブランドを「Soli Organic」へ変更し、8つの新型工場建設を発表
- 2023年：新型工場（実質1号工場）がサウスカロライナ州で竣工

事業概要・計画

　自社開発の植物工場「BioFarm」で有機ハーブ類（約30種類）と有機レタス類（6種類）を栽培し、全米50州とカナダの2万を超える食品小売店舗で販売。ハーブ類では全米最大シェア（約35％）を誇る。2010年以降の年平均成長率は約25％で、直近売上高は約1.5億ドル。気候変動や安定供給、フードマイレージ・流通コスト削減の観点から、2000年頃に栽培を屋外から温室へ移管し、2021年には栽培を植物工場へ完全移管することを発表。

　現在、米国で2つの植物工場を含む計9つの栽培施設（全てUSDA認定のオーガニック農場）を運営中。今後、2026年度を目途に米国内で6つの植物工場を新設し、栽培の9割を植物工場へ移管する計画。新設工場は、有機ココナッツ繊維やパーライト（改良用土）など5〜10種類の成分をブレンドした有機土壌混合物による栽培で、ロボットを取り入れた完全自動化工場。各工場の年間出荷量は1,360〜2,268t（屋外栽培の120〜200haに相当）。

日本企業との連携機会

　「BioFarm」のアップデートに資する技術を有する日本企業パートナーとの連携。

ビジネスモデル・特徴

主要サプライヤー
- 肥飼料メーカー
- 食品メーカー
- 設備メーカー
- システムメーカー
- ロボットメーカー
- 専門商社　等

→ 有機ココナッツファイバー、パーライトなどの有機土壌原料

→ 栽培・空調・照明・換気・ロボット等の各種設備、ICTシステム等

Soli Organic
（開発製品）
有機ハーブ・レタス類

製品ローンチ［1990年〜］
物流子会社（Soli Organic Logistics）を通じて配送

直営施設（米国）
- グリーンハウス（7施設）
- 植物工場（2施設）
  - バージニア州
  - サウスカロライナ州
  （出荷量年1,360t）

主要販路
- Walmart
- Whole Foods Market
- Target
- Safeway
- Publix
- Sprouts Farmers Market
- Aldi
- H-E-B
- Meijer
- Food Lion Grocery Store
- Trader Joe's

米国（50州）カナダ

主要株主
- Advantage Capital
- XPV Water Partners
- S2G Ventures
- Middleland Capital
- CDPQ Infra
- DNS Capital
- Skyline Global Partners
- Decennial Group

出資
直近調達
シリーズD
［2022年10月］
1.25億ドル
次回調達計画
シリーズE
［未定］

直営施設（計画）
- テキサス州（2024年内）出荷量年2,268t
- ワシントン州（2025年内）出荷量年1,360t

別途、2026年までに4工場を米国内に建設（着工）予定

バリューチェーン
（付加価値・差別化）

- 植物工場で一般的な水耕栽培ではなく、独自ブレンドの土壌とバクテリアによる有機土耕栽培を商業規模で行う唯一の企業。
- 製品コストは、畑や温室で栽培された有機ハーブと同等か（種類によっては）それ以下の高いコスト競争力を誇る。

イノベーション
（新しい価値創造）

- 値上がりの続く化学肥料が不使用で、有機土壌の95％を再利用する独自の「クローズドループ施肥システム」を開発。
- 植物工場の「テクノロジー」を出発点とせず、長年の施設園芸で培った「生物学」を第一とする開発プロセスを採用。

出所：Soli Organic HP

Dream Greens Inc. (AeroFarms) 米国

「Chapter11」で経営を刷新し、事業を集約し、財務を大幅改善した
米国の植物工場業界を代表するパイオニア・スタートアップ

会社概要
- 所在地　　：212 Rome Street, Newark, NJ
- 代表者　　：Molly Montgomery（CEO代理）
- 事業内容　：植物工場によるマイクログリーン野菜生産
- 従業員数　：約350名
- 累計調達額：USD 313 million（シリーズE）

事業沿革
- 2004年：Rosenberg氏（現顧問）、Oshima氏（CMO）、Harwood氏（CSO）が設立
- 2021年：Cargillとカカオ生産、NokiaとAI画像センシングの各共同研究契約を締結
　　　　　SPACスキームでNASDAQ市場への上場申請（半年後に申請を撤回）
- 2022年：バージニア州ダンヒルで完全自動化工場を開設
　　　　　Whole Foods MarketとAmazon Freshへの製品供給を全米全店舗に拡大
　　　　　アブダビ大手食品企業Silalやカタールフリーゾーン庁との提携を発表
- 2023年：サウジアラビアの公共投資基金（PIF）と合弁事業契約を締結
　　　　　アブダビに世界最大のR&D専用植物工場「AeroFarms AgX」を開設
　　　　　連邦破産法11条（Chapter11）の適用申請（6月）。再建プロセスの完了（9月）
　　　　　Abu Dhabi Investment Office等から7,077万ドルを調達

事業概要・計画
　2004年設立の米国植物工場の草分け的な存在。2021年からマイクログリーン（現6種類）に製品を絞り、全米で2,000以上の食品小売店を中心に製品展開。

　2023年6月にChapter11を申請し、①創業CEOの退任、②商業生産を（収益性の高い）バージニア州の最新工場へ集約、③当工場や関連資産を既存投資家が設立したAF NewCoへ譲渡などの再建プランをまとめた。同年9月、当プランの承認が債権者や破産裁判所から得られ、再建プロセスは3か月で完了。バランスシートは大幅に強化され、2024年中の黒字転換を計画。

日本企業との連携機会
　中長期的な「第六世代」以降の工場の技術開発に向けた各分野での連携機会。

ビジネスモデル・特徴

```
主要サプライヤー              AeroFarms              製品ローンチ
・種苗メーカー    種、栽培・空調・灌    （開発製品）    ［2015年～］
・資材メーカー    水・照明・換気・ロ   マイクログリーン   （主要販路）
・設備メーカー    ボット等の各種設                       戦略提携先
・システムメーカー等  備、ICTシステム、                   ・Whole Foods
                各種消耗品等        運営施設             Market
                                   （米国）             ・Amazon Fresh    米国
Nokia Bell Labs  資本業務提携
                AI画像センシング等   （商業工場）         （その他主な販路）
                                  ・バージニア州         ・The Fresh
Cargill／AB-InBev等 資本業務提携     ・2022年開設          Market
                カカオ・穀物開発等   ・日産3.3t以上        ・Ahold Delhaize
                                  ・完全自動化          ・Harris Teeter
 主要株主        出資                                   ・H-E-B
・Abu Dhabi                       （研究開発工場）       ・Walmart 等
 Investment Office 直近調達        ・ニュージャージー州
・Grosvenor Food & シリーズ不明     ・アブダビ  等
 AgTech         7077万ドル
・Ingka Group                   工場や関連資産の賃貸    戦略提携先
・GSR Ventures   次回調達計画           ↑              アブダビ、サウジア
・Cibus Fund    ［未定］                               ラビア、カタールの    中東
・21 Ventures                   AF NewCo Inc.          政府・民間企業等   （アブダビ等）
                              (Chapter11後に既存株主が設立)
```

バリューチェーン
（付加価値・差別化）

○ 植物科学者や栽培者、栄養士、シェフで開発される製品の消費者や小売店の評価は、Chapter11の適用前でも後でも、著しく高い。
○ Chapter11によって、外部から経営メンバーが多数参画し、事業は収益性の高い工場に集約され、財務は改善。

イノベーション
（新しい価値創造）

○ 植物の根を常時溶液に浸さず、噴霧供給する特許栽培技術「Aeroponics」を開発。最小限の溶液で品質向上と節水を実現。
○ 工場内を自動飛行するドローンが画像センシングしてAI管理。播種から包装までの100％完全自動の工場（第五世代）を開発。

出所：AeroFarms HP

80 Acres Urban Agriculture Inc. (80 Acres Farms) 米国

国際的なテクノロジー企業各社との戦略提携で共同開発したプラットフォームで、トマトやサラダキットも製品化する植物工場スタートアップ

会社概要
- 所在地　　：345 High Street Hamilton, OH
- 代表者　　：Mike Zelkind（Co-Founder & CEO）
- 事業内容　：植物工場によるリーフ系野菜・トマト等生産
- 従業員数　：約350名
- 累計調達額：USD 275 million（シリーズB）

事業沿革
- 2015年：大手食品業界で長年の経営経験を持つ2名（現CEOと現子会社CEO）が設立
- 2016年：施設園芸の複合環境制御システムで世界最大手Privaと業務提携
- 2017年：オハイオ州シンシナティで初の商業工場を竣工。葉物野菜やトマト出荷開始
- 2019年：Priva、英国食品EC最大手Ocadoと3社で合弁会社Infinite Acres設立
　　　　　オハイオ州ハミルトンに初の全自動商業工場を竣工（トマトやハーブなど栽培）
- 2022年：ジョージア州コビントンに全自動工場の投資発表（2024年竣工予定）
- 2023年：3種類のサラダキット（カット野菜とトッピングのセット）製品をローンチ
　　　　　多国籍企業のSiemens、Signify、Delphyの3社と戦略提携を発表
　　　　　米国食品スーパー最大手・Krogerと戦略パートナーシップ締結
　　　　　ケンタッキー州フローレンスに2ヵ所目となる全自動商業工場を竣工

事業概要・計画
　完全子会社であるオランダのInfinite Acres（当社共同創業者がCEO）が開発するロボットや全自動運営システム「Infinite Acres Loop」を用いた植物工場を運営し、主にマイクログリーンやハーブ、チェリートマト、サラダキットなどを栽培・製造・販売する。
　現在稼働している工場（子会社含む）は米国で7ヵ所、オランダで2ヵ所（いずれも子会社R&D施設）。2024年内にジョージア州で1.2億ドルを投資して、全自動商業工場としては3ヵ所目となる大型商業工場が開設予定。今後は西海岸への工場建設を計画。

日本企業との連携機会
　自動化やロボティクス、ロジスティクスの各分野で連携可能な企業探索。

ビジネスモデル・特徴

- 施設園芸で世界トップクラスの技術と実績、データを持つPrivaが同社植物工場部門を移管し当初より共同参画。
- また、Ocadoのロボット・自動化技術やSiemensの電機・IT技術を用いて、他社でも珍しいトマト製品もローンチ済み。

- 会社名は、当社の第一号工場に由来。工場面積1/4エーカーで、屋外農場80エーカーに相当する生産力の高い植物工場を開発。
- 業界に先駆けて、果菜類であるトマト製品を開発し、2017年より食品小売店でローンチ済み。

出所：80 Acres Farms HP

Oishii Farm Corporation

日本の農業技術をベースに独自の栽培方法と受粉技術を磨き、世界で初めてイチゴの安定量産化に成功した植物工場スタートアップ

会社概要
- 所在地　　：101 Linden Avenue East Jersey City NJ
- 代表者　　：Hiroki Koga（Co-Founder & CEO）
- 事業内容　：植物工場によるイチゴ生産
- 従業員数　：約200名
- 累計調達額：USD 184 million（シリーズB）

事業沿革
- 2016年：大手コンサルファーム出身の現CEOとSomerville COOが共同設立
- 2018年：ニュージャージー州に小規模工場を開設。高級レストランへ製品ローンチ
- 2020年：直販サイトでDtoC事業開始。老舗高級スーパー・Zabar'sで製品ローンチ
- 2021年：資金調達ラウンド（シリーズA）で5,000万ドルを調達
- 2022年：ニュージャージー州にイチゴ専業では世界最大の大規模工場を開設
　　　　　大手高級スーパーWhole Foods Marketでの製品ローンチを開始
- 2023年：イチゴの新製品（最新品種）「The Koyo Berry」をローンチ開始
　　　　　工場の完全自動化に向けて安川電機と資本業務提携を発表
　　　　　フルーツトマト製品「Rubi Tomato」をWhole Foods Marketでローンチ開始
- 2024年：資金調達ラウンド（シリーズB）で1.3億ドルを調達

事業概要・計画
　日本人経営者が米国で共同創業した植物工場業界の著名スタートアップ。日本の品種を使った完全無農薬のイチゴ製品は、開発当初より米国のスターシェフや著名人に高く評価され、2022年5月の大規模工場「Mugen Farm」竣工後に満を持して、Whole Foods MarketやFreshDirectなどの大手食品小売店等へ本格展開。現在ローンチ済みのイチゴ製品は「Omakase Berry」と「Koyo Berry」の2種類で、小売価格は1パック（6-11個）あたり9.99～14.99ドル。今後は、「需要過多」を改善するために生産キャパシティを拡大する他、工場の完全自動化を計画する。製品ではイチゴやトマトの新品種開発に加え、その他の新たな作物開発も計画。

日本企業との連携機会
　工場の運営や展開、製品流通等においてシナジーのある日本企業との連携。

ビジネスモデル・特徴

主要サプライヤー
- 種苗メーカー
- 資材メーカー
- 設備メーカー
- システムメーカー等

種、栽培・空調・灌水・照明・換気・ロボット等の各種設備、ICTシステム、各種消耗品等

Oishii Farm
（開発製品）
イチゴ、トマト

直営施設（米国）

（小規模工場）
- ニュージャージー州
- 2018年開設

（中規模工場）
- ニュージャージー州
- 2020年開設

（大規模工場）
- ニュージャージー州
- 2022年開設

旺盛な需要に応えるため、生産キャパシティの拡大を計画。

安川電機 ─ 資本業務提携 ─ 工場の自動化ソリューション開発等

主要株主
- Mirai Creation Fund Ⅱ
- Sony Innovation Fund
- PKSHA
- Social Starts
- Yasukawa Electric
- Mizuho Bank

出資
直近調達シリーズB
[2024年2月]
1.3億ドル
次回調達計画[未定]

（レストラン）製品ローンチ [2018年〜]
（DtoC：自社サイト）製品ローンチ [2020年〜]
（食品小売店）製品ローンチ [2020年〜]
- Whole Foods Market
- FreshDirect
- Citarella
- The Food Emporium
- Weserly Natural Market
- Mitsuwa Marketplace
- Dainobu
- Zabar's 等

米国（東部エリア）

バリューチェーン（付加価値・差別化）
- 高い精度の受粉技術（95％超）と製品歩留り（糖度11-15度）。
- 独自のマーケティング戦略と先行者利得で高い製品ブランド力とオンリーワンの業界ポジションを構築。生産キャパシティの拡大と完全自動化にも着手し、同製品を開発中の競合他社を凌駕。

イノベーション（新しい価値創造）
- 栽培サイクルが長く最も栽培が高度な作物といわれるイチゴを、ハチによる自然受粉を用い、世界で初めて安定量産化に成功。
- フードマイレージが極端に長く品質も限定的な米国のイチゴ市場において、全く新しい製品プロセスと製品市場を創造。

第5章 植物工場

出所：Oishii Farm HP

Freight Farms, Inc.

40フィート輸送コンテナを改造し開発した植物工場を世界41ヵ国（米国50州含む）に輸出するコンテナ型植物工場のパイオニア

会社概要

- 所在地　　：20 Old Colony Ave, Boston, MA
- 代表者　　：Rick Vanzura（CEO）
- 事業内容　：コンテナ型植物工場の開発
- 従業員数　：約55名
- 累計調達額：USD 56 million（シリーズB）

事業沿革

- 2013年：McNamara氏（現President）とFriedman氏（現COO）が共同設立
  　　　　　初のコンテナファーム（植物工場）「Leafy Green Machine」をローンチ
- 2014年：植物工場の自動設計・遠隔管理ソフトウェア「Farmhand」をローンチ
- 2019年：第二世代のコンテナファーム「Greenery」をローンチ
- 2021年：次世代型のコンテナファーム「Greenery S」と「Farmhand 2.0」をローンチ
- 2023年：トロント証券取引所のSPAC上場に向けAgrinam Acquisitionと経営統合契約を締結

事業概要・計画

　「どこでも誰でも食料生産を可能に」を使命に、40フィート・コンテナを改造して、レタス・ハーブ類や花卉等を生産可能な植物工場「Greenery」を開発。30㎡弱のコンテナ内は、育苗や包装等を行うマルチスペースと生育スペースに分けられ、年間2-6tの野菜類を生産可能（農地換算で1.0-1.5haに相当）。作物ごとに事前設定された「レシピ」に基づき、播種と収穫以外の生育作業を完全自動化。遠隔管理ソフトウェア「Farmhand」でリアルタイムのモニタリングや操作が可能。現在、世界41カ国（米国50州含む）で600台以上が稼働済み。最新機種「Greenery S」の製品価格は14.9万ドル（輸送・設置コスト除く）で、Farmhandの利用料は年間2,400ドル（2台目以降は半額）。2023年の売上高は約2,200万ドル（コンテナ販売91％、ソフトウェア利用料4％、消耗品販売5％）。2023年11月、トロント証券取引所上場の特別買収目的法人Agrinam Acquisitionとの経営統合契約を締結し、2024年中の統合完了を予定。統合後の新社名は当社名となり、最終契約書に記載の推定時価総額は1億4,700万ドル。

日本企業との連携機会

　植物工場やソフトウェア各製品のアップデート、日本展開に資する企業との連携機会。

ビジネスモデル・特徴

主要サプライヤー
- 種苗メーカー
- 資材メーカー
- 設備メーカー
- システムメーカー等

→ 種、栽培・空調・灌水・照明・換気・ロボット等の各種設備、ICTシステム、各種消耗品等 →

Freight Farms
（開発製品）
コンテナ型植物工場

コンテナ型植物工場「Greenery」

（製品開発コンセプト）
「どこでも誰でも食料生産を可能に」するコンテナ型植物工場

（販売顧客）
農家、企業、学校、病院、自治体等

（販売製品・サービス）
- コンテナ型植物工場「Greenery / Garden」（3分の1規模）
- 遠隔管理ソフトウェア「Farmhand」
- 栄養素等消耗品

Cabbige（ICTスタートアップ） — 買収／アプリケーション獲得

Sodexo — 戦略提携／全米の学校展開等

Arcadia Local Line 等 — 戦略提携／ソフトウェア連携等

主要株主
- Aliaxis Group
- Ospraie Ag Sciences
- Spark Capital
- LaunchCapital
- Stage 1 Ventures
- Morningside Group

出資／直近調達 シリーズB［2022年11月］4,270万ドル／次回調達計画［2024年IPO時］

製品等ローンチ［2014年〜］
- コンテナ販売
- システム提供
- 消耗品販売

→ **米国（50州）**

栽培管理・支援チーム
ボストン本社内

遠隔等支援

製品等ローンチ［2015年〜］

各戦略パートナー → **海外 40ヵ国**

バリューチェーン（付加価値・差別化）
- 日本を含む各国で新規参入が相次いだ「コンテナ型」植物工場において、国内外で商業出荷を継続する世界唯一の企業。
- 安価な価格設定で新規参入の間口を広げ、顧客と当社によるコンテナデータのデュアル管理体制で継続性を担保。

イノベーション（新しい価値創造）
- 顧客である小規模農家や企業等の「営利」需要の他、学校や病院、自治体等の「非営利」需要をそれぞれ開拓。
- コンテナ販売とその後の管理サービス（消耗品販売含む）で「薄く長く」稼ぐ収益モデルを開発（競合他社と差別化）。

出所：Freight Farms HP

Gotham Greens Farms LLC

独自開発のハイテク・グリーンハウスを全米の都市近郊に展開する
資金調達額で世界最大の施設園芸スタートアップ

会社概要

- 所在地　　：810 Humboldt St, Brooklyn, NY
- 代表者　　：Vira Puri（Co-Founder & CEO）
- 事業内容　：グリーンハウスによるリーフ系野菜生産
- 従業員数　：約850名
- 累計調達額：USD 435 million（シリーズE）

事業沿革

- 2009年：現CGO（Chief Greenhouse Officer）の技術をベースに現CEOと現CFOが設立
- 2011年：NYブルックリンの商業ビルの屋上に当社初のグリーンハウスを開設
- 2013年：NYブルックリンのWhole Foods Market店舗の屋上にグリーンハウスを開設
- 2015年：イリノイ州・シカゴに大規模グリーンハウス（当時世界最大）を開設
- 2019年：イリノイ州、ロードアイランド州、メリーランド州に大規模グリーンハウスを開設
- 2020年：コロラド州・デンバーに大規模グリーンハウスを開設
- 2022年：バージニア州で大規模グリーンハウスを運営するFreshH2O Growersを買収
資金調達ラウンド（シリーズE）で3.1億ドルを調達
- 2023年：コロラド州、ジョージア州、テキサス州で大規模グリーンハウスを開設

事業概要・計画

　独自開発のハイテク・グリーンハウスでリーフ系の野菜を栽培。「当社グリーンハウスから車で24時間以内に、米国全土の消費者の9割に生鮮農産物を届ける。」をビジョンに、全米9つの州の都市または都市近郊に13のグリーンハウスを展開（総面積は約16.5ha）。
　製品はグリーンリーフやロメインレタス、バジルなどのリーフ系野菜を約12種類、加工品3種類（サラダドレッシングやクッキングソース、ディップソース）を栽培・製造し、主に全米6,500以上の食品小売店舗でローンチ済み。売上高は2億ドルを超え、既に黒字化。
　2024年以降も、引き続き、米国内で大規模グリーンハウスを開発し、早期のビジョン達成を図る。

日本企業との連携機会

　グリーンハウスの技術や運営、流通面などにおいて協業可能な日本企業との連携。

ビジネスモデル・特徴

```
主要サプライヤー              Gotham           製品ローンチ
 ◆ 種苗メーカー    →種、苗、肥料等  Greens Farms    [2011年～]
 ◆ 肥料メーカー   →栽培・空調・灌    (開発製品)
 ◆ 資材メーカー    水・照明・換気・  レタス・ハーブ類
 ◆ 設備メーカー    ロボット等の各
 ◆ システムメーカー等  種設備、ICTシ                  (主要販路)
                   ステム、各種消      直営施設     ◆ Whole Foods
                   耗品等            (米国)        Market
                                ● 全米9州・13施設  ◆ Kroger
主要株主                          ● 面積合計16.5ha  ◆ Sprouts Farmers
 ◆ Silverman Group  出資         (都心屋上施設)     Market     米国
 ◆ Manna Tree     →直近調達       ◆ ニューヨーク州3施設 ◆ Albertsons
 ◆ NYSERDA        シリーズE                       ◆ Target
 ◆ Kimco Realty   [2022年9月]   (都心近郊大規模施設) ◆ FreshDirect
 ◆ Rock Creek      3.1億ドル     ◆ イリノイ州2施設   ◆ AmazonFresh
 ◆ BMO Capital    次回調達計画    ◆ ロード・アイランド州 ◆ Safeway
   Markets        [未定]         ◆ メリーランド州    ◆ Harris Teeter
 ◆ Creadev                       ◆ コロラド州 2施設  ◆ Choice Market
 ◆ Ares Management              ◆ バージニア州     ◆ Tony's Fresh
 ◆ Common Fund                   ◆ ジョージア州      Market
                                ◆ テキサス州
```

バリューチェーン
(付加価値・差別化)

- グリーンハウスを大規模に展開する企業は多いが、当社のように売上高が2億ドルを超え、かつ黒字化している企業はほぼ皆無。
- 従来農場と比較すると、エーカー（約0.4ha）当たりのレタス収量は35倍、使用する水は△95%、電力は100%再生可能エネルギー。

イノベーション
(新しい価値創造)

- 全米で初となるニューヨークの都心ビルの屋上にグリーンハウスを数ヵ所開設するなど、経営ビジョンを象徴する施設を開発。
- 「地産地消」の農産物の安定調達を希望する大手食品小売店に向けて、次々に各エリア内で大規模グリーンハウスを建設。

出所：Gotham Greens Farms HP

第5章 植物工場

第6章

先端養殖
ファーム・プラットフォーム

──デジタル技術を駆使した「水産業の工業化」で、
海洋汚染防止&生物多様性保全、
気候変動抑制などの社会課題に挑む
フィッシュテック・セクター

1 概要

(1) 水産物のグローバル需給

　日本の水産物需要（1人当たり年間需要量）は過去50年で約3割減少したが、世界全体ではほぼ倍増した。特に開発途上国での増加が目覚ましく、例えば中国で約7倍、インドネシアで約4倍となった（**図表6-1**）。今後も世界人口の増加が確実視される中、水産物需要は増加の一途を辿ることが見込まれる。

　しかし、世界の水産資源は既にほぼ適正な漁獲量の状態にあり、これ以上の供給を増やすことは難しい。1990年後半から、漁獲に代わり世界の水産物の需要増加を支えてきた養殖への期待が高まるが、河川や湖沼で行う内水面養殖や沿岸部で行う沿岸養殖は、既に開発余地が乏しい。水産物は開発途上国の経済発展による成長余地が大きいが、供給面に制約があるのが現状だ。このような背景から、水産業の持続可能な発展に寄与する技術開発が注目されている。

図表6-1　世界の水産物需要（1人当たり年間需要量）の推移

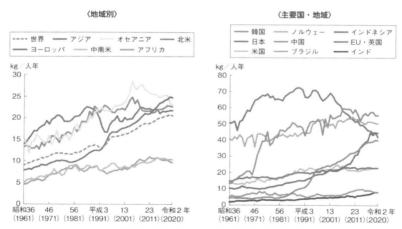

資料：FAO「FAOSTAT (Food Balance Sheets)」（日本以外）及び農林水産省「食料需給表」（日本）に基づき水産庁で作成
注：1）粗食料とは、廃棄される部分も含んだ食用魚介類の数量。
　　2）中南米は、カリブ海地域を含む。

出所：水産庁

（2）水産養殖のグローバル生産量

　世界の養殖生産量（2022年）は13,092万tであるが、そのうち3,650万tは寒天原料などに使う海藻類であり、魚介類のみの養殖生産量は9,283万tとなる。同年の漁獲生産量は9,229万tであり、養殖がわずかに漁獲を上回る。ただし、これまで世界の魚介類の需要増を支えたのは養殖である。実際、1980年から2022年までの漁獲生産量の伸びは35％増だが、同期間の養殖生産量（海藻類除く）の伸びは1,866％増に達した。天然資源の枯渇が叫ばれる中、今後も養殖が世界の旺盛な水産物需要を支えていくことを期待したいが、1997年以降は養殖生産量の成長率は低下してきている（**図表6-2**）。これは河川や湖沼、沿岸海域など既存の養殖適地での拡大が既に限界に達してきているためであり、その意味で陸上養殖（閉鎖循環式陸上養殖；Recirculating Aquaculture System：RAS）や外洋養殖の成長に期待が集まる。

図表6-2　世界の漁獲生産量と養殖生産量の成長率（対前年比）推移

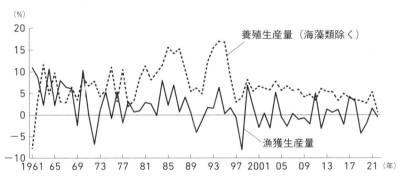

出所：FAO Fish statより野村證券フード＆アグリビジネス・コンサルティング部作成

　さて、世界の養殖生産量を種類別で見てみると、首位はエビで全体構成比の12％を占める。続いて、レンギョ（9％）、ソウギョ（8％）、ティラピア（7％）、コイ（4％）、サーモン・トラウト（5％）が並ぶ（**図表6-3**）。

　レンギョやソウギョ、コイは、中国で伝統的に生産されている魚種であり、中国農村部を中心に粗放養殖され、水田農業と一体化して生産されている。これらの魚種は同じ池で養殖されており、草を餌とするソウギョに刈り取った雑

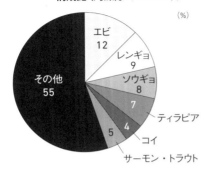

図表6-3　世界の養殖生産量の魚種別構成比（海藻除く 2022年）

（％）
- エビ 12
- レンギョ 9
- ソウギョ 8
- ティラピア 7
- コイ 4
- サーモン・トラウト 5
- その他 55

出所：FAOSTATより野村證券フード＆アグリビジネス・コンサルティング部作成

草を与えると、その糞を栄養に発生したプランクトンをレンギョが食べ、発生した巻貝などはコイが食べるという、非常に効率的な養殖法となっている。しかも、これらの魚は病気に強く、薬品などの使用も限定的である。

ティラピアは、アフリカ原産の魚で淡水養殖だが、養殖池で給餌を行って生産されている。ティラピアは美味でかつ非常に養殖しやすい魚である。東南アジアで盛んに養殖されており、増加しつつある東南アジアやアフリカ、インドでのタンパク源として注目されている。

（3）水産養殖のグローバル課題

現在、養殖の主流は内湾などの沿岸養殖と河川、内陸の池などを使った内水面養殖である。しかし、沿岸養殖と内水面養殖の適地はほぼ使い切っており、他の用途とも競合してきている実態もあり、開発余地が少なくなっている。

また、養殖の課題として、東南アジアのエビ養殖池を作るためにマングローブ林を切り開くなどの環境破壊をはじめ、干潟などの生物多様性保全の重要地かつ炭素貯留源の破壊、残餌による海洋汚染などが挙げられる。

さらに、近年はこれまでの大量の飼料と薬品を使う養殖法が見直されつつあり、自然の中に種苗を放して養殖する粗放養殖が注目されている。しかし、粗放養殖は単位面積当たりの生産性が低いことも課題である。

（4）水産養殖の有望テーマ

まず、有望魚種はエビとサーモン・トラウトである。両魚種ともに需要が増加傾向にあり、養殖生産量が多く、かつ生産適地が限定されている。沿岸養殖と内水面養殖では、今後水質汚染などが懸念されており、RASや給餌の効率化

など、テクノロジー開発と普及が重要である。

　また、開発途上国向けのビジネスとしては、ティラピアやナマズなどの淡水魚養殖の効率化や販売プラットフォームが既に普及しつつある。インドネシアのUnicorn企業である**PT Multidaya Teknologi（eFishery）**は、この分野のパイオニアである。

　先進国では、厳しい環境規制でRASを用いた地産地消によるサーモン・トラウトやエビの養殖の増加が見込まれる一方、開発途上国では生産者の所得向上に向けて、従来の養殖業にICT技術を被せる流れが加速していくであろう。

（5）先端養殖の注目サブセクター

　先端養殖ファーム・プラットフォームで注目するサブセクターは、（1）陸上養殖（RAS）、（2）養殖管理システム、（3）外洋養殖（オフショア養殖）である。共通しているのは、養殖業の持続可能性向上への対応である。

2 グローバル事業動向

（1）陸上養殖（RAS）

　RASは広義では、養殖施設内で使用した水をろ過して再循環させる「閉鎖循環式」と、使用水を海へ放出する「かけ流し式」の2通りがあるが、本書では、持続可能な水産業に資する閉鎖循環式のみをRASと定義する。

　RASは、魚の排泄物由来の毒物（窒素化合物）を完全に無毒化（脱窒ろ過）することで、換水がほぼ必要ない養殖ファームである。これは水資源利用率がほぼ9割以上、かつ排泄物は二酸化炭素と窒素に分解され、安全に処理されていることを意味する。加えて、閉鎖環境であるために寄生虫や病気発生のリスクも低く、よって抗生物質などの薬剤の使用もほぼない。このように、RASは環境負荷が低く、食の安全・安心にも貢献する技術である。

　RASは長らく研究されてきたが、技術的なハードルが高く、近年になってようやく実用化フェーズに移行しはじめた技術である。RASの実用化は、主に2つの技術がポイントになる。

1つ目は、人工海水技術の普及である。水族館や家庭用アクアリウム向けに開発された人工海水は、海から離れていても海水魚を飼育・養殖することを可能とした。2つ目は、脱窒ろ過技術の実用化である。一般的に水族館やアクアリウムで使われるろ過装置は好気ろ過（硝化）といい、酸素を必要とする微生物に魚の老廃物を食べさせて処理するもので、比較的容易であった。しかし、好気ろ過では完全に老廃物を除去することはできず、どうしても魚に有毒な硝酸が蓄積する欠点があった。この硝酸の蓄積が換水を必要とする理由であり、好気ろ過システムが高コストの要因でもあった。そのような理由からRASは一般的に好気ろ過やかけ流し式だったが、これは魚の老廃物や残餌がそのまま、または完全処理されていない状態で排出されるので環境影響が大きく、持続不可能な養殖法であった。

　脱窒ろ過は、好気ろ過で分解できない硝酸を、脱窒菌という化学合成菌（第4章のSCPの項参照）を使って無害な窒素ガスと水に分解するろ過技術である。古くは1989年にモナコ水族館で採用されたモナコシステム、脱窒を含めて別の原理を採用したベルリンシステム（ベルリン水族館）、スミソニアンシステム（スミソニアン博物館）などで実用化されていたが、脱窒に使う微生物は嫌気性といって酸素がない状態でなければ脱窒を行わない性質があった。このため、好気性微生物を使う好気ろ過と嫌気性微生物を使う脱窒ろ過は両立が難しかった。また、モナコシステムなどのシステムは、アクアリウムには利用できたものの、ろ過システムが大型の割に処理能力が低く、飼育密度を上げにくかったため、商業的な養殖に利用するには不向きなシステムであった。技術革新により、脱窒システムという形でユニット化できたことが、RASの事業化に向けた大きなカギとなっている。

　RASのシステムは、水資源の有効利用と海洋・河川環境保全の目的で、脱窒まで行うことで水利用効率を劇的に高めている。半面、好気ろ過と脱窒ろ過は全く性質の異なる微生物を活用する必要がある。そのため、一般的に硝化槽と脱窒槽が分かれた構造となっている（**図表6-4**）。RASは、①小さい面

図表6-4　陸上養殖のシステム概要

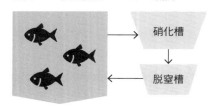

出所：FRDジャパンHP

積で効率的に生産が可能、②水資源のリサイクル率が高く水質汚染を最小化できる、③大規模消費地に近い場所で生産可能であり、フードマイレージが削減できるなどの利点がある。昨今では、特に先進国におけるサーモン・トラウト類の生産計画が着々と進められている。

サーモン・トラウトが注目を集める中、養殖生産量で首位であるエビのRAS研究も行われている。エビは病気の問題解決が難しく、現在は研究段階に留まるものの、近い将来、技術のブレークスルーが起こるものと考える。

RASの欠点は、電力消費量が大きいことである。クリーンエネルギーの利用など、温室効果ガス（GHG）削減策が求められている。

（2）養殖管理システム

養殖管理システムは、各種センサとAIで生け簀などのモニタリングと情報処理を行い、養殖の大幅な省力化に寄与するソリューションである。ここには水産物のトレーサビリティシステムや、販売プラットフォーム、金融プラットフォームなども含まれる。

養殖管理システムは大きく分けて2種類ある。1つは先進国で行われている高度管理された海面養殖や外洋養殖といった巨大プラットフォームの管理を行うシステムで、RASもこれに含まれる。これらのシステムは精密な給餌や魚群の管理、病害の予防などの高い機能が求められている。生産管理の面からは、養殖池のバイオマス量の測定も重要である。大規模養殖向けのシステムはノルウェーなどの大規模養殖業者のシステムを開発した欧州企業が多く、スタートアップ企業では米国のInnovaSea Systemsなどが著名である。

もう1つの養殖管理システムは、上記とは逆に、主に開発途上国の中小規模の生産者をターゲットにしたものだ。特徴は、安価な利用料で、資材販売や養殖池管理、販売などの各プラットフォームをスマートフォンアプリ形式で提供している。開発途上国では、粗放な養殖で生産した水産物が重要なタンパク源となっている例も多いが、これらの養殖では餌のやりすぎによる水質汚染などが起こる。安価な自動給餌装置はこうした非効率な肥育を改善し、資材の購入や生産物の販売、さらには小口金融まで提供することで中小規模の生産者に広く支持されている。この分野のフロントランナーは、上述したインドネシアの

PT Multidaya Teknologi（eFishery）である。

　日本の養殖管理システムでは、スタートアップ企業のウミトロン（東京）などが著名である。持続可能な水産養殖向けのセンサと高度管理システムを開発・提供し、魚の死亡率を含む各種データ取得、最適な自動給餌を可能としている。

図表6-5　ウミトロンの養殖管理システム

出所：ウミトロンHP

（3）外洋養殖

　外洋養殖は、海面が荒れやすいなどの理由で敬遠されていた外洋で建設される、強固で自動化された大規模な養殖ファームをいう。外洋の高波や漂流物と衝突しても破損しない強健さが必要なため、巨額の設備投資が必要となる。また、開放系での養殖であるため、環境規制等により、認可が必要などの運営面でのリスクも高い。

　しかし、これまで利用していない海域を新たに活用する取り組みであり、RASよりも製品単位当たりエネルギー消費が少なく、かつ水質汚染や遺伝子汚染リスクが沿岸養殖よりも相対的に少ない。また、航行する船舶にも影響を与えにくい。

　外洋養殖は、様々な用途がある沿岸域とは異なり、外航船の航行以外は競合がない。また、水質が良く、野生生物の生育密度が低いので養殖による水質悪化の悪影響や遺伝子汚染リスクを生態系に与えにくいなどの利点がある。さらに、沿岸域の漁業権の影響も受けにくい。筆者は今後の外洋養殖の市場成長に

期待している。

ノルウェーの大手サーモン養殖会社であるSalMarは、2018年に試験的に外洋養殖プラットフォーム「Ocean Farm 1」を竣工させた（**図表6-6**）。その試験運用結果が良好なため、現在、より大型の「Ocean Farm2」を計画中である。Ocean Farm 1は、ノルウェーの石油プラットフォームや軍事企業が参画した一大プロジェクトであり、氷山の衝突にも耐え得る堅牢さを持つ直径110mの巨大生け簀に、150万匹のタイセイヨウサケ（アトランティックサーモン）を養

図表6-6　SalMarの外洋養殖ファーム「Ocean Farm 1」

出所：SalMar HP

殖可能な生け簀である。また、管理は高度に自動化されており、わずか2名の作業員が、生け簀内のモニターが並ぶオペレーションルームで、給餌作業や魚群の状況モニタリング、海流等の条件に応じた対応を遠隔で操作している。

ノルウェーのように、このような大規模投資が可能なほどに資本が統合されている水産養殖業に世界でも稀である。ノルウェーの養殖業では、生産量と出荷量が正確に管理され、工業製品のように出荷されている。RASのように閉鎖環境で管理しているわけではなく、海洋で養殖しているにもかかわらずこのような管理が可能なことは、各種モニタリングシステムと徹底した自動化による賜物である。

しかし、外洋養殖には逆風も吹いている。同じくノルウェーの大手水産養殖会社であるNordlaksは、2020年に移動式超巨大外洋養殖プラットフォーム「Havfarm 1」を進水させた（**図表6-7**）。Havfarm 1は、年産1万tの生産能力を持つ全長

図表6-7　Nordlaksの外洋養殖ファーム「Havfarm 1」

出所：Nordlaks HP

385mのタンカー型の養殖システムであり、英国のRolls-Royce（スラスター（船舶推進装置））やドイツのSiemens（給電・自動化システム）などの欧州の主要ハイテク企業が参画している。建造費は10億ノルウェークローネ（約141億円）の巨大プロジェクトであった。しかし、想定よりも魚の死亡率が高かったこともあり、2021年にノルウェー政府からライセンスが却下される憂き目にあっている。また、2023年6月にはノルウェー政府がサーモン・トラウト養殖業者に、資源賃貸税として40％の課税を決定した。課税率はのちに35％まで引き下げられたものの、海洋での養殖自体に欧州で逆風が吹いていることは間違いない。

欧州や米国では今後、RAS以外に水産養殖の拡大は厳しくなっていくことが予想される。一方、重要なタンパク源である水産物の需要は増加を予想する。サブセクター内ではRASが最も拡大の可能性があると考えるが、水資源の制約を考慮すると、RASの拡大も限界が存在する。また水産養殖全体の様々な制約を考慮すると、圧倒的に利用可能面積が大きい外洋海面養殖[1]も一定の成長ポテンシャルがあると考える。

3 グローバル市場展望

水産養殖のグローバル市場は、新興国の経済成長と人口爆発の2つの要因を背景に、堅実な成長を見込んでいる。水産物は重要なタンパク源であるものの、世界の海産物は過剰採取の状況にあり、漁獲高が減ることはあっても拡大は難しく、海面養殖と内水面養殖（湖沼・河川）が増加すると考えている。

しかしながら、ノルウェーの水産養殖規制強化が示すように、海面養殖は環境負荷が大きく、無限に拡大できるものではない。拡大余地はまだあるものの、適地も限られている。そのため、先進国では大消費地（大都市）近郊にRAS施設を建設する流れが予想される。

一方、開発途上国のように、増加する人口と経済発展により、安価で効率的なタンパク質供給需要が伸びる地域もある。こうした地域では、内水面を中心

---

1) Mapping the global potential for marine aquaculture（2020.14 August, Nature）では、魚類に関しては1,140万平方km、二枚貝に関しては150万平方kmが外洋養殖のポテンシャルであり、2050年に2020年比で4,400万tの養殖量増産が可能と試算されている。

に粗放水産養殖が拡大していくことになり、淡水や汽水性のエビ、淡水魚（四大家魚、ティラピア）を中心とした内水面養殖の拡大を予想する。環境破壊や給餌の効率化（コスト削減）、販売などを適切に行う必要があり、ここには養殖管理システムの普及が見込まれる。

このように、先端養殖ファーム・プラットフォームでは、先進国のフードマイレージ削減と環境規制に対応したRAS、養殖分野での残り少ないフロンティアである外洋養殖、そして、開発途上国での生け簀養殖の環境負荷軽減と養殖業者の所得向上を目的とした養殖管理システムの3つの事業機会があると考える。

そのような市場展望の下、RASと外洋養殖、養殖管理システムの市場規模予測を行いたい。まず、2023年のRASのグローバル市場規模を30億ドル程度と推計するが、今後、年平均成長率（CAGR）20.3％で伸長し、2035年には275億ドルまで拡大することを予想する。

また、外洋養殖はRASほど劇的な成長は予測していないが、2023年のグローバル市場規模31億ドルに対し、CAGR 10.4％で伸張し2035年には102億ドルに達することを予測している。

さらに、養殖管理システムの市場規模は、2023年に9億ドルに対し、今後、CAGR 11.5％で伸長し、2035年に31億ドルの到達を予測する。

以上の内容を総合すると、先端養殖ファーム・プラットフォーム（3つのサブセクターの合計市場）は、2023年の市場規模70億ドルに対し、今後CAGR

図表6-8　先端養殖ファーム・プラットフォームのグローバル市場規模予測

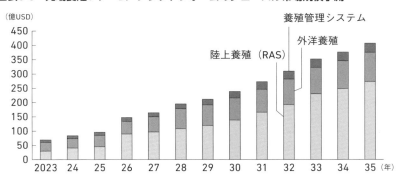

出所：野村證券フード＆アグリビジネス・コンサルティング部

15.9％で成長し、2035年には409億ドルまでの拡大を予想する。

4 グローバル・ユニコーン企業

　筆者が取材した先端養殖ファーム・プラットフォームのユニコーン企業4社を紹介する。本書筆者定義では、①Unicorn企業（累計資金調達額2億ドル以上）1社、②Next Unicorn企業（同1億ドル以上）0社、③Future Unicorn企業（将来成長期待の同1億ドル未満企業）3社となった。

図表6-9　先端養殖ファーム・プラットフォームのグローバル・ユニコーン企業リスト

サブセクター名称		企業名	本社	設立(年)	累計資金調達額		ユニコーン分類
					USD M	直近シリーズ	
1	陸上養殖（RAS）	Premium Svenk Lax AB （RE:OCEAN）	スウェーデン	2018	48	Debt	Future Unicorn
		InnovaSea Systems	米国	1994	22	A	
2	養殖管理システム	PT Multidaya Teknologi （eFishery）	インドネシア	2013	373	D	Unicorn
		Coastal Aquaculture Research （Aquaconnect）	インド	2017	31	B	Future Unicorn

注　：累計資金調達額は2024年10月1日時点
出所：Crunchbase、各社ヒアリングなどより、野村證券フード＆アグリビジネス・コンサルティング部作成

306

Premium Svenk Lax AB (RE:OCEAN) スウェーデン

サステナブルなサーモンの陸上養殖（RAS）を手掛ける水産系スタートアップ

会社概要

- 所在地　　：Säffle, Varmlands Lan
- 代表者　　：Morten Malle（CEO）
- 事業内容　：サーモン・マス類のRAS事業
- 従業員数　：10名以下
- 累計調達額：USD 48 million（Debtファイナンス）

事業沿革

- 2018年：スウェーデンの水産会社Premium Svensk Lax ABでREOCEANプロジェクトが始動
- 2021年：現経営陣のマネジメントチームが発足
- 2023年：ドイツの老舗中食企業・Natsu Foodsとサーモン供給で基本合意

事業概要・計画

　スウェーデンの水産企業の社内プロジェクトからスタートしたサステナブルサーモン養殖販売プロジェクトに端を発するスピンアウトによる水産系スタートアップ。

　当社は、スウェーデンのSäffleに年間生産量1万tのサーモン養殖用RAS施設を建設し、稚魚生産から肥育、収穫、一次加工までを行い、スウェーデンの小売店に販売するビジネスモデルである。既にスウェーデンの大手小売業者とパートナーシップを結んでおり、プラント稼働後に出荷を予定している。

　当社の特徴はRAS事業のために実績ある多くの企業とパートナーシップを結んでいることである。目標として掲げる水再利用効率99％を実現するために、例えば、RASシステムは世界最大の養殖機器メーカーAKVAグループと、再生可能エネルギーの利用ではフランスのグローバル電気・産業機器メーカーであるSchneider Electricをパートナーとしている。

　計画では2024年中にRAS施設が完成、2026年下期に初収穫と出荷、2027年に施設のフル稼働を予定している。

日本企業との連携機会

　出資などで日本企業と連携していきたいと考えている。

ビジネスモデル・特徴

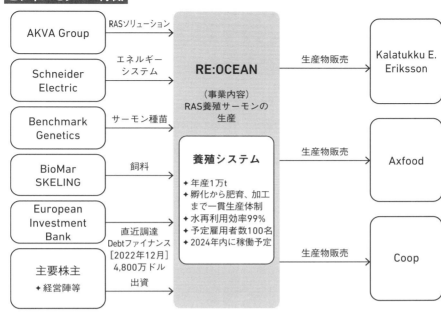

- 養殖システムから販売に至るまでのパートナーシップ網を形成し、スウェーデン消費量の約2割を生産予定。
- 水再利用効率99％、年産1万tの大規模施設。
- 孵化から加工までを一貫して手掛ける。

- 海面での水産養殖が盛んな北欧で、時代に先駆けて低エミッションのRAS事業を計画していること。
- 生産から流通まで、強力なパートナーシップ関係を既に構築していること。

出所：RE:OCEAN HP

米国

InnovaSea Systems Inc.

近年は陸上養殖（RAS）に注力する水産養殖技術の開発と養殖ソリューション提供のパイオニア

会社概要
- 所在地　　：284-250 Summer Street, Boston, MA 02210
- 代表者　　：David Kelly（CEO & Founder）
- 事業内容　：海面養殖／RASシステムの開発
- 従業員数　：275名以上
- 累計調達額：USD 22 million（シリーズA）

事業沿革
- 1994年：前身企業、Oceansparが設立
- 2005年：もう1つの前身企業Ocean farm Technologiesが設立
- 2015年：OceansparとOcean Farm Technologiesが合併して当社設立
- 2019年：RASを手掛けるWater Management Technologiesを買収

事業概要・計画

　外洋養殖ソリューションや生け簀管理、モニタリングソリューションを提供するスタートアップが合併して設立され、長年、外洋養殖企業向けに養殖ソリューションを提供。環境モニタリング、給餌管理など高度に自動化された養殖システムを提供している。

　近年ではRASソリューションも提供しており、建設計画の策定からキャッシュフローを含む財務計画の策定、建設、運営までをトータルで支援する体制を整えている。大型案件として、米国のAquaBountyがオハイオ州に建設中の年産1万tのRAS施設の建設を受注するなど、拡大を続けている。

　管理システム「Aquanetix」は、当社の養殖ファームのモニタリング、給餌管理、トレーサビリティまでを提供している。近年はAI開発にも力を入れており、魚の個別識別やバイオマス量の推計まで可能となっている。バイオマス量推計はサーモン、ブリなど、様々な魚種に対応している。

日本企業との連携機会
　出資などで日本企業と連携していきたいと考えている。

ビジネスモデル・特徴

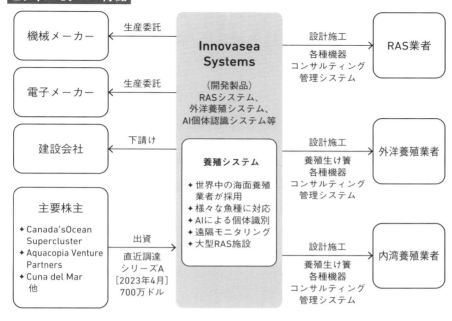

- 養殖向けトータルソリューションサービスの提供。
- 施設建設から機材販売、メンテナンス、養殖池管理という幅広い事業領域。
- 海面養殖とRASシステムの両方をカバー。

- 外洋養殖のトータルソリューションを提供。
- AIを使った魚の重量測定技術。
- 給餌管理、モニタリングなどをアプリから操作
- 大規模なRASシステムの開発と施工。

出所：InnovaSea Systems HP

PT Multidaya Teknologi Pte. Ltd.（eFishery） 【インドネシア】

養殖事業者向けに自動給餌機と飼料、管理・流通システム
ファイナンスを提供するフィッシュテック系スタートアップ

会社概要

- 所在地　　　：Jl. Malabar No.37, Samoja, Kec. Batununggal, Kota Bandung, Jawa Barat
- 代表者　　　：Gibran El Farizy（CEO & Founder）
- 事業内容　　：養殖IoTの提供、水産物・養殖飼料の流通プラットフォーム、金融
- 従業員数　　：900名以上
- 累計調達額　：USD 373 million（シリーズD）

事業沿革

- 2013年：バンドン工科大学を卒業した現CEOが設立
- 2018年：EBITDAベースで黒字達成
- 2023年：農林中金グループやソフトバンクグループが出資

事業概要・計画

　自動給餌機（魚、エビ向け）を開発。アプリを使ってデータとアルゴリズムから最適な給餌量を実現するスマート給餌機で、餌のやりすぎによるコスト増や河川汚染を抑制できる。当社の自動給餌機を管理するアプリ「eFarm」は、自動給餌機の管理や養殖池のモニタリングを行えるだけでなく、バイヤー向けアプリである「eFish」を通して、養殖業者は生産物の販売まで可能である。

　また、給餌機用の餌もアプリを通して購入可能で、現在、インドネシアの24州で3万人以上の養殖事業者が当社の製品やサービスを利用している。

　加えて、零細養殖業者向けにインドネシアの金融機関と連携して金融サービス「Kabayan」も提供している。この金融サービスでは金融機関の審査は必要だが、当社のアプリから申し込むことができ、最大20億ルピアまで対応できる。

　養殖業者のプラットフォーマーとして成長しており、既にEBITDAベースで黒字を達成するなど、高い成長ポテンシャルを有する。

日本企業との連携機会

　出資などで日本企業と連携していきたいと考えている。

ビジネスモデル・特徴

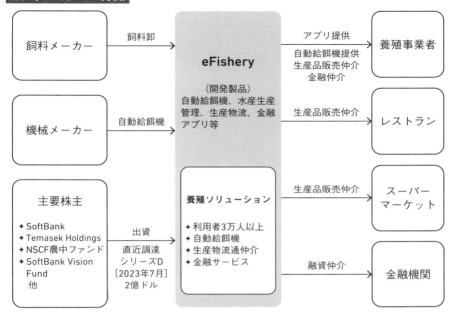

- 自動給餌機を中心とした総合的なソリューションサービス。
- 資材販売、給餌管理、生産物販売、金融サービスまでをアプリを通じて提供。
- ワンストップ・プラットフォーマーとなったことが最大の強み。

- 簡単な構造の自動給餌機と管理アプリを連動。
- 自動給餌機は廉価であり、農村での利用に最適な構造。
- 資材購入から金融まで一貫してサービスを提供。

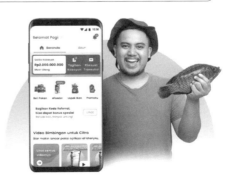

出所：eFishery HP

Coastal Aquaculture Research Institute Private Ltd. (Aquaconnect)

養殖事業者向けにAIと衛星画像を使った養殖管理やファイナンスを提供するフィッシュテック系スタートアップ

会社概要

- 所在地 ： Type II/17, Dr.VSI Estate, Thiruvanmiyur, Chennai, Tamilnadu, India
- 代表者 ： Rajamanohar Somasundaram（CEO & Founder）
- 事業内容 ： 養殖IoTの提供、水産物・養殖飼料の流通プラットフォーム、金融サービス
- 従業員数 ： 154名以上
- 累計調達額： USD 31 million（シリーズB）

事業沿革

- 2017年：スタンフォード大学卒でインドにてIT事業を行っていた現CEOが設立
- 2022年：シリーズAで1,500万USD調達（日系VCも参加）
- 2023年：9月末の段階で9万戸の加入者を達成（前年比500％増）

事業概要・計画

衛星画像による養殖池のモニタリングと、AIによる最適な管理を可能にした養殖業者向けのソリューション「Aquasat」を開発・提供。このアプリは養殖池の管理やモニタリングを行えるだけでなく、資材販売を行う「Aquapartner」、バイヤー向けアプリである「Aquabazaar」を通して、養殖業者は生産物の販売まで可能である。

また、零細養殖業者向けにバイヤーとの決済を仲介する金融サービスである「Aquacred」も提供するなど、零細養殖事業者支援をトータルで行うプラットフォーマーである。

取扱品目はエビと魚であり、インドの零細生産者に特化したサービスとなっている点が特徴である。インド国内に3ヵ所のヘッドクォーター、1ヵ所の研究開発拠点を持ち、体制も充実している。サービスを利用する養殖業者は9万戸を超え、参加するバイヤーは20社以上、年間の水産物取扱量は1万tを超える水準にまで成長し、売上高も2022年3月期で466万ドルとなっている。

日本企業との連携機会

出資などで日本企業と連携していきたいと考えている。

ビジネスモデル・特徴

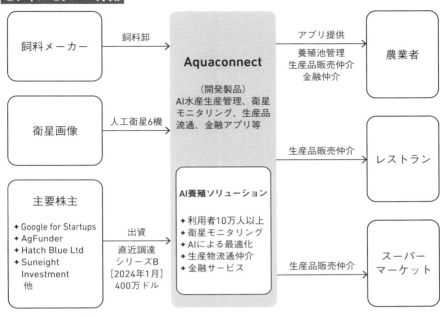

- 養殖向けAIトータルソリューションサービス。
- 資材販売、養殖池管理、生産物販売、金融サービスまでをアプリを通じて提供。
- ワンストップ・プラットフォーマーとなったことが最大の強み。

- 衛星画像と管理アプリをAIで連動。
- 資材購入から金融まで一貫してサービス提供。
- 流通情報をAIで分析して、養殖業者に最適な出荷管理情報を提供。

出所：Aquaconnect HP

第7章

農業デジタルプラットフォーム

――ロボット＆デジタル技術を駆使したスマート農業と
サステナブル流通で、農業生産の省力化＆
生鮮流通のフードロス削減等の社会課題に挑む
フード＆アグリテックのコア・セクター

1 概要

　「農業デジタルプラットフォーム」は、ロボットとデジタル技術を駆使して農業経営における調達から生産、流通までのサプライチェーン全般を刷新し、気候変動やフードロス、フードマイレージといった農業や生鮮流通業界が抱える社会課題の解決に寄与する技術やサービスを総称したセクターである。

　川上から川下までのサプライチェーン全域を網羅する領域の広いセクターではあるが、筆者は製品・ソリューションの提供領域と今後の成長性を軸に、当セクターのサブセクター分類として、①自律型農業ロボット、②農業生産プラットフォーム、③生鮮流通プラットフォームの3つに整理している。

図表7-1　農業デジタルプラットフォームのサブセクター分類

	サブセクター	概要
(1)	自律型農業ロボット	AIロボットがセンサーなどを頼りに、周囲の環境や作物の状態などを判断して自律的に走行や耕うん、農薬散布、収穫、運搬などの農作業を行うロボット。
(2)	農業生産プラットフォーム	農作業をはじめとする農場、作物などの営農情報の自動管理や自動制御など、農業生産プロセスの効率化や省力化に資するオンライン上のプラットフォーム。
(3)	生鮮流通プラットフォーム	生鮮ECなど、デジタル技術を活用して既存の生鮮流通（物流含む）とは一線を画したオンライン上の取引システム全般を指す。

出所：野村證券フード＆アグリビジネス・コンサルティング部

　自律型農業ロボットは、周囲の環境や作物の状態などを判断して自動で農作業などを行う農業経営の省力化に寄与するロボットをいう。他業界では、2002年9月に製品ローンチされた家庭用掃除ロボットの「ルンバ（iRobot社）」が著名である。農業分野では、農業ドローンをはじめ、除草ロボット、農薬散布ロボット、収穫ロボット、農機操舵ロボット、収穫物運搬ロボット、受粉ロボット、養蜂ロボット、搾乳ロボット、清掃ロボット（牛舎内など）などがある。

　農業生産プラットフォームは、デジタル技術を活用して生産プロセスの効率化や省力化に資するオンライン上のプラットフォームをいう。農場や農作業の情報をクラウド上で一括管理する営農支援システムをはじめ、温湿度や日照量

などの外部環境を測定して園芸施設内を最適環境にする環境制御システム、酪農牛や肥育牛の活動量と健康状態などを管理する牛群管理システムなどがある。

生鮮流通プラットフォームは、オンライン上で生鮮品を取引するBtoC型、BtoB型のECシステムを軸に、デジタル技術を活用して既存の生鮮流通とは一線を画した電子取引システム全般を指す。また、デジタル技術で生鮮物流を効率・最適化する分野も含む。

3つのサブセクターが主対象とする農業サプライチェーン上の分野（生産分野は農業機械と営農データに区分）はそれぞれ異なる。自律型ロボットは、生産分野における農業機械を、農業生産プラットフォームは、生産分野における営農データを、生鮮流通プラットフォームは流通分野をそれぞれ主対象とする（**図表7-2**）。

図表7-2　3つのサブセクターが製品・ソリューションを提供する主要領域

サブセクター	農業サプライチェーン			
	調達	生産		流通
		農業機械	営農データ	
自律型農業ロボット	○	◎		
農業生産プラットフォーム	○		◎	
生鮮流通プラットフォーム				◎

出所：野村證券フード＆アグリビジネス・コンサルティング部

しかし、これはあくまでも便宜的な分け方に過ぎない。昨今の傾向として、各サブセクターが各領域をオーバーラップしたビジネス展開が顕著になっている。例えば、自律型農業ロボット・メーカーは、従来の農業機械の製品提供を軸としながらも、その製品が収集する営農データをクラウドに集積・解析して農業経営者へ提供するなど、生産分野のハードとソフトを融合したソリューション提供（農業機械と営農データを対象とするビジネス展開）を行っている。

同様に、農業生産プラットフォーマーは、営農データ（プラットフォーム）を提供する農業経営者に対して、生産した農産物の販路提供（同）を行うなど、生産から流通までの一貫したソリューション提供を行う企業も増えてき

た。

その逆はまだ多くはないが、流通プラットフォーマーが流通分野で取引のある農業経営者に対して、需要に基づく作物・栽培管理を担う生産分野のソフトウェアを開発し、生販一貫のソリューション提供を行う企業などもある。

また、昨今、従来の農業サプライチェーン上に縛られない新たな領域へプラットフォームを拡大する傾向も特徴である。代表的な分野ではファイナンス（農業法人・経営者への融資）やカーボンクレジット（生成支援・買い手探索など）に関するプラットフォームがある。

このように、各社の提供製品・ソリューションが農業サプライチェーン全体に拡がる「ワンストップ化」の進展は、当セクターの大きな潮流であろう。

図表7-3　ユニコーン企業（本書筆者定義）が提供する製品・ソリューション領域例

サブセクター	グローバル・ユニコーン企業（本章4項の紹介企業のみ）	農業サプライチェーン			
		調達	生産		流通
			農業機械	営農データ	
自律型農業ロボット	Guangzhou Jifei Technology（XAG）	○	◎		
	Beewise Technologies	○	◎		
	Tevel Aerobotics Technologies	○	◎		
	FarmWise Labs	○	◎		
	Blue White Robotics	○	◎		
農業生産プラットフォーム	Farmer's Business Network	◎		◎	
	Green Agrevolution（DeHaat）	◎		◎	◎
	Greenlabs	○		◎	◎
生鮮流通プラットフォーム	Weee!				◎
	Misfits Market				◎
	GrubMarket			○	◎
	Delightful Gourmet（Licious）				◎
	63Ideas Infolabs（Ninjacart）	○		○	◎

※資材等：種苗・農薬・肥料・消耗品など、農業機械を除く農業生産に必要な各種資材
出所：野村證券フード＆アグリビジネス・コンサルティング部

2 グローバル事業動向

(1) 自律型農業ロボット

　自律型農業ロボットは、農業の担い手不足がグローバルで深刻化する中、農業生産分野の省力化に大きく寄与する技術（製品）として2010年後半から大きな注目を集めている。その象徴が自律型農業ドローン（以下、単に「農業ドローン」と記載）である。農業機械の歴史では、1917年に米国大手自動車メーカーのFordが上市した世界初の量産型トラクターが20世紀最大の発明品（農業機械）の1つといわれているが、2016年に上市された農業ドローンのその後の普及速度を見ると、後に振り返った際、農業ドローンは量産型トラクター以来、実に1世紀ぶりの画期的な発明品だったと回想されるものと筆者は考えている。

　農業ドローンのソリューション機能は、主に、①農薬散布、②肥料散布、③農場・作物センシング、④播種、⑤受粉、⑥農作物などの運搬などである。主要機能である農薬散布だけを見ても、日本でも穀物の大規模農業農家・法人を中心に普及が加速している。農業ドローンによる国内農薬散布面積の推移を見ると、2016年に684haの散布実績は、2020年に12万ha、2024年には35万haまで拡がったものと推測される（2020年までは農林水産省推計、2024年は

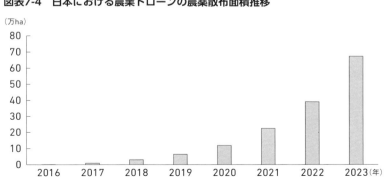

図表7-4　日本における農業ドローンの農薬散布面積推移

出所：2020年までは農林水産省、それ以降は野村證券フード＆アグリビジネス・コンサルティング部推計

筆者推計)。国が2019年に「農業用ドローン普及計画」で目標とした「2022年度末までに100万ha」には届かないものの、購入補助金や適合農薬の基準緩和などの施策を推進し、農業分野におけるドローンの普及拡大を推進中である。

　農業ドローンが急速に普及した理由は何か。端的にいえば、「費用対効果」であろう。単純な費用対効果ではなく、使用した直後からすぐにその成果（効果）が目に見える点で他の農業機械を凌駕する。農薬散布を例に取ると、一般的には農薬タンクを農業者が抱えてスプレー散布を行うが、1haの農場散布には2-3名でも半日仕事になる。雨が明けた日の農場内はぬかるみがひどく重労働になるし、農場も荒れる。一方、農業ドローンでは、人手がかかるのは農薬をタンクに詰める作業のみで、あとはボタンを押せば、指定コースとエリアを自動で空中散布し、40分程度で1haの散布が完了する。しかも、最新のドローンは全ての作物に散布をするのではなく、作物の葉に空いた穴から虫を特定し、その作物のみをピンポイントで散布する方法が主流になりはじめた。農薬量も削減でき、経済面だけでなく地球環境面においてもエコロジーである。

　農業ドローンのパイオニアは、いずれも中国のUnicorn企業であるDJIと**Guangzhou Jifei Technology（XAG）**の2社である。2006年に設立されたDJIは民生用ドローン分野で世界最大の企業で、当市場の7割を超える世界シェアを持つといわれる。当社は農業部門を2015年に立ち上げ、2016年に当社初の農業用ドローン「MG-1」を中国でローンチした。翌年、日本で農業ドローンをローンチし、日本市場で一気にシェアを高めた。筆者は、当社の2023年末時点の国内市場シェアを7-8割と推計している。

図表7-5　DJIが開発する自律型農業ドローン

出所：DJI Agriculture HP

XAGは2007年設立の農業分野に特化した自律型ロボットを開発するスタートアップ企業である。2014年から農業ドローンの開発に特化し、翌年4月、世界初の農業ドローン「P20」を中国でローンチした。その後、農業ドローンのバリエーションや品質・機能をアップデートする傍ら、製品開発の領域を地上型農業用無人車（農薬散布・荷物運搬用途など）や、トラクターの自動走行制御装置などに拡げ、自律型総合農機メーカーのポジショニングを築きはじめた。農業分野専業のロボット・スタートアップとしては、累計資金調達額で世界最大の2.5億ドルを調達済みである。2022年に上海証券取引所へ上場する計画を進めていたが、同年、申請を撤回している。当時の目論見書によると、2020年の売上高は5.3億万元（約7,300万ドル）、利益は赤字であった。売上高研究開発比率が17.4％と高く、未だ先行投資フェーズであることがわかる。

図表7-6　XAGが開発する自律型農業ドローンや農業用無人車

出所：XAG HP

　農業ドローンに続いて注目しているのが、青果分野の自律型収穫ロボット（以下、単に「収穫ロボット」と記載）である。耕うん、播種・定植、農薬散布・施肥、収穫、包装・出荷という農業生産の作業プロセスにおいて、収穫作業が全体に占める割合は大きい。例えば、米国では一般的にイチゴで7割、アスパラガスやピーマンで6割、リンゴとキュウリで5割といわれている。米国の大規模リンゴ農園の「収穫人材が集まらずに、園内の収穫期にある果実の3-4割を廃棄せざるを得ない」という話は、日本を含む世界中で聞かれるようになった。収穫ロボットへの潜在需要は高く、大規模農家の期待は高い。
　しかし、農業ドローンと異なり、商業化されている収穫ロボットは極めて限られる。しかも、この分野において、農業ドローンのDJIやXAGのように、世

界中で製品を展開している企業は未だ1社もない。背景には、収穫ロボットを構成する開発技術の領域が格段に広いことがある。

収穫ロボットは主に、①農園内を自由に動き回る自動走行技術、②熟した青果物を発見するセンシング技術、③対象青果物を人間と同じようにソフトにつかみ取るロボットアーム技術で構成される。①の自動走行技術は既に商業化のハードルを越えているが、②と③の精度は未だ高くない。例えば、エリアや気候、時期（春夏秋冬／朝・昼・夕方）によっても日の入り方や温湿度が異なり、ロボットの判断と操作が異なる。また、ドローンの農薬散布とはやや異なり、手塩にかけて栽培した青果物を収穫段階でロスさせるわけにもいかず、農業経営者からは、収穫ロボットに精緻でデリケートな収穫作業を期待する。

そのような中、この分野で商業展開に近づきつつある業界のパイオニア企業は、2016年にイスラエルで設立された**Tevel Aerobotics Technologies**である。軍事用のAIやソフトウェア、コンピュータービジョン、ロボティクスなどの独自技術を基に、リンゴやモモ、ナシなどの果樹を対象に、ドローンを使った飛行型の収穫ロボットを開発している。現在、イタリア、米国、チリ、イスラエルの4ヵ国で事業展開を本格化している。2026年に売上高1.3億ドルを計画する。

図表7-7　Tevel Aerobotics Technologiesが開発する自律型収穫ロボット

出所：Tevel Aerobotics Technologies HP

また、米国カリフォルニア州で2018年に設立されたAdvanced Farm Technologiesは、イチゴやリンゴなどの果樹用収穫ロボットを開発する著名スタートアップ企業である。イチゴ収穫ロボット「TX robotic strawberry harvest」は、畝間の間を自動走行しながら画像センサとAIで収穫適期にあるイチゴを瞬時に判別し、内蔵のロボットアームで収穫する。タイプは異なるが、リンゴの収穫ロボットの開発も推進しており、現在、商業化に向けて米国同州の複数の大規模農業企業との実証が進められている。

図表7-8　Advanced Farm Technologiesが開発する自律型収穫ロボット

出所：Advanced Farm Technologies HP

　日本企業においても2020年頃から、大手企業やスタートアップ企業による青果物の収穫ロボット開発が本格化している。代表企業はデンソーである。当社はグループ会社のオランダ・Certhon Buildと房取りミニトマトの一連の収穫作業を自動で行う全自動収穫ロボット「Artemy®（アーテミー）」を開発し、2024年5月、欧州地域での受注開始を発表した。当社プレスリリースによると、収穫工程は、まず、Artemy®が施設園芸内の走行レーンを自動走行しながらAIによるミニトマトの熟度判定を行い、AIが収穫対象となる成熟したミニトマトの房を選択する。その後、Artemy®のアーム先端に取り付けられたハサミでミニトマトの果柄を切断し、積載している収穫箱に収納していく。Artemy®には収穫箱が6つ積載され、全て満載になった場合、空の収穫箱が置いてある台車まで自動で移動し、かつ収穫箱を自動で入れ替える。さらに、房検出LEDと果柄検出LEDが搭載されており、昼間の直射日光環境下や、夜間の栽培用補光環境下におけるミニトマトの収穫精度を向上させ、昼夜の自動収穫も実現している。

　収穫ロボットと同様な要素技術で構成され、除草市場の省力化に取り組むのが自律型除草ロボット（以下、単に「除草ロボット」と記載）である。除草剤

図表7-9　デンソー・Certhon Buildが開発した自律型収穫ロボット

出所：デンソー プレスリリース（2024年5月13日）

の不使用は農家の経済利点だけでなく、環境負荷の軽減のほか、作業者の健康被害防止にも寄与する。グローバル化学企業が開発する除草剤の一部が、発ガン性の疑義があるとして、2023年からオーストリア、チェコ、イタリア、オランダで当該製品が使用禁止になったニュースは記憶に新しい。

　筆者は除草ロボットを、①雑草のみに除草剤を噴霧する自律型除草剤散布ロボット（以下、単に「除草剤散布ロボット」と記載）と、②雑草を取り除く除草ロボットの2種類で分けているが、両ロボットの共通技術は自律化である。圃場内を無人で動く自動走行技術と、機械学習により何百万もの画像から植物を検出するコンピュータービジョン技術がその基礎となっている。

　除草剤散布ロボットのパイオニアは、2011年に米国カリフォルニア州で設立されたBlue River Technologyである。当社の除草剤噴霧ロボット「See & Spary」は、画像認識アルゴリズムで特定の作物を検出し、雑草のみに除草剤をピンポイントで散布することができる。当ロボットは有人トラクターにけん引され、12列の畝間をカバーする30台のカメラが50ミリ秒ごとに植物の写真を撮り続け、搭載しているモジュール化スーパーコンピューティングで画像を処理する。従来の除草剤散布と比較して、除草剤使用量を9割削減できるという。当社は2018年に世界最大の農機メーカーであるJohn Deereに買収された。

　除草剤散布ロボットで最も注目を集めているスタートアップ企業は、スイスで2014年に設立されたEcorobotixである。当社の除草剤散布ロボット「AVO」は、太陽光発電で稼働する四輪駆動の無人機で、GPS/RTK（高い精度の測位を実現する技術）によるポジショニング技術と画像ナビゲーションシステムの組

図表7-10　Blue River Technologyが開発する自律型除草剤散布ロボット

出所：John Deere / Blue River Technology HP

み合わせで作物上の通過を最小限に抑え、雑草のみにピンポイントで除草剤を散布する。1時間当たり約10haの作業と昼夜問わずの作業が可能である。従来作業との比較では、除草剤の使用量を95％削減できるという。最新機種では、トラクターけん引型のピンポイント除草剤散布ロボット「ARA」を製品展開している。対象作物も順次拡大しており、昨今のスタートアップ企業の資本調達環境が厳しい中、2023年5月、当社は資金調達ラウンド（シリーズB）で51億ドルの資金調達に成功している。

図表7-11　Ecorobotixが開発する自律型除草剤散布ロボット

出所：Ecorobotix HP

　除草剤散布ではなく、雑草自体を取り除く除草ロボットのパイオニアは、米国カリフォルニア州の**FarmWise Labs**である。当社は機械学習や機械工学、ロボット工学、自動走行技術などの専門知識を基に、5億枚を超えるスキャン画像による植物データベースを基に独自の植物認識アルゴリズムを開発している。2023年に発表された次世代除草ロボット「Vulcan」は、軽量でインチ未満

の精度で個々の雑草を除去することが可能となった。製品は米国カリフォルニア州とアリゾナ州で、既に30を超える大規模農場で商業稼働している。

図表7-12　FarmWise Labsが開発する自律型除草ロボット

出所：FarmWise Labs HP

　このような新しい自律型農業ロボットに加えて、農業機械の「三種の神器」であるトラクター、コンバイン、田植え機の自律化も進みはじめた。その代表企業が、いずれも2017年に設立されたイスラエルの**Blue White Robotics**、米国のMonarch Tractor、中国のFJ Dynamicsである。

　Blue White Roboticsは、農家が所有するトラクターの先頭部（バンパー部分）と運転席付近、後部に当社開発の自動運転パーツ「Pathfinder」やセンサを取り付けることで、既存トラクターを自律化させている。果樹園またはブドウ園用途の様々なメーカーのトラクターを完全自律型の車両に変換し、噴霧、除草剤、刈り取り、収穫などの複数のタスクを高精度に実行する。GPSやRTKに依存しない独自のセンサフュージョン技術で自律化を可能とする点も特徴である。また、別途開発のデータ管理ソフトウェア「Compass」を使用すること

図表7-13　Blue White Roboticsが開発する後付け型の農機自動操舵システム

出所：Blue White Robotics HP

328

で、当該トラクターの作業時間や作業内容・データ追跡が可能となる。両製品は既に2019年から米国でローンチされ、順次、展開エリアを拡大する傍ら、2021年には米国大手IT企業のIntelと戦略パートナーシップ契約を締結するなど製品改良も推進している。

FJ DynamicsはDJI出身のCEOが立ち上げた中国・深セン発のスタートアップ企業で、**Blue White Robotics**同様に、「後付け」で既存の農業機械を自律化する農機自動操舵システムを開発している。最大の特徴は、メーカーやサイズ、年式を問わず、どのようなトラクターやコンバイン、田植え機などの農業機械にも後付け可能な点にあり、また、自動操舵の作業精度は±2.5cmを誇る。さらに、機能拡張ソフトウェアは全て無償提供される。2019年11月の製品ローンチ以降、既に世界120ヵ国以上にて販売体制を確立し、累計10万台超の製品販売実績を誇る。日本ではFAG（東京）などが代理店になっている。

図表7-14　FJ Dynamicsが開発する後付け型の農機自動操舵システム

出所：FJ Dynamics HP

米国のMonarch Tractorは、世界で初めて自動運転の電動トラクター「MK-V Tractor」を開発し、『トラクター界のテスラ』として著名なカリフォルニア州のスタートアップ企業である。通常のトラクターが動力とするディーゼル・エンジンは、窒素化合物や浮遊粒子状物質を排出し、農業分野における環境汚染の主因の1つといわれている。

電動トラクターをコントロールするソフトウェア「WingspanAI」は、自動運転の制御だけでなく、作業内容と農場・作物データの収集・解析を通じて、農家経営に資する付加情報を提供する。製品価格は通常のトラクターの2倍程度

であるが、当社によると、高騰している燃料費や人件費の大幅削減などを通じて農家は「2年程度で投資回収可能」という。

2021年よりカリフォルニア州の電動トラクターへの大幅な補助金支給が開始されたこともあり、また、ディーゼル燃料の高騰もあり、当社の売上高は2022年以降、大幅に増加している。同年11月には農業機械で世界第二位の米国・CNH Industrialと、農業機械の電動化技術に関する独占的な複数年のライセンス契約を締結している。

当社は業界では数少ないUnicorn企業の1社である。

図表7-15　Monarch Tractorが開発する自律型電動トラクター

出所：Monarch Tractor HP

（2）農業生産プラットフォーム

農業生産プラットフォームは、本書では、クラウドやセンサ、ビッグデータ、AIなどのデジタル技術を駆使して、農業生産プロセスの効率化や省力化に資するオンライン上のプラットフォームをいう。農業生産プロセスは、単に生産・栽培工程だけではなく、それ以前の作付けの工程や種子、農薬、肥料、消耗品などの資材調達の工程に加え、生産後の収穫や保管の工程も含むものとする。

当分野の先駆的なスタートアップの1社は、カナダ・バンクーバーで2010年に設立されたSemiosBio Technologiesである。当社はナッツやアーモンド、リンゴ、ナシ、ブドウ、サクランボなどの永年性作物の栽培管理プラットフォー

ム「All-in-one Crop Management」を開発しているUnicorn企業である。

　当プラットフォームは、5.2億を超えるデータポイントから天候や土壌水分、作物生育状況、病害虫・凍霜害などのデータを収集し、ビッグデータ分析と機械学習で解析し、栽培リスクを軽減し、農業経営者に最適な栽培管理情報を提供している。対象作物を絞った高い機能性と栽培管理の効率化・省力化が評判となり、当プラットフォームはカナダでのローンチを皮切りに、米国、豪州、ニュージーランド、欧州、南アフリカなどの国々に展開されている。また、2021年には競合他社で米国のAltracやCentricity、豪州のAgworldなどのスタートアップを次々と買収してグループ化し、事業規模を拡大している。

図表7-16　SemiosBio Technologiesの永年作物管理プラットフォーム「All-in-one Crop Management」

出所：SemiosBio Technologies HP

　農業生産プラットフォームの昨今の潮流の1つとして、農業の最大リスクの1つといわれる「気候変動」にフォーカスしたスタートアップ・新興企業が目立つ。そのパイオニアは、現在、ドイツ・Bayer傘下のThe Climate Corporationである。当社は2006年にGoogle出身の2名が米国カリフォルニア州で創業したスタートアップ企業で、当初、リゾート施設や農家向けに気象予測や天候保険のサービスを展開していたが、2011年に気象予測の需要が高い農業分野に事業をシフトした。2013年に世界三大種子メーカーの1社である米国・Monsanto（2018年にBayerが買収し吸収合併）の傘下に入った後、同社の世界中の豊富な農業データを活用し、営農プラットフォーム「Climate FieldView」をローンチした。当プラットフォームは、衛星やセンサ、過去の栽培履歴から

得られたビッグデータを解析し、気象予測のほか、農地や作物のリアルタイム情報を提供している。気象予測の精度に加え、高い接続性や互換性、操作性などが支持を受け、当プラットフォームは既に米国のトウモロコシと大豆の総面積の半数近くで利用されている。

図表7-17　The Climate Corporationの営農管理プラットフォーム「Climate FieldView」

出所：The Climate Corporation HP

　また、同じく米国カリフォルニア州のArableは、2014年の設立以降、気候変動に対応する穀物管理IoTセンサ（プラットフォーム）「ARABLE MARK」をローンチしている（現在「ARABLE MARK3」をローンチ済み）。当センサは太陽光で動く天候・気温・気圧などの気象データを集積する「気象台」の役割を果たすほか、作物の生育状況、土壌内の水分量（湿度）を集積する作物・土壌のモニタリング機能がある。農地のモニタリングには衛星写真が使われることが多いが、衛星写真は頻繁に利用しにくく、光のコンディションにも左右されるため、雲に遮られ機能しないことも多い。当センサは、植物の直上から遮るものなしに直接、衛星に使われるものと同じタイプのセンサを使い、数分おきに測定することでこの問題を解決している。センサが集積した全てのデータは農家自身のスマートフォンでリアルタイムに閲覧可能なだけでなく、そのコンディションの中で、農家が次に採るべきアクションが提供（推薦）される。ピンポイントな気象予測ツールと、シンプルで高機能、かつ意思決定に資するモニタリングツールが奏功し、当社は既に50ヵ国超へ事業を展開している。

　Arableと同様な観測センサを用いて、「超」ローカルエリアの気象分析サービスに特化するスタートアップが、フランスのSencrop International（2016年設立）である。当社は、農村エリアに気象観測センサを設置し、収集・分析し

図表7-18　Arableの農村気象・土壌管理プラットフォーム「ARABLE MARK3」

出所：Arable HP

たローカライズされた気象データをアプリ経由で利用農家へ提供している。利用農家の農場のすぐ近くに設置されている気象観測センサから得られる気象データのため、より精密に天候や温湿度、日射量、風速、雨量、1週間の予報、そして土壌の温湿度などにアクセスすることができる。局所的な豪雨や竜巻、霜害などのリスクを予測し、事前のリスク対策が打てるほか、最適な時期に適切な栽培管理を行うことが可能となる。提供サービスの独自性と機能性、利便性、アプリの視認性などが評価され、当社サービスは既に、欧州を中心に20ヵ国以上の農村エリアに拡がっている。

図表7-19　Sencrop Internationalの農村気象管理プラットフォーム「SENCROP」

出所：Sencrop International HP

Sencrop Internationalのように、提供サービスや機能を絞ったプラットフォームを開発しているスタートアップは多い。例えば、2015年にイスラエル

333

で設立されたTaranis Visualは、主に作物の病害虫の早期発見やその解決策を提供する精密農業プラットフォーム「Taranis AI」をローンチしている。自社開発のカメラが搭載された衛星や小型飛行機、ドローンで撮影した農場や作物の航空画像をAIが解析するシステムで、病害虫の発生状況（兆候）をはじめ、作物や土壌の栄養状態などが視覚的に把握できる。航空画像は農業用リモートセンシングとしては世界最高峰の最大0.3mm/ピクセルの高解像度を誇り、目視で見逃しがちな葉の「虫食い」も発見できる。当社プラットフォームは、既に米国やブラジル、欧州を軸に様々な国へ拡がっている。

図表7-20　Taranis Visualの精密農業プラットフォーム「Taranis AI」

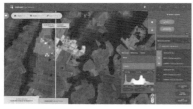

出所：Taranis Visual HP

　また、米国ミネソタ州のCIBO Technologies（2015年設立）は、農地や土壌に特化した情報とソリューション提供のプラットフォーム開発を行うスタートアップ企業である。創業以降は、農地の所有者や借り手、栽培作物や使用農薬・肥料のそれぞれの履歴、想定農地価格などを提供するプラットフォームであったが、2020年10月、環境再生型（リジェネラティブ）農業に取り組む農業者の支援プラットフォーム「CIBO Impact」をローンチした。

　再生農法の主な手法として、農薬や化学肥料を使用しない有機栽培をはじめ、土壌を耕さない不耕起栽培、ローテーションで栽培する輪作、その間にイネ科やマメ科の植物などで土を覆うカバークロップ栽培などがある。当社はこれらの農法に取り組む農家に対して、農法と炭素影響を検証し、炭素クレジットの生成と流通をオンライン上で支援している。当プラットフォーム上には、参加している農場やその炭素クレジットが地図上で示され、同クレジットに関心を持つ企業や投資家は当プラットフォームを通じて購入することができる。2024年2月には、当社の栽培・流通ネットワーク（農協、生協、農学者、小売

図表7-21　CIBO Technologiesの環境再生型農業プラットフォーム「CIBO Impact」

出所：CIBO Technologies HP

業者など）を通じて、農家が米国農務省（USDA）の環境保全プログラム（補助金など）へ、オンラインを通じて容易にアクセス（申請）できるソリューションを発表している。

　これらのスタートアップのように、プラットフォームの提供サービスを農業生産分野の特定領域に絞り、その機能を磨きこむ企業もあれば、本章の冒頭で述べたように、昨今のもう1つの潮流として、サービス領域をサプライチェーン全体に拡げるスタートアップも増加している。

　農業生産以外の領域としては、種子や農薬、消耗品などの資材調達分野のほか、サプライチェーンの川下に当たる流通分野が多い。また、設備資金などを貸し付ける金融分野へサービスを拡げるプラットフォーマーもいる。農業経営者にとっては生産分野の効率化や省力化も重要ではあるが、同時に、より条件の良い資材調達先や販売先、借入先の探索も重要である。農業者のそのような需要に「ワンストップ」で応えるプラットフォームが増加している。

　農業生産分野を軸に、そのような複合プラットフォームを提供する著名なスタートアップ企業は、いずれもUnicorn企業の **Green Agrevolution**（インド）、**Farmer's Business Network**（米国）、**Greenlabs**（韓国）などである。

　Green Agrevolution は、農家登録者数で世界最大の農業プラットフォーム「DeHaat」を運営している。当社は2010年にインドの零細農家向けに営農管理システムのサービス提供を開始し、その後、種子や農薬などの農業資材の調達機能、全国のバイヤーをマッチングする流通機能、そして、小口融資と保険サービスを提供する金融機能など、プラットフォームとしてのサービス提供領域を拡充してきた。このような「Seed to Market」のワンストップ・サービス

を、オンラインと全国1万ヵ所に展開するリアル拠点を経由して、全国150万件超の農家へワンストップ・サービスを提供している。

図表7-22　Green Agrevolutionの複合農業プラットフォーム「DeHaat」

出所：Green Agrevolution HP

また、米国・カリフォルニア州の**Farmer's Business Network**は、北米最大の農業プラットフォームを展開する。累計資金調達額は約9.2億ドルと業界最大の調達額を誇る。当社は2015年に営農管理プラットフォーム「FBN」を上市した後、2020年までに、農業資材プラットフォーム「FBN Direct」、農業金融プラットフォーム「FBN Financial」をそれぞれ立ち上げた。農業資材は関係メーカーと繋ぐECサービスだけでなく、自社開発のジェネリック種子の開発と販売も手掛けている。

2020年以降も領域と機能を拡充し、カーボンクレジット生成や買い手探索などの再生型農業ソリューション・プラットフォーム「Garadable」やFBN Directと連動する農地評価システム「AcreVisionSM」を立ち上げ、プラットフォームの領域と機能を深化させている。北米で2,000エーカー（約800ha）を超える大規模穀物農家に高く支持され、当社プラットフォームが利用されている総面積は、北米で既に1億エーカー（約4,000万ha）を超えている。

図表7-23　Farmer's Business Networkの複合農業プラットフォーム「FBN」

出所：Farmer's Business Network HP

　韓国の**Greenlabs**は、累計資金調達額（約2.4億ドル）で、アジア最大のアグリテック企業である。韓国初のクラウドベースの営農管理システムを2018年にローンチ後、農業生産と流通、資材調達の複合プラットフォーム「Farm Morning」を2020年にローンチした。登録料や利用料が無料な点が最大の特徴で、農業者の初期検討のハードルを下げている。しかし、生産分野の機能は充実している。全国数千ヵ所のデータポイントから収集される生育情報やオフラインの補助金情報など、当社CEO曰く、「農家が本当に欲しい営農情報」を提供している。収益モデルは流通分野であり、プラットフォーム経由で登録農家から農産物を買い取り、食品小売店などの実需者へ販売している。登録農家は90万名を超え、韓国農家の実に7割超が利用するプラットフォームに成長している。

図表7-24　Greenlabsの複合農業プラットフォーム「Farm Morning」

出所：Greenlabs HP

農業生産プラットフォームの分野において、これまで北米市場に株式上場したスタートアップ企業はカナダのFarmers Edgeのみである。当社は2005年に設立された業界のパイオニアで、AIを駆使して、衛星データや土壌・作物データなどを収集・解析し、農業経営者の意思決定に資する情報をサブスクモデル（管理する農場面積で年間課金）で提供している。また、農業・物流車両の管理、農業保険などの付随サービスを農業資材メーカーや保険会社、穀物商社、食品メーカーなどのサプライチェーン企業にもソリューション提供している。

　当社は2021年3月にトロント市場（TSX）に、時価総額約7億ドル（カナダドル）で上場し、約1.25億ドル（同）の資金を調達した。しかし、その後業績は計画を下回り続け、2024年1月、上場前から当社株式の6割以上を保有しているカナダの大手保険・金融グループのFairfax Financial HDが、当社と当社の全株を購入する契約を締結し、同年3月、当社は上場廃止となった。

　当社は非公開後、豪州と東欧州の事業部門を閉鎖し、主力の北米と豪州に加え、新たにインドへ進出した。また、農業保険事業を強化するとともに、新たにカーボンクレジットの売買プラットフォーム事業を開始している。

図表7-25　Farmers Edgeの営農管理プラットフォーム「FarmCommand」

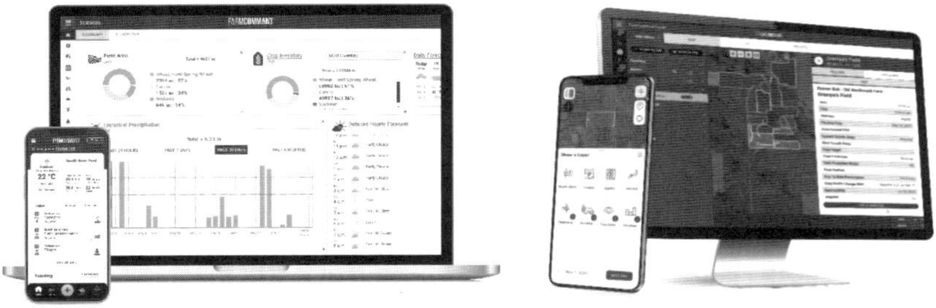

出所：Farmers Edge HP

（3）生鮮流通プラットフォーム

　生鮮流通プラットフォームは、本書では、伝統的な生鮮流通とは一線を画したデジタル技術を活用した取引プラットフォームをいう。広義ではオンライン上で食料品を取引するプラットフォームも含まれるが、基本的には、農畜水産物などの生鮮品を主体とするオンライン上の取引プラットフォームと位置付け

ている。いわば、生鮮流通のECプラットフォームである。

この分野は、単に生鮮品をオンライン上で流通させるだけでなく、需要と供給の調整機能をサプライチェーン上の関係者に迅速かつ適切に提供することで、フードロスの削減などを通じた社会課題解決にも大きく寄与している。

当業界に属する企業は、フード＆アグリテック業界の中でも、相対的に累計資金調達額ベースで規模の大きなスタートアップ企業が多い。食料品をメインとする広義で見れば、上場会社では、世界最大の食料品オンラインスーパーで2010年6月にロンドン証券取引所に上場した英国のOcado Groupや、食料品の「超」高速宅配（Quick Commerce）のパイオニアで2023年9月にNASDAQ市場に上場したInstacartなどが著名である。また、スタートアップ企業では、ギガコーン企業と呼ばれる米国のGopuff（累計資金調達額34億ドル）やトルコのGetir（同18億ドル）、ドイツのGorillasとFlink Food（いずれも同13億）、オランダのPicnic（同13億ユーロ）などが草分け的な存在であろう。

生鮮品をメインとする本書定義に絞ると、主なUnicorn企業には米国の**Weee!**（同8.6億ドル）、**Misfits Market**（同5.3億ドル）、**GrubMarket**（同5億ドル）、Imperfect Foods（同2.3億ドル）、インドの**Delightful Gourmet**（同4.9億ドル）、**63Ideas Infolabs**（同3.6億ドル）などが著名である。また、Next Unicorn企業にも有力なスタートアップ企業は多く、ケニアのTwiga Foods（同1.9億ドル）、Jumbotail（同1.8億ドル）、インドのFreshtohome（同1.5億ドル）、インドネシアのTaniHub（同1億ドル）などが有名だ。

これらのスタートアップ企業の共通モデルは生鮮ECだが、取り扱う製品や提供サービス、機能は各社で異なる。

まず、生鮮ECのパイオニアは、2014年に中国・北京で設立されたMeicaiであろう。当社は中国の農村エリア（農業者）と都市の中小零細飲食店を繋ぐ農産物・食材プラットフォーム「美菜（メイツァイ）」を運営している。大手食品商社が効率面などから対応しにくい中小零細の飲食店を主要顧客にし、自社で配送トラックや直営倉庫などを抱える高速流通モデル（夜11時までの注文で翌朝10時に配送など）を武器に、設立からわずか5年で、中国の300都市以上に200万件を超える中小零細飲食店への事業・サービス展開を実現した。

しかし、2022年以降、当社の事業・資金調達環境が激変した。2021年6月、当社に先駆けて中国生鮮EC企業として初めてNASDAQ市場へ株式上場してい

第7章 農業デジタルプラットフォーム

339

図表7-26　主なグローバル生鮮流通プラットフォーマー

主要取扱製品	スタートアップ企業名	本社	設立	累計資金調達額（億USD）2024.10.1時点	備考
生鮮	Missfresh	中国	2014	上場企業	生鮮品EC
	Meicai	中国	2014	15.0	規格外農産品EC
	Weee!	米国	2015	8.6	生鮮品EC
	Misfits Market	米国	2018	5.3	規格外農産品EC
	GrubMarket	米国	2014	5.0	農産品EC
	Delightful Gourmet	インド	2015	4.9	精肉・鮮魚EC
	63Ideas Infolabs	インド	2015	3.6	農産品EC
	Freshtohome	インド	2015	2.6	鮮魚・精肉品EC
	Twiga Foods	ケニア	2013	1.9	農産品EC
	Afresh Technologies	米国	2017	1.5	生鮮品在庫管理PF
	TaniHub Group	インドネシア	2015	0.9	農産品EC
	Shelfbot	米国	2015	0.6	生鮮品在庫管理PF
（参考）食料品	Ocado Group	英国	2000	上場企業	食料品EC
	Instacart	米国	2012	上場企業	食料品QC
	Gopuff	米国	2013	34	食料品QC
	Getir	トルコ	2015	18	食料品QC
	Gorillas	ドイツ	2020	13	食料品QC
	Picnic	オランダ	2015	13	食料品EC
	Flink Food	ドイツ	2020	13	食料品QC

注：中国ECスタートアップ企業を除く
出所：Crunchbase、各社ヒアリングなどより、野村證券フード＆アグリビジネス・コンサルティング部作成

たMissFresh（毎日優鮮）が、上場からちょうど1年後の2022年6月に、「事業継続が困難」を理由に突如、ECサービスの停止を発表した。その後、拠点・人員削減などに着手したものの、業績は好転せず、同社は2023年11月にNASDAQ市場から上場廃止となった。

　MissFreshは当社と同じ2014年設立で、創業から3年後にUnicorn企業となり、上場直前には累計20億ドルを超える資金を調達していた。MissFreshと当

図表7-27　Meicaiの生鮮ECプラットフォーム「美菜」

出所：Meicai HP

社は中国生鮮ECの双璧をなす2社として著名で、高速物流モデルも酷似していた。MissFreshの2022年6月の事業停止以降、当社の資金調達環境は厳しくなり、その後、当社も拠点と人員の大規模なリストラクチャリングを発表するなど、事業縮小を余儀なくされた。

MeicaiやMissFreshのように、受注から配送までの高速流通モデルを特徴とする企業もいれば、取り扱う製品で競合他社と差別化を図るスタートアップ企業も多い。いずれもユニコーン企業の**Weee!**や**Misfits Market**、**Delightful Gourmet**などが著名だ。

米国カリフォルニア州で2015年に設立された**Weee!**は、米国で暮らすアジア・ヒスパニック系の住民を対象にした農産物・食品ECプラットフォーム「Weee!」を運営している。ビジネスモデルは、中国や日本、韓国、ベトナム、フィリピンなどの現地バイヤーから調達した農産物や食品を、全米7都市の自

図表7-28　Weee!のアジア・ヒスパニック系生鮮ECプラットフォーム「Weee!」

出所：Weee! HP

社倉庫へ納品し、消費者から受注後、翌日までに自宅へ配送するモデルで、米国で増加しているマイノリティ住民を対象とする製品展開で他社と差別化している。顧客同士が交流できるSNS機能も付加サービスとして定着している。

　米国メリーランド州で2018年に設立された**Misfits Market**は、見た目や形が不揃いなどの理由で廃棄される予定の農産物などを消費者へ安価に宅配する生鮮ECプラットフォーム「Misfits Market」を運営している。形状や色が通常とは異なるものや余剰に生産された農産物、店頭で売れ残っている農産物、消費期限が近いものやラベルを張り間違えた食品、出荷前に欠けてしまったチョコレートなどを安価に買い取り、自社ECを経由して、消費者にサブスクモデルで市場価格の最大4割ほど安価に供給している。USDAによると、米国で消費される生鮮・食料品の3〜4割が廃棄されているといわれており、同省では、2030年までに食品廃棄物を半減する目標を設定している。当社のビジネスモデルはこの政策に合致するだけでなく、フードロス削減という社会課題に共鳴する消費者や農産物の見た目よりも価格に敏感な消費者などの支持を集めている。現在、米国本土48州全てで事業を展開しているほか、2022年には当社の最大のコンペティターでUnicorn企業のImperfect Foods（2015年設立）を買収し、同社の自社配送網を取り入れながらシナジーを高め、米国における規格外青果物EC業界での地位を不動のものにしている。

図表7-29　Misfits Marketの規格外青果物EC「Misfits Market」

出所：Misfits Market HP

　当業界の多くのプレーヤーが青果物を主要取扱品目とする中、インドの**Delightful Gourmet**とFreshtohomeは、精肉と鮮魚に特化したECプラットフォーマーで、インドの食肉流通の近代化に寄与している。

2015年に設立された**Delightful Gourmet**は、精肉を中心とする精肉・鮮魚のDtoCプラットフォーム「Licious」を運営している。主に牛・豚・鶏を飼育する契約農家から調達した精肉を、インド全国5ヵ所の自社加工センターで加工、真空パック保存し、全国90ヵ所以上の自社配送センターを経由して、受注から2時間以内に自社冷蔵・冷凍トラック・バイクで届ける「Farm to Folkモデル」を特徴としている。現在、インドの主要20都市以上で事業を展開し、毎月180万件以上の注文に対応している。2021年に実施した資金調達ラウンド（シリーズF）で、DtoC型のEC業界としてインド初のUnicorn企業となった。

図表7-30　Delightful Gourmetの精肉・鮮魚ECプラットフォーム「Licious」

出所：Delightful Gourmet HP

　同じく2015年に設立のFreshtohomeは、鮮魚を軸とする鮮魚・精肉のDtoCプラットフォーム「FreshToHome」を運営している。独自開発のAIを駆使して、契約漁師・農家から消費者までのサプライチェーン全体を効率的に管理することで、「防腐剤や抗生物質の残留物を全く含まない新鮮な魚、シーフード、肉、肉製品を手頃な価格で提供する」ことをビジョンとしている。インドとアラブ首長国連邦の2ヵ国で合計150を超える都市で事業を展開し、既に営業利益が黒字化した様子である。2023年2月の資金調達ラウンド（シリーズD）で新たに1億ドル強の資金を調達し、Unicorn企業の仲間入りを果たした。

　インドの両Unicorn企業のように、コールドチェーンが未整備な新興国市場で、農産物流通の近代化に挑むスタートアップ企業として著名なのが、ケニアのTwiga Foodsである。2013年に設立された当社は、ケニア全土で3万を超える農業者と15万を超える都市部の零細小売事業者をモバイルで繋ぐ農産物EC

図表7-31　Freshtohomeの鮮魚・精肉ECプラットフォーム「FreshToHome」

出所：Freshtohome HP

プラットフォーム「Soko Yetu」を運営している。ビジネスモデルは、EC上に販売可能な農産物を展示し、小売事業者から注文が入ると当社が農場から直接調達し、24時間以内に配送するものである。配送を含む当社従業員の65％は女性で、その半数が25歳から34歳の若者である。当社のECプラットフォームは、ケニアの農産物流通の近代化を通じて農村部の貧困率の低下に寄与するだけでなく、ケニアの都市部の女性・若者の雇用創出にも貢献している。

図表7-32　Twiga FoodsのECプラットフォーム「Soko Yetu」

出所：Twiga Foods HP

　また、製品以外に、プラットフォーム上で提供する機能やサービスで差別化を図るスタートアップ企業も増加している。その代表企業が、Unicorn企業の **Grubmarket** や **63Ideas Infolabs** である。
　2014年に米国カリフォルニア州で設立された **GrubMarket** は、主にBtoB向けの農産品ECプラットフォーム「GrubMarket」を運営している。既に全米2

万を超える食品小売・外食、EC企業など、米国50州とカナダ全土でサービスを展開しており、ECスタートアップ企業では珍しく、2018年から黒字化している。収益の大部分はEC事業が占めるが、当社収益のもう1つの柱は、自社開発のソフトウェア事業である。取引先の農業者や流通事業者などへ、営農管理や受発注、在庫、顧客などの管理を効率化するSaaS型のソフトウェアを提供している。M&Aにも積極的で、同業他社や食品卸などこれまで70件以上の企業を買収しているが、その中にはIT・ソフトウェア企業も数多く含まれる。それらを通じて農業者への提供機能やサービスは年々拡充し、2023年には農家の作物選択を最適化する意思決定AIシステム「Farm-GPT」もローンチした。

図表7-33　GrubMarketの農産品ECプラットフォーム「GrubMarket」

出所：GrubMarket HP

　インドの農産物ECのパイオニアである**63Ideas Infolabs**も、**GrubMarket**同様に、農業者への提供サービスに特徴を持つ企業の1社である。2015年設立の当社は、データサイエンスを駆使したBtoB向けの高速配送ECプラットフォーム「NinjaCart」を運営している。インド全国にある1,500以上の自社配送センターを通じて、受注から12時間以内に食品小売店舗などへ高速配送される。既にインド国内の農家約80万件、食品小売店舗約10万件、食品商社約2万社にそれぞれサービスを提供し、当社プラットフォームは、毎日2,000tを超える農産物が流通している。2023年9月には、現地EC企業のAradoと連携してブラジル市場にも進出している。当社は「インドの農家所得の向上」をミッションに掲げ、農業者の所得向上に寄与するサービスを充実させている。例えば、農業者向けのAIアプリケーションを開発・提供し、農業者は作付けした農産物

図表7-34　63Ideas Infolabsの農産品ECプラットフォーム「Ninjacart」

出所：63Ideas Infolabs HP

の需要予測や収穫計画、意思決定などに役立てている。利用料は無料である。

また、取引された農業者への支払は、取引後24時間以内にオンライン上でスピード決済（振込）されるなど、資金繰りの観点からも農業者の評価は高い。

農産品ECスタートアップ企業において、農業者へ運転資金を融資する金融サービスを手掛けたパイオニアは、インドネシアのTaniHub Groupである。当社は農業者とバイヤーを繋ぐ農産物のECプラットフォーム「TaniHub」を運営しており、最盛期は7万件を超える農業者と50万店舗を超えるバイヤーにサービスを提供していた。当社のフィンテックプラットフォーム「TaniFund」は、農業者が作物を栽培している期間に使用できる融資で、「TaniHub」への出荷を通じて完済する。これまでの実績などから100を超える信用リスク評価を行

図表7-35　TaniHub Groupの農産品ECプラットフォーム「TaniHub」

出所：TaniHub Group HP

346

い、オンライン上で即日の審査結果と融資実行を可能とする。有望なサービスを提供しながら成長してきた当社であったが、2022年第4四半期以降、資金調達環境の変化を事業規模の縮小で凌いできたが、その後、債権者とのトラブルなども重なり、2023年半ばから事業停止を余儀なくされた。

　これまで生鮮ECプラットフォームを紹介してきたが、最後に、周辺カテゴリーで筆者が注目している「生鮮在庫管理プラットフォーム」を紹介したい。当プラットフォームは、過去の天候や販売実績などのデータから機械学習で生鮮品の需要を予測し、必要な生鮮品を自動発注する生鮮品の在庫管理・自動発注のためのプラットフォームである。この分野の草分け的なスタートアップ企業は、いずれも米国のAfresh TechnologiesとShelfbotであり、生鮮品の適切な在庫管理・発注などに課題を持つ食品小売店を主要顧客としている。

　2017年に米国カリフォルニア州で設立されたAfresh Technologiesは、「食品廃棄物のない世界の実現」をビジョンとし、生鮮在庫管理プラットフォーム「Fresh Operating System」を開発している。当プラットフォームは、AIを使用してバナナやリンゴ、ブロッコリーなどの生鮮品に対する消費者の需要を予測し、それぞれの発注量や価格設定などを担当バイヤーへ提案（推奨）する。

　当社プラットフォームは2019年にローンチ済みで、全米第3位の食品小売チェーンであるAlbertsonsをはじめ、地域密着型の有機食品小売チェーンを展開するFresh Thyme Market、老舗食品小売チェーンのHeinen'sなどへサービスを提供している。AlbertsonsのCOOであるSusan Morris氏は、「Afreshとの提携でプロセスを改善し、生鮮品の供給をより適切に管理できるようになり、

図表7-36　Afresh Technologiesの生鮮在庫管理プラットフォーム

出所：Afresh Technologies HP

需要をより正確に予測して在庫を監視するツールを提供できるようになった」と述べている。当社によると、当社プラットフォームを使用する食品小売企業は、食品廃棄物を25％以上削減し、売上高は平均3％増加しているという。

米国ワシントン州のShelfbotも同様な技術を開発している。2015年シアトルで創業された当社は、生鮮食品業界において、AIを活用して食品廃棄物などの「無駄を減らし、同時に売上高を伸ばす」仕組みとして、生鮮品の自動AI発注プラットフォーム「Shelf Engine」を開発した。当プラットフォームは、確率論モデルを生成して、生鮮品の需要に影響を与える曜日や天候、気温、地元イベント、学校行事などの外部情報を店舗データと統合して、各店舗における各生鮮品の毎日の需要を予測するシステムである。導入小売店舗は、日々、生鮮品の適切な在庫管理と発注を自動で行うことができ、在庫切れや過剰在庫を減らすことができる。

当社プラットフォームの他社と比較した際の特徴は、①一般的な食品小売店舗で3.5〜4.0万あるといわれるSKUレベルで日次の予測モデルを設計できる点、②バイヤーの思考を介入させない自動発注モデルである点、③売れ残りを当社が買い取る販売保証を採っている点などである。

2018年に米国大手食品小売チェーンのWhole Foods Marketが当社プラットフォームを導入したのを皮切りに、米国食品小売最大手のKroger、米国ディスカウント小売大手のTarget、Dollar Generalなどへ展開し、導入店舗数は3,000店舗を超えた。当社CEO曰く、「導入小売店舗側の食品廃棄ロスは約3割減少し、売上高は平均5％増加した」という。

Afresh TechnologiesとShelfbotは、金額換算で全米1,600億ドルといわれる

図表7-37　Shelfbotの生鮮品自動AI発注プラットフォーム「Shelf Engine」

出所：Shelfbot HP

食品ロス問題を解決するべく、生鮮サプライチェーンの川下に当たる食品流通側へのソリューション手段を提供している。

3 グローバル市場展望

　農業デジタルプラットフォームは、①農業現場の省力化に対する強いニーズ、②実需者と消費者による生鮮流通の簡素化・利便性需要、③各国政府による脱炭素やフードロス削減などのサステナブルな農業・生鮮流通への後押しなどを背景に、今後、2035年に向けて高い市場成長が続くものと考えている。

　筆者は、当セクターの2023年のグローバル市場規模を2,187億ドルと推計しているが、2030年の市場規模を8,817億ドル、2035年の市場規模を17,972億ドルにそれぞれ拡大していくことを予想する（**図表7-38**）。この間の年平均成長率（CAGR）は19.2％である。

　内訳として、3つのサブセクターにおける2035年のグローバル市場規模を、自律型農業ロボット1,122億ドル、農業生産プラットフォーム3,078億ドル、生鮮流通プラットフォーム13,772億ドルとそれぞれ予想した。サプライチェーンの川下（ダウンストリーム）に位置する生鮮流通プラットフォームがセクター全体の約77％を占めるのは構造的に致し方ないものの、CAGRでは、農業生産プラットフォームが29.1％と最も高く、続いて自律型農業ロボット28.3％、生鮮流通プラットフォーム17.5％の順番となった。以下、各サブセク

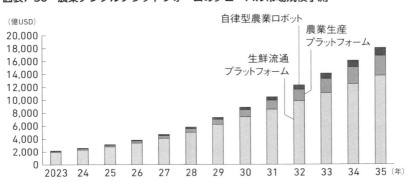

図表7-38　農業デジタルプラットフォームのグローバル市場規模予測

出所：野村證券フード＆アグリビジネス・コンサルティング部

ターの展望を順に見ていきたい。

(1) 自律型農業ロボット

　自律型農業ロボットの市場規模予測に当たり、その対象を、筆者が今後高い成長を見込む5分野に絞った。それは、①自律型農業用ドローン、②自律型農業用除草ロボット、③自律型青果収穫ロボット、④自律型農業用トラクター、⑤自律型酪農用ロボット（搾乳・餌寄せロボット）の5つである。

　筆者はこの5分野の2023年におけるグローバル市場規模を65.3億ドルと推計するが、今後、CAGR 27.6％で拡大し、2035年の同市場規模を1,221億ドルと予想する（**図表7-39**）。

図表7-39　自律型農業ロボットのグローバル市場規模予測

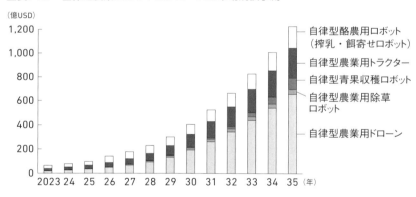

出所：野村證券フード＆アグリビジネス・コンサルティング部

　分野ごとに見ると、まず、最注目分野は、5分野で最大市場の自律型農業用ドローンである。2023年の市場規模を19.6億ドルと見込み、2035年には651億ドル（CAGR 33.9％）への拡大を予想する。自律型農業用ドローンは、高い費用対効果と大幅な省力化を実現する農業機械として、既に日本を含む世界の農業現場で急速に普及している。2030年前後までは現在の高成長が継続し、その後は更新需要が主体となり、成長率が穏やかになるシナリオを推測する。

　自律型農業用ドローンの現状の主要対象作物は稲作で、主要機能（用途）は防除（農薬散布）だが、今後、対象作物は果樹や畑作物、園芸作物のほか、畜

産や水産の現場へも普及しよう。機能としては施肥（肥料散布）や一部実証がはじまっている播種、運搬などの用途にも拡がるものと考える。

　自律型農業用ドローンはトラクターやコンバインなどと比較すると安価で導入しやすいものの、昨今、高機能化が進み、製品価格は上昇傾向にある。また、防除における技術レベルはほぼ固まりはじめたものの、機能面においては未だ開発途上にある。そのような観点から、農業用ドローンは今後、様々な機種の最新ドローンを所有する第三者事業者が、依頼主の代わりに農薬散布を行う「散布請負サービス（ビジネス）」が拡がるものと予想する。

　次に注目している分野は、5分野のうち最も高い成長率を予想する自律型青果収穫ロボットである。全体作業時間の5割程度を占める青果の収穫プロセスを自動化できる意義は大きく、潜在需要は計り知れない。現在、農業現場では、費用対効果で労働者と同程度かそれ以上の機能を持つロボット製品の市場投入を待っている状態である。自律型青果収穫ロボットの2023年のグローバル市場規模を3,815万ドルと推計し、今後、CAGR 58.6％で伸長し、2035年には同市場規模が96.5億ドルまで拡大することを予想する。

　現在のスタートアップ各社などの開発状況や計画などを鑑みると、筆者は、自律型青果収穫ロボットが2030年までに現場で普及しはじめる対象青果物を、

図表7-40　自律型青果収穫ロボットが当面対象とする主要青果物13品目

〈2030年までの主要対象青果物〉

品目名	グローバル産出額 （億USD、2023年、 筆者推計）
リンゴ	1,102
ナシ	211
プラム／スモモ	244
イチゴ	322
トマト	2,885
レタス	654
ホウレンソウ	1,038
小計	6,456

〈2035年までの主要対象青果物〉

品目名	グローバル産出額 （億USD、2023年、 筆者推計）
アスパラガス	265
ピーマン	776
ナス	890
キュウリ	1,440
モモ	619
ブドウ	2,211
小計	6,201
合計	12,657

出所：野村證券フード＆アグリビジネス・コンサルティング部

リンゴ、ナシ、プラム／スモモ、イチゴ、トマト、レタス、ホウレンソウの7品目と考えている。それに続き、2035年までに普及する青果物として、アスパラガス、ピーマン、ナス、キュウリ、モモ、ブドウの6品目を見込んでいる。

　また、自律型青果収穫ロボットと同様な背景で注目される分野は、自律型農業用除草ロボットである。自律型農業用除草ロボットの開発技術は自律型青果収穫ロボットと類似しているが、対象物が、青果物（出荷物）か雑草（除去物）かで技術精度（ミスの許容度）はやや異なる。そのため、開発ステージは自律型青果収穫ロボットよりは進んでいるものの、ローンチしている製品は未だ限られており、これからの市場といえる。筆者は自律型農業用除草ロボットの2023年のグローバル市場を2.4億ドルと推計しており、今後、CAGR 26.4％で伸長し、2035年に39.8億ドルまで拡大するものと予想する。

　そして、5分野のうち、最も安定した代替市場（母体市場）をベースとするのが自律型農業用トラクターである。筆者は既存の農業用トラクターの2023年のグローバル市場規模を731億ドル、2035年までのCAGRを6.1％と推計しているが、自律型農業用トラクターはこのような巨大かつ安定成長市場の自動化を促す代替品として期待されている。なお、本書における自律型農業用トラクターの定義として、筆者は、「有人監視下または遠隔監視下で自動走行・作業を行うトラクター（日本の自動化レベルで『レベル2以上』）」としている。

　その定義に基づく自律型農業用トラクターの2023年のグローバル市場規模を、筆者は17.4億ドルと試算しており、2030年に106億ドル、2035年には252億ドルまで拡大することを予想する（2023-35年のCAGRは24.9％）。なお、筆者定義では、自律型農業用トラクターの製品は大きく、セミオートメーション（半自律化）製品とフルオートメーション（完全自律化）製品の2つに区分できる。いずれ、フルオートメーション製品が自律型農業用トラクターの大半を占めることになるものと考えるが、予測期間最後の2035年時点では、セミオートメーションが未だ全体の7-8割を占めているものと推測している。

　最後に、酪農業界で2010年以降にグローバルで普及が進んでいる自律型ロボット製品が、搾乳ロボット（AMS：自動搾乳システム）と餌寄せロボット（一部給餌機能含む）である。いずれも酪農家の大幅な省力化に寄与するだけでなく、適切な酪農牛管理にも資するため、乳量の増大などを通じて酪農家所得の向上にも貢献するものと考える。筆者は両ロボットの2023年のグローバ

ル市場規模を25.5億ドルと試算しており、今後、CAGR 17.7％で伸長し、2035年までに181億ドルまで拡大することを予想する。

（2）農業生産プラットフォーム

農業生産プラットフォームは、農畜産業界の効率化に資するデジタル農業（スマート農業）の基盤であり、また、植物工場や施設園芸、農業ロボットなどの関連セクター・分野との互換性が非常に高い。2010年代半ば頃から市場はグローバルで成長しているが、今後も高い成長を維持するものと考えている。

市場推計に当たっては、農畜産事業者によるシステムやセンサなどの投資額またはリース支払額だけでなく、ITベンダーやプラットフォーマーへのサービス対価も含むものとした。サービスを含むのは、スタートアップ企業を中心とするITベンダーやプラットフォーマーの収益モデルが、面積規模や使用量などに応じる従量課金ナービス（Software as a Service）にシフトしつつある背景がある。このサービスには、ITベンダーやプラットフォーマーが提供する関連サービス（農場や作物のセンシングサービスやデータ解析サービス、育成診断サービスなど）も全て含むものとする。

このような前提の下、筆者は、農業生産プラットフォームの2023年のグローバル市場規模を143億ドルと推計し、今後CAGR 29.1％で伸長し、2030年に1,073億ドル、2035年には3,078億ドルまでの拡大を予想する（**図表7-41**）。

図表7-41　農業生産プラットフォームのグローバル市場規模予測

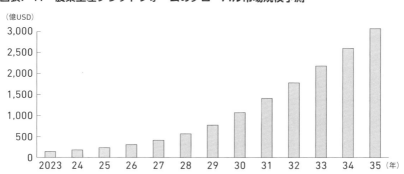

出所：野村證券フード＆アグリビジネス・コンサルティング部

また、農業生産プラットフォームの市場規模予測を「IT投資額」と見なす（仮定する）ことで、農畜産業界のIT投資比率（農畜産業の産出額に占めるIT投資額の割合）が算出できる。筆者は、2023年の農畜産業のグローバル産出額を79,419億ドルと試算しており、同年のIT投資比率は0.18％（143億ドル／79,419億ドル）と推計できる。農畜産業のグローバル産出額は、今後、CAGR 4.8％で伸長し、2030年に113,892億ドル、2035年には139,626億ドルまで拡大することを筆者は予想しており、IT投資比率は、2030年に0.94％（1,073億ドル／113,892億ドル）、2035年には2.20％（3,078億ドル／139,626億ドル）までの上昇を予想する（**図表7-42**）。全産業のIT投資比率は現状3％程度といわれているが、農畜産業界も徐々に全産業平均に近づくことになろう。

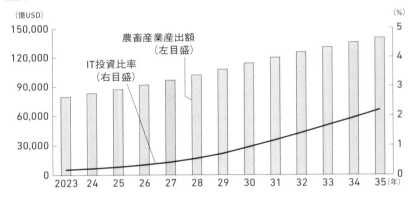

図表7-42　農畜産業界のグローバル産出額とIT投資比率の予測

出所：野村證券フード＆アグリビジネス・コンサルティング部

　引き続き高い持続成長が期待される農業生産プラットフォームであるが、ミクロの企業ベースで見た場合の展望として、大きく2つの方向性が考えられる。1つは、プラットフォームの領域拡大である。ユニコーン企業を中心に、農業サプライチェーンの川上に位置する農業生産プラットフォーマーが、川下である農産物流通市場へ事業領域を拡げているが、この農業経営者のための「ワン・プラットフォーム化」の潮流は、今後もさらなる推進が見込まれる。
　もう1つは、これとは逆の動きになるが、事業領域をアップストリーム領域に絞り、農業生産プラットフォームとしての機能やサービスにいっそうの磨き

込みをかける趨勢である。「超」ローカルエリアの気象予測サービスや、「超」高解像度センシングサービスなどはその象徴であろう。

（3）生鮮流通プラットフォーム

　生鮮食品のECは他産業の製品などと比べると出遅れていたが、特にコロナ禍以降、急速に市場が伸びている。背景には、スタートアップや新興企業、グローバル・テック企業を中心とする供給側の製品ラインナップやサービス、開発プラットフォームの機能の向上に加え、消費者側の受け入れ態勢（オンラインで生鮮食品を購入することへの心理的ハードルや宅配ボックスなどの物理的ハードルの撤廃）が整いはじめたことが大きい。また、フードロスやフードマイレージの削減といった社会課題の解決という大義名分もあり、市場は2035年にかけて当面、持続的な成長が期待される。

　筆者は、生鮮流通プラットフォームの2023年のグローバル市場規模を1,988億ドルと試算しているが、今後、CAGRは17.5％で伸長し、2030年には7,385億ドル、2035年には13,772億ドルまで拡大することを予想する（**図表7-43**）。

　商取引全体に占めるECの割合を示すEC化率は、日本を含むグローバルで上昇している。経済産業省によると、2022年の物販系分野の世界と日本のEC化率は19.3％と9.1％であった。同省の統計には生鮮食品単体のデータは存在しないが、筆者は、2023年の同EC化率を、世界2.4％、日本1.6％とそれぞれ推

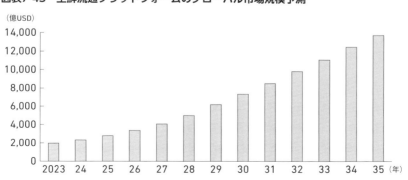

図表7-43　生鮮流通プラットフォームのグローバル市場規模予測

出所：野村證券フード＆アグリビジネス・コンサルティング部

計している。2010年前半までは世界・日本ともに0.5％未満と考えられ、2010年半ば以降、急進したものと推察している。

　また、世界の人口増加とともに農畜水産業自体の市場規模も伸長する。筆者は、2023年のグローバルの農畜水産業産出額（生産者出荷ベース）を8.2兆ドルと推計しているが、今後、CAGR 5.1％で伸長し、2030年に12兆ドル、2035年には15兆ドルまでの拡大を予想する。

　この農畜水産業の産出額予想と、前頁の生鮮流通プラットフォームの予想値を組み合わせると、2023年に2.4％と試算される生鮮食品のEC化率は、2030年に6.1％、2035年には9.2％まで上昇するものと推算される。

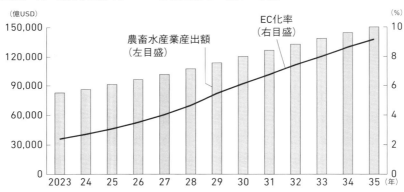

図表7-44　農畜水産業のグローバル産出額とEC化率の予測

出所：野村證券フード＆アグリビジネス・コンサルティング部

　生鮮流通プラットフォームをけん引するのは、引き続き、グローバル・テック企業とスタートアップ企業であろう。Amazon.comやAlibaba Groupなどのグローバル・テック企業は、2010年代に生鮮市場へ本格参入し、「スーパーアプリ（多種多様なサービス機能が集約された統合アプリ）」を軸に、グループ内の食品小売企業が有するリアル店舗と連動させるなどで市場シェアを急伸させている。一方、スタートアップ企業の差別化要素として、大きく、①取り扱い製品、②提供サービスの2つの軸がある。前者の代表企業は、アジア・ヒスパニック系の生鮮食品に特化する**Weee!**（米国）や、規格外農産品に特化する**Misfits Market**（同）などであり、後者は農畜産事業者を生産から流通まで

「ワンストップ」で支援する**Grubmarket**（同）や**63Ideas Infolabs**（インド）などである。

4 グローバル・ユニコーン企業

次頁より、筆者が直接取材した農業デジタルプラットフォームのユニコーン企業13社を紹介する。本書筆者定義では、①Unicorn企業（累計資金調達額2億ドル以上）9社、②Next Unicorn企業（同1億ドル以上）1社、③Future Unicorn企業（将来成長期待の同1億ドル未満企業）3社となった。

図表7-45　農業デジタルプラットフォームのグローバル・ユニコーン企業リスト

サブセクター		企業名	本社	設立 (年)	累計資金調達額		ユニコーン 分類
					USD M	直近 シリーズ	
(1)	自律型 農業 ロボット	Guangzhou Jifei Technology (XAG)	中国	2007	248	C	Unicorn
		Beew se Technologies	イスラエル	2018	118	C	Next Unicorn
		Blue White Robotics	イスラエル	2017	88	C	Future Unicorn
		Farm'Wise Labs	米国	2017	65	B	
		Tevel Aerobotics Technologies	イスラエル	2016	32	B	
(2)	農業生産 プラット フォーム	Farmer's Business Network	米国	2014	918	G	Unicorn
		Greenlabs	韓国	2017	235	C	
		Green Agrevolution (DeHaat)	インド	2012	224	E	
(3)	生鮮流通 プラット フォーム	Weee!	米国	2015	862	E	Unicorn
		Misfits Market	米国	2018	526	C	
		GrubMarket	米国	2014	499	F	
		Delightful Gourmet (Licious)	インド	2015	490	F	
		63Ideas Infolabs (Ninjacart)	インド	2015	357	D	

注　：累計資金調達額は2024年10月1日時点
出所：Crunchbase、各社ヒアリングなどより、野村證券フード＆アグリビジネス・コンサルティング 部作成

Guangzhou Jifei Technology Co., Ltd. (XAG) 〔中国〕

世界初となる完全自動タイプの農業用ドローンを発売し、既に世界45カ国以上で事業展開する農業ロボット業界のパイオニア

会社概要
- 所在地　　：XSpace, 115 Gaopu Rd, Guangzhou
- 代表者　　：Bin Peng（Co-Founder & CEO）
- 事業内容　：農業用ドローンを軸とする農業分野の自動化ソリューション開発
- 従業員数　：約1,500名
- 累計調達額：USD 248 million（シリーズC）

事業沿革
- 2007年：現CEOと現副社長（Jusitn Gong氏）が設立
- 2014年：黒字化していた航空撮影事業等を取りやめ、農業用ドローン開発に専念
- 2015年：世界初となる自律飛行型の農薬散布ドローン「P20」をローンチ
- 2016年：日本法人（現XAG JAPAN）の設立
- 2019年：日本で初製品となる農薬散布ドローン（自律飛行型）「P30」を発表
- 2021年：世界初の量産型農業用無人車（自律走行型農薬散布等ロボット）「R150」をローンチ
- 2022年：予定していた上海証券取引所へのIPO申請を撤回
- 2023年：最新世代の大型農業用ドローン（自律飛行型）「P100 Pro」をローンチ

事業概要・計画
　農薬散布やリモートセンシング用途の農業ドローンを軸に、地上で農薬散布や荷物運搬を行う農業用無人車、トラクターの自動走行制御装置など、農業分野の自動化に資するソリューション製品開発を行う。いずれの製品も、AI技術とRTK技術により、誤差を数cm以内に抑えた精度の高い農作業を完全自動で行う点が特徴。既に世界45カ国で事業展開し、当社製品利用者の総農地面積は1億エーカー（約4,000万ha）を超える。

　直近の売上高は約2億ドルで、そのうち3分の2以上を農業用ドローン製品が占める。ここ数年、特にベトナムやタイ、ブラジル等の東南アジアや南米を軸とする海外売上高が急伸。技術・製品開発への投資比率は依然高く（研究開発費対売上比率17-18％）、足元の利益は赤字だが、今後2年程度で黒字化予定。

日本企業との連携機会
　日本法人（XAG JAPAN）等を通じた農業分野の自動化製品・ソリューション開発連携。

ビジネスモデル・特徴

```
主要サプライヤー          → プロペラ              ┌──────────┐      農薬散布作業請負
 ◆ プロペラメーカー       → 電子部品              │   XAG    │      サービス・ローンチ      ┌──────┐
 ◆ 電子部品メーカー       → カメラレンズ          │（開発製品） │      ［2014年～］           │ 中国 │
 ◆ レンズメーカー         → 半導体 他             │農業用ドローン等│                              │ 農家 │
 ◆ 半導体メーカー 他                               │          │      製品ローンチ           └──────┘
                                                   │          │      ［2015年～］
┌──────────────┐   戦略提携                        │農業ロボット製品│
│ Bayer Group  │───────────                        │          │                              ┌──────┐
└──────────────┘   共同事業開発等                  │(製品開発コンセプト)│  XAG JAPAN          │ 日本 │
┌──────────────┐   戦略提携                        │農業経営の省力化・│                       │ 農家 │
│ Airbus Group │───────────                        │効率化に資する自動│  製品ローンチ        └──────┘
└──────────────┘   配送用ドローン開発              │化ソリューション製品│ ［2019年～］
┌──────────────┐   戦略提携                        │          │
│Chia Tai Group│───────────                        │(農業用ドローン)│                          ┌────────┐
│ (CP Group)   │   タイでドローン展開              │● XAG P100 Pro / P40│                    │東南アジア│
└──────────────┘                                   │● XAG V40 │         各戦略              │  農家   │
┌──────────────┐                                   │● XAG M500 / M2000│  パートナー          └────────┘
│   主要株主   │   出資                            │          │
│◆SoftBank Vision│ 直近調達                        │(農業用無人車)│                            ┌──────┐
│  Fund        │   シリーズC                       │● XAG R150 2022 / 2020│                  │南米  │
│◆Baidu Capital│ ［2021年5月］                     │          │                              │ 農家 │
│◆Chengwei Capital│約2.3億ドル                    │(農機アタッチメント等)│                   └──────┘
│◆SFUND        │                                   │● 自動走行メインフレーム│
│◆Sinovation   │ 次回調達計画                      │● 自動走行ハンドル 等│                    ┌──────┐
│  Ventures    │ ［未定］                          │          │                              │ 欧米 │
└──────────────┘                                   └──────────┘                              │ 他  │
                                                                                              └──────┘
```

バリューチェーン
（付加価値・差別化）

○ 農業専業のドローン企業では世界最大。約1,000名の技術者と農薬散布の作業請負サービス等を通じて、常時、製品をアップデート。
○ BayerやAlibaba、HUAWEI、Airbus等、関連業界のトップ企業と戦略提携し、常時、ビジネスモデルをアップデート。

イノベーション
（新しい価値創造）

○ 農業用ドローンの完全自動化（自律化）を他社に先駆けて実現し、農業現場の省力化や効率化に大きく貢献。
○ ドローンの他、農業用無人車や自動農機制御装置等、農業分野に特化した自動化ソリューション製品を開発。

出所：XAG HP

Beewise Technologies Ltd.

イスラエル

ロボット・AI技術で、農産物の受粉に欠かせないミツバチ飼育（養蜂）を完全自動化する養蜂ロボット・ソリューションスタートアップ

会社概要
- 所在地　　：Beit HaEmek, HaZafon
- 代表者　　：Saar Safra（Co-Founder & CEO）
- 事業内容　：養蜂の自動化ロボット・ソリューション開発
- 従業員数　：約120名
- 累計調達額：USD 118 million（シリーズC）

事業沿革
- 2018年：連続起業家の現CEOと養蜂家の現副社長（Eliyah Radzyner氏）が設立
- 2019年：米国拠点を開設し、カリフォルニア州で自動養蜂ロボットの実証を開始
- 2021年：「BeeHomes」を正式ローンチ（米国カリフォルニア州で初の商業設置）
- 2023年：最新の自動養蜂ロボット「BeeHomes 4」をローンチ

事業概要・計画
　気候変動や化学農薬等の影響でミツバチのコロニー（生命共同体社会）が年々崩壊している中、「世界のミツバチを救う」ことを使命に、ロボット工学やAI等の技術を用いた養蜂の自動ロボット装置「BeeHomes」を開発。太陽光発電を利用したBeeHomesは数百万匹のミツバチを収容でき、コンテナ内の中央通路にあるAIロボットがコロニーを24時間365日監視し、温度調整や給餌、害虫駆除を自動で行う。また、農薬やダニ、（ミツバチの）病気等を検知すると、ロボットシステムが「外気溝を閉じる」、「熱処理をする」、「治療薬を垂らす」等、各脅威にリアルタイムで対処する。さらに、蜂蜜の準備が出来ているハチの巣を検出し、自動的に蜂蜜を抽出し、蜂蜜の容器が容量に達すると養蜂家に通知が届く。養蜂家はBeeHomes内の様子や養蜂データをスマートフォンで遠隔管理（または操作）できる。BeeHomesはリースモデルで養蜂家や園芸農家へ供給されており、初期配送・セットアップ費用は約2,000ドル、月額費用は400〜600ドル。
　既に米国で1,000を超えるBeeHomesが設置・運営されており、カナダや豪州、ニュージーランドへのサービス展開も計画中。

日本企業との連携機会
　中長期的な日本への事業展開に向けた現地パートナー探索。

ビジネスモデル・特徴

主要サプライヤー
- ロボットメーカー
- ソフトウェアメーカー
- 電子部品メーカー
- GPUメーカー 他

→ ロボット
→ ソフトウェア
→ 電子部品
→ GPU 他

Oracle — 戦略提携 / AI・Cloud技術等

NVIDIA — アクセラレータ連携 / 画像処理技術等

主要株主
- ATOORO FUND
- lool ventures
- Fortissimo Capital
- Arc Impact
- Walter Beach
- Corner Ventures
- Bet Haemek
- Sanad AD

出資 / 直近調達シリーズC [2022年3月] 約0.8億ドル / 次回調達計画 [2024年以降]

Beewise Technologies
（開発製品）養蜂自動化ロボット

養蜂自動化ロボット「BeeHomes」

（製品開発コンセプト）
養蜂の省力化・効率化に資する完全自動化装置

（製品機能）
装置内のAIロボットがハチの巣を24時間365日監視し温度調整や給水・給餌、害虫駆除、蜂蜜抽出等を自動で実施

（収益モデル）
養蜂家や園芸農家へロボット装置をリースするRaaS（Robot as a Service）モデル

製品ローンチ／サービス提供 [2021年〜]

- 米国直営拠点 → 米国カナダ
- イスラエル直営拠点 → イスラエル
- 各国戦略パートナー → 豪州ニュージーランド
- → 欧州アジア他

バリューチェーン（付加価値・差別化）
- 養蜂の完全自動化ロボットを開発・ローンチする唯一の企業。18の特許と4年の開発期間を経て99％の精度の最適化に成功。
- 従来の養蜂と比較し、労働力を9割削減し、かつ（ミツバチの歩留り向上とストレス軽減により）蜂蜜の生産量を5割以上向上。

イノベーション（新しい価値創造）
- 約75％の青果物はミツバチの受粉に依存。社会課題であるミツバチの大幅な減少に対するソリューションを開発。
- 150年以上大きな技術変化のない業界に対して、養蜂家の「距離」と「時間」、「経験」のギャップを埋める自動化ソリューションを開発。

出所：Beewise Techncologies HP

Blue White Robotics Ltd.

トラクターを「後付け」で自律化させるロボットキットと関連ソフトウェアを開発する農業ロボットスタートアップ

会社概要
- 所在地　　：116 Derech Menachem Begin Tel Aviv
- 代表者　　：Ben Alfi（CEO & Co-Founder）
- 事業内容　：トラクター用の自律型ロボットキット／データ管理ソフトウェア開発
- 従業員数　：約150名
- 累計調達額：USD 88 million（シリーズC）

事業沿革
- 2017年：イスラエル空軍の退役軍人3名（現CEO/COO/CTO）が共同設立
- 2019年：事業領域を「自動運転農業車両」に集約。無人航空機や都市モビリティから撤退　米国カリフォルニア州で初となる製品（Pathfinder/Compass）・サービスのローンチ
- 2021年：米国Intel、Federated Wirelessと戦略パートナシップ契約を締結
- 2023年：当社製品の稼働トラクター数が100台を超える

事業概要・計画
「自律型ロボットを通じて農業に革命を起こす」というビジョンの下、農家が所有する既存のトラクターを、自動運転トラクターに変換する自律型ロボットキット「Pathfindder」とそのデータ管理ソフトウェア「Compass」を開発。Pathfinderは、LIDARやカメラ、センサー、AIを使用して自動運転を行い、防除（噴霧）・除草・収穫等の幅広い作業機と互換性を持つ。Compassはトラクター管理、作業データの追跡・保存、作業上の洞察の収集など、農業経営の最適化を支援。収益モデルは、初期のセットアップ報酬と利用料に応じて従量課金するRaaS（Robot as a Service）モデル。2019年の製品ローンチ（商業サービス開始）以降、果樹園やブドウ園（ワイン用）、アーモンド農園など世界有数の高価値永続作物の産地である米国カリフォルニア州でドミナント展開中。現在、当社製品がセットアップされている稼働トラクターは既に100台を超え、それらの管理農地は30万エーカー（12万ha）以上。今後、自動受粉等の新機能開発とエリア拡大を進め、稼働トラクター数を2024年末に1,000台、2025年末に1万台へ拡げる計画。

日本企業との連携機会
ロボットやソフトウェアの製品改良、OEM等で協働できる日本企業との連携。

ビジネスモデル・特徴

```
主要サプライヤー              → ソフトウェア        Blue White        製品・サービス
◆ ソフトウェアメーカー         → 通信設備           Robotics          ローンチ           カリフォル
◆ 通信メーカー                 → 電子部品                             [2019年〜]         ニア州
◆ 電子部品メーカー             → OEM製品 他       (開発製品)                            
◆ OEMメーカー  他                                 トラクター用の     トラクター         世界有数の
                                                  自律型ロボットキット開発              高価値永続
                              戦略提携                               製品セット 現       作物(ブドウ・
  Intel                       ─────────          自律型ロボットキット アップ・提供 地    アーモンド
  Federated Wireless          ソフトウェア開発等  「Pathfinder」等    操作等相談  拠    等)産地
                              戦略提携            (製品開発コンセプト)              点
  Exact, Air-O-Fan,           ─────────          既存のトラクターに「後            運営支援、
  Insero 他                    設備・機器開発等    付け」で自動運転可能な            製品の常時
                              戦略提携            ロボットキットとソフト             アップデート
  Tevel Aerobotics            ─────────          ウェア(Compass)を開発
  Taranis Visual              製品連携等          (収益モデル)
                                                  ロボットキットとソフト             拠点開発/地元企
  主要株主                    出資                ウェアを農家へ貸与し               業連携で進出予定   米国他州
◆ GV                          ─────────          て、その利用分を請求
◆ Taylor Farms                直近調達            
◆ Playground Global           シリーズB           (主要顧客)
◆ SVG Ventures                [2024年1月]         米国カリフォルニア州
◆ Felicis                     3,700万ドル         の果樹園やブドウ園、                現地パートナーと
◆ Calibrate Ventures                              アーモンド農園の大規               連携の上進出検討   海外
                              次回調達計画        模農業企業
                              [未定]
```

バリューチェーン
(付加価値・差別化)

- 創業者3名がいずれも空軍パイロット出身で、かつ自律走行・飛行及び関連ソフトウェア開発等の経歴を有する。
- 農家が既に所有するトラクターのメーカーを問わず、簡単な「後付け」で自動化可能な技術と関連システムを開発。

イノベーション
(新しい価値創造)

- GPSやRTKに依存しない独自のセンサー(特許で保護)で自律化するセンサーフュージョン技術を開発。
- 後付けモデルやセンサーフュージョン、従量課金制のビジネスモデルにより、農家の自動化への取り組みを推進。

出所：Blue White Robotics HP

FarmWise Labs, Inc

人工知能等の技術で作物と雑草を見極め、雑草のみを取り除く
自律型除草ロボットを開発した業界のパイオニア・スタートアップ

会社概要

- 所在地　　：1037 Abbott St., Salinas, CA
- 代表者　　：Tjarko Leifer（CEO）
- 事業内容　：自律型除草ロボットの開発
- 従業員数　：約80名
- 累計調達額：USD 65 million
　　　　　　（シリーズB）

事業沿革

- 2017年：MITの卒業研究を基にBoyer氏（現President）とPalomares氏（現CTO）が設立
- 2018年：米国カリフォルニア州で拠点を開発し、大規模農業企業2社と実証開始
- 2019年：米国カリフォルニア州で当社初の自律型除草ロボットをローンチ
- 2020年：自律型除草ロボットの新機種「Titan」をローンチ。アリゾナ州で拠点開発
- 2023年：Climate Corp（現Bayerグループ）元副社長のLeifer氏がCEO就任
  　　　　Forbes誌の「Forbes Top AI 50」に選出
  　　　　軽量で「インチ未満」の除草精度を誇る最新機種「Vulcan」をローンチ

事業概要・計画

　「農家の負担を軽減し、持続可能で効率的な農業システムを構築する」というビジョンの下、AIやロボット工学、コンピュータービジョン（画像処理）、自動走行等の技術を用いて、作物と雑草を見極めて、雑草のみを根ごと除草する自律型ロボットを開発。収益モデルは製品販売ではなく、200ドル/エーカー（約0.4ha）で除草作業を請け負うRaaS（Robotics as a Service）モデル。現在、カリフォルニア州とアリゾナ州の合計30を超える大規模農場向けにサービスを提供し、毎日20以上の除草ロボットが稼働中。レタスやブロッコリーなど20種類の作物農場を対象とし、毎年、5-10種類の新しい作物を追加。

　今後は、展開エリアの拡大と、トウモロコシや大豆等の画像をAIに学習させて対象作物のバリエーションを拡げる他、これまで収集した5億枚超の作物画像データ等を基に、除草サービスに加えて、作物への農薬散布や施肥、灌水等、周辺サービスの開発等も計画。

日本企業との連携機会

　2025年を目途に進出を検討する日本やアジアでの共同機会。

ビジネスモデル・特徴

主要サプライヤー
- ロボットメーカー
- ソフトウェアメーカー
- 電子部品メーカー
- レンズメーカー　他

→ ロボット
→ ソフトウェア
→ 電子部品
→ レンズ　他

Roush Industries ─ 戦略提携／自動走行開発 →
Taylor Farms ─ 戦略提携／データ収集等 →

主要株主
- GV
- Taylor Farms
- Playground Global
- SVG Ventures
- Felicis
- Calibrate Ventures
- Alumni Ventures
- Xplorer Capital
- Cavallo Ventures

出資
直近調達 シリーズB
［2022年1月］
約4,500万ドル
次回調達計画
［2024年以降］

FarmWise Labs
（開発製品）
除草ロボット開発

自律型除草ロボット「Vulcan」

（製品開発コンセプト）
「農作業の重労働」である除草作業を自動化するソリューションを提供

（収益モデル）
当社が顧客農場に赴き、除草代行サービスを実施。面積単位で請求

（主要顧客）
Taylor FarmsやDole等、米国を代表する大手野菜企業30社のうち半数以上へ展開（サービス提供農場は30超）

→ 製品・サービスローンチ［2019年〜］ → **カリフォルニア州**
← サービス提供／作物データ等 ─ 各拠点
→ サービス提供／← 作物データ等 ─ **アリゾナ州**
→ 製品・サービスローンチ［2021年〜］
→ 拠点開発、地元農業企業と連携の上進出 → **米国他州**
→ 現地パートナーと連携の上進出検討 → **海外**

バリューチェーン（付加価値・差別化）
- 自律型「除草」ロボットを複数地域で商業稼働する世界唯一の企業。約20のコア特許と5億超の作物画像データ等で他社を圧倒。
- 全米有数の野菜生産企業であるTaylor FarmsやDoleなど、米国大手野菜企業30社のうち、既に半数以上へサービスを提供。

イノベーション（新しい価値創造）
- 20名で2日かかる10haの除草作業を、当社ロボットは10時間で実施。除草作業という重労働から農家を開放。
- 2023年より欧州の複数国で一部の除草剤が使用禁止へ。当社は農家の健康維持と環境負荷軽減（持続可能な農業）に寄与。

出所：FarmWise Labs HP

Tevel Aerobotics Technologies Ltd.

AIやコンピュータービジョン、ロボティクス等の独自技術でドローンを使った果樹用の自動収穫ロボットを開発する業界のパイオニア

会社概要

- 所在地　　：Agridera Farm, Tel Nof
- 代表者　　：Yaniv Maor（Founder & CEO）
- 事業内容　：果樹農業の自動収穫ロボット開発
- 従業員数　：約65名
- 累計調達額：USD 32 million（シリーズB）

事業沿革

- 2016年：イスラエルの防衛関連企業最大手・Israel Aerospace Industries出身の現CEOが設立
- 2018年：自動収穫ロボットのプロトタイプが完成し、イスラエルや米国で実証開始
- 2021年：イタリアのRivoria Groupと提携し、収穫代行サービスを開始
- 2022年：米国のHMC Farmsと提携し、収穫代行サービスを開始
- 2023年：チリのUnifrutti Groupと提携し、収穫代行サービスを開始
  米国のS & S Metal Fabricaitonと提携し、モバイルプラットフォームを刷新

事業概要・計画

　ドローンを使った飛行型の自動収穫ロボットを開発。8台のドローンが1つのモバイルプラットフォーム「Alpha-Bot」に接続され、各ドローンが「色」と「サイズ」で収穫適期にある果樹を自動判別し、ドローンの先に取り付けられた「吸盤」が果樹に吸い付いて収穫。プラットフォーム内の収穫カゴに収穫物を格納後、ドローンは新たな収穫物を探索。吸盤には高性能なセンサーが内蔵されており、収穫した果樹の時間や場所、重量、サイズ、色、グレード、病気検出等の情報をリアルタイムで収集・集積し、収穫物の梱包施設への配送前に農家へ共有される。収益モデルは、農家に代わって果樹を収穫する収穫物代行サービス。収穫した重量をベースに農家へ請求。現在、リンゴを軸に、モモ、アンズ、ネクタリン、プラム、ナシの6品目の果樹収穫サービスを対象に、イタリア、米国、チリ、イスラエルの4ヵ国で事業を開始。技術と体制が整い、2024年より4ヵ国での事業展開を本格化するとともに他国へ進出し、2026年に売上高1.3億ドルを計画。

日本企業との連携機会

　日本を含む東アジアでの事業展開における各種連携。

ビジネスモデル・特徴

主要サプライヤー		Tevel Aerobotics Technologies	収穫代行サービス・ローンチ [2021年～]		
◆ 電子部品メーカー ◆ レンズメーカー ◆ 半導体メーカー ◆ ICTメーカー ◆ ドローンメーカー 他	◆ 電子部品 ◆ カメラレンズ ◆ 半導体 ◆ センサー ◆ ドローン 他	(開発製品) 果樹収穫ロボット開発		Rivoria Group	イタリア

農業ロボット製品

（製品開発コンセプト）
果樹経営の主要コストで、かつ収穫人材の慢性不足に悩む果樹農家へ、自動化ソリューションを提供

（収益モデル）
当社や連携パートナーが果樹園に赴き、収穫代行サービスを実施。収穫物の重量単位で請求

（対象作物）
リンゴ、モモ、アンズ、ネクタリン、プラム、ナシ

- S&S Metal Fabrication — 戦略提携／モバイルプラットフォーム開発

主要株主
- ◆ OurCrowd
- ◆ Maverick Ventures Israel
- ◆ Club degli Investitori
- ◆ AgFunder
- ◆ Hubei Forbon Technology
- ◆ Ziv Aviram
- ◆ Kubota

出資
直近調達 シリーズB [2021年8月] 約0.2億ドル
次回調達計画 [2024年以降]

- 収穫代行サービス・ローンチ [2022年～] → HMC Farms → 米国
- 収穫代行サービス・ローンチ [2023年～] → Unifrutti Group → チリ
- 各国パートナーと連携しサービスを提供予定 → 他国

バリューチェーン
（付加価値・差別化）

- 人工知能やロボットアーム等の複雑な技術の組み合わせである自動収穫ロボットを他社に先駆けて商業ローンチ。
- 競合他社が「走行型」で対象作物を「野菜類」とする中、当社は「飛行型」で付加価値の高い「果樹」を対象とする。

イノベーション
（新しい価値創造）

- 世界中で収穫作業者が不足し、大きく確かな需要のある自動収穫ロボットを、他社に先駆けて実用レベルへ移行。
- 昼夜問わず収穫できる省力化の他、収穫情報のリアルタイム収集・集積により、収穫後のコスト削減と意思決定に貢献。

出所：Tevel Aerobotics Technologies HP

Farmer's Business Network, Inc 【米国】

川上分野に特化した北米最大の農業プラットフォーム「FBN」等を運営する世界有数のアグリテック・スタートアップ

会社概要
- 所在地　　：388 El Camino Real. San Carlos CA
- 代表者　　：John Vaske（Co-Founder & CEO）
- 事業内容　：農業デジタルプラットフォーム
　　　　　　　「FBN」の運営等
- 従業員数　：約850名
- 累計調達額：USD 918 million（シリーズG）

事業沿革
- 2014年：Google出身で現CMO（Chief Marketing Officer）のCharles Baron氏らが設立
- 2015年：営農管理プラットフォーム「FBN」をローンチ
- 2016年：農業資材のECプラットフォーム「FBN Direct」をローンチ
- 2019年：農業ファイナンス・プラットフォーム「FBN Financial」をローンチ
- 2020年：再生型農業ソリューション・プラットフォーム「Gradable」をローンチ
- 2022年：ADMとの戦略業務提携を発表（同社顧客の「Gradable」利用を開始）
- 2023年：農地評価システム「AcreVisionSM」をローンチ（FBN Financialと連動）

事業概要・計画
　北米農家を対象に、主に4つのプラットフォーム（PF）を運営。営農管理PF「FBN」は、営農計画や作物・農場管理の意思決定に資する営農データやソリューションを提供するだけでなく、会員農家の営農情報を収集・解析・匿名化して、他の会員がそれらを閲覧できるサービスが特徴。農業資材PF「FBN Direct」は、種や農薬・肥料等の農業資材のDtoF（Farmer）サイトで、様々なメーカーの製品や自社PB製品（大豆・トウモロコシだけで20種類超のジェネリック種子）を取り揃え、北米で約20州・30ヵ所にある自社物流施設と自社トラックで指定農場へ配送する。農業金融PF「FBN Financial」は、会員農家向けに融資や保険を提供するサービスで、本格サービス開始からわずか3-4年で融資実行総額は10億ドルを超える。再生型農業PF「Gradable」は、持続可能な農業手法の実践や検証、カーボンクレジット生成や買い手探索等のサービスを提供。

日本企業との連携機会
　将来的な日本やアジア展開に向けた各種取り組みの検討。

ビジネスモデル・特徴

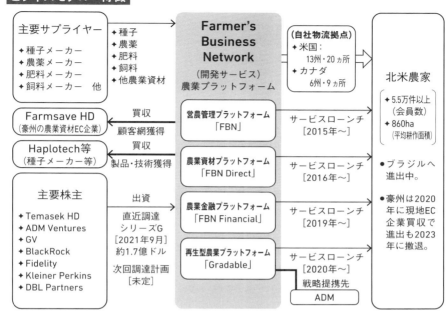

- 北米で耕作面積が800ha以上の大規模農家を中心に6.5万超の会員ネットワーク（総耕作面積4,734万ha）を構築。
- 個々でも競争力のあるPFが複合的に相乗効果を発揮。北米における川上分野のデジタルPFでは、圧倒的な存在。

- 営農管理のIT化や農業資材のオンライン調達など、北米における農業生産分野のデジタル市場を他社に先駆け創造。
- 創業以来、特定の種子・農薬メーカーから独立したポジションを貫き、農家主体の市場開発と業界の透明性に寄与。

出所：Farmer's Business Network HP

韓国

Greenlabs Inc.

農家登録者数で世界トップの農業デジタルプラットフォーム「Farm Morning」を運営するアジア最大のアグリテック・スタートアップ

会社概要
- 所在地　　：3F, AJ Vision Tower, Jeongui-ro 8-gil 9, Songpa-gu, Seoul
- 代表者　　：Sanghoon Shin（Co-Founder & CEO）
- 事業内容　：農業デジタルプラットフォーム「Farm Morning」の運営等
- 従業員数　：約150名
- 累計調達額：USD 235 million（シリーズC）

事業沿革
- 2017年：元外資系金融のファンドマネージャーで、IT分野の連続起業家の現CEOら3名が設立
- 2018年：韓国初となるクラウドベースの営農（複合環境制御）システムをローンチ
- 2020年：農業デジタルプラットフォーム「Farm Morning」をローンチ
- 2021年：畜産ICT企業・Real Farmや食肉EC企業・Meat Artisanを買収
- 2022年：グローバル穀物取引プラットフォーム「Grain Scanner」をローンチ
- 2023年：資金繰り難に伴う経営再建プランを策定・実行し、事業の正常化を加速

事業概要・計画
　生産から流通までの農業バリューチェーン全体のデジタル化に資するBtoBプラットフォーム「Farm Morning」を運営。農家の登録者数は90万名を超え、主に、①作物や圃場、経営に資する営農情報、②農産物の流通サービス、③農業資材（肥料や種等）の調達サービス等を提供する。登録料や利用料は無料で、売上高の8-9割は、登録農家から農産物を買い取り、食品小売店等の約3.5万件のバイヤーへ販売する流通事業が占める。2022年9月より、穀物の輸出入取引プラットフォーム「Grain Scanner」の新サービスをローンチ。売上高は2021年に約0.8億ドル、2022年には2.3億ドル超と急成長している。しかし、事業の急拡張と取引先向けの金融サービスが起因し、2023年初頭、一時的な資金不足へ。既存投資家が約0.4億ドルの資金投入を行い、事業注力分野の明確化と従業員の約7割解雇を軸とした販管費の約8割削減等を目指す経営再建プラン「Greenlabs2.0」の策定・合意を経て、同年5月、事業の正常化へ移行。

日本企業との連携機会
　「Grain scanner」を通じた日本の穀物輸入業者や貿易事業者との連携機会。

ビジネスモデル・特徴

主要サプライヤー
- 野菜・果物農家
- 畜産農家
- 穀物農家
- 穀物商社 他

→ 青果物／畜産品／穀物 他
← 農業資材 他

Greenlabs
（開発サービス）
農業プラットフォーム

農業プラットフォーム「Farm Morning」

（運営モデル）
営農情報を農家へ無償で提供し、農産物流通でマネタイズ

（運営エリア）
韓国全域で展開。韓国農家の約7割が利用

（提供機能）
- 営農情報サービス
- 農産物流通サービス
- 農業資材流通サービス
- 国際穀物取引サービス

Meat Artisans（食肉ECスタートアップ）← 買収／製品・顧客網獲得

Rea Farm（畜産ICTスタートアップ）← 買収／製品・顧客網獲得

主要株主
- BRV Capital Management
- SkyLake Incuvest
- SK Square
- Magna Investment
- Hashed
- CKD Venture Capital

→ 出資

直近調達 シリーズC
［2022年1月］
約1.7億ドル
次回調達計画
［2024年以降］

「Farm Morning」サービスローンチ ［2020年〜］

（主な顧客層）
- 約3.5万件の農産物バイヤー（食品小売店、レストラン、農産物商社等）
- 農業分野に関係する企業（広告出稿）

（主な流通パートナー）
- 産地の集荷場等を運営、韓国内の配送事業者へ委託

→ 韓国

「Grain Scanner」サービスローンチ ［2022年〜］

（主な顧客層）
- 穀物の輸出入・貿易業者

→ 韓国、日本、ベトナム、他アジア、欧米等

バリューチェーン（付加価値・差別化）
- 韓国農家の実に7割超が当社プラットフォームを利用するなど、韓国の農業ICT業界において唯一無二の立ち位置。
- 全国数千カ所のデータポイントから収集される生育情報やネット不掲載の補助金情報など、経営者が真に欲しい営農情報を提供。

イノベーション（新しい価値創造）
- 営農サービスを無償提供し、流通サービスでマネタイズする業界の新しい収益モデルを開発。韓国農業のIT化に大きく寄与。
- 新たなサービス「Grain Scanner」を開始し、情報の非対称性が著しいグローバル穀物取引の透明化に挑戦。

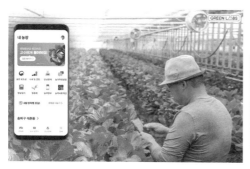

出所：Greenlabs HP

Green Agrevolution Pvt. Ltd. (DeHaat) インド

農家登録者数で世界最大の農業プラットフォーム「DeHaat」を運営するインド有数のアグリテックスタートアップ

会社概要
- 所在地　　：504, Star Tower, Block A, Sector 30, Gurugram, Haryana
- 代表者　　：Shashank Kumar（Co-Founder & CEO）
- 事業内容　：農業デジタルプラットフォーム「DeHaat」の運営等
- 従業員数　：約2,200名
- 累計調達額：USD 224 million（シリーズE）

事業沿革
- 2010年：現CEOが農家向けに農業生産情報や流通等の情報提供サービス開始
- 2012年：現CEOら現経営陣5名（インド工科大学デリー校出身）が共同設立
- 2018年：農家会員数が10万件に達し、売上高は500万ドルを超える
- 2019年：初の買収案件として、農場管理プラットフォーム開発のVezamartを買収
- 2022年：農家会員数が100万件に達し、売上高は1.5億ドルを超える
- 2023年：農家会員数が150万件に達し、売上高は2億ドルを超える（約2.4億ドル）

事業概要・計画
　農業経営をワンストップ支援するプラットフォーム「DeHaat」を運営。インドの農業地帯12州で150万を超える会員農家へサービスを提供。支援機能は主に、①農業生産、②資材調達、③農産物流通、④金融の4分野。「農業生産」は、会員農家のリアルタイム情報に基づき、気象や圃場、作物に関するAIカスタマイズ情報を地域言語で提供するサービス。「資材調達」は種子や農薬・肥料等、4,000種類を超える農業資材のECサービスで、当社が指定場所へ配送。「農産物流通」はAIを駆使した会員農家とバイヤーを繋ぐECサービスで、当社ブランド「FarmPlus」として販売される。「金融」は小口融資と保険サービス。DeHaatの利用料は年間200ルピー（約2.4ドル）。

　DeHaatの支援拠点に全国1万ヵ所を超える「DeHaatセンター」があり、いずれも個人事業主（DeHaatマイクロアントレプレナー）のFC運営。当センターの支援の拠点として当社直営の「Nodes」拠点が全国に115ヵ所点在する。2019年以降、関連企業のM&Aを実施しながらDeHaartの機能やサービスを拡充。2025年までにEBITDAの黒字を計画。

日本企業との連携機会
　農産物や農業資材・製品の輸出入をはじめとするグローバル取引における連携機会。

ビジネスモデル・特徴

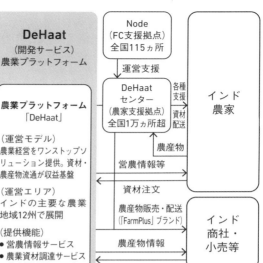

主要サプライヤー
- 種子メーカー
- 農薬メーカー
- 肥料メーカー
- 飼料メーカー 他

→ 種子／農薬／肥料／飼料／他農業資材

DeHaat（開発サービス）
農業プラットフォーム

農業プラットフォーム「DeHaat」

（運営モデル）
農業経営をワンストップソリューション提供。資材・農産物流通が収益基盤

（運営エリア）
インドの主要な農業地域12州で展開

（提供機能）
- 営農情報サービス
- 農業資材調達サービス
- 農産物流通サービス
- 金融サービス

主な買収先
- Vezamart（農場管理ICT企業）
- FarmGuide（農業資材EC企業）
- Y-Cook India（農産物加工・輸出企業）
- Freshtrop（大手果物輸出企業）

買収 ← 顧客網、製品、技術、各種施設、サプライヤー、人材等の獲得

主要株主
- Temasek HD
- Sofina
- FMO
- Omnivore
- RTP Global
- AgFunder

出資 → 直近調達 シリーズE［2022年10月］約0.6億ドル 次回調達計画［未定］

Node（FC支援拠点）全国115ヵ所
↕ 運営支援

DeHaatセンター（農家支援拠点）全国1万ヵ所超
← 各種支援／資材配送

インド農家
← 農産物
← 営農情報等
→ 資材注文

インド商社・小売等
← 農産物販売・配送（「FarmPlus」ブランド）
→ 農産物情報

海外
← 農産物注文 輸出入

バリューチェーン
（付加価値・差別化）

○ 150万件超の会員農家を軸に、種子・農薬・流通企業等、インド全域で2,000社を超える強固なネットワークを構築。
○ 全国1万ヵ所に広がる「DeHaatセンター」が、オンラインサービスのインターフェイス（ラストマイル・アクセス）として機能。

イノベーション
（新しい価値創造）

○ インドの零細農家へワンストップサービスを提供。中間流通を省き、資材調達で約15％、流通で最大20％の経済利益を農家へ提供。
○ FCモデルで運営される「DeHaatセンター」を通じて、既にインドの10万を超える村へマイクロ起業家モデルを提供。

出所：DeHaat HP

Weee! Inc.

米国のマイノリティ住民に対して本国の生鮮品等を提供する北米最大のアジア・ヒスパニック系食品EC（宅配）プラットフォーマー

会社概要

- 所在地　　：47467 Fremont Boulevard, Fremont, CA
- 代表者　　：Larry Liu（Founder & CEO）
- 事業内容　：食品ECプラットフォーム「Weee!」の運営
- 従業員数　：約520名
- 累計調達額：USD 862 million（シリーズE）

事業沿革

- 2015年：元インテルのITエンジニア、起業家である現CEOが設立
- 2017年：「共同購入」モデルから現在の個人注文・配送モデルへ転換
- 2021年：欧米でアジア料理のオンラインフードデリバリーを展開するRICEPOを買収
- 2022年：資金調達ラウンド（シリーズE）で4億2,500万ドルを調達
- 2023年：販売エリアが全米30都市を取り扱い製品が1.5万点をそれぞれ超える

事業概要・計画

　米国に暮らすアジア・ヒスパニック系住民を対象にした食品EC「Weee!」を運営し、全米約30都市でサービスを展開。中国や日本、韓国、ベトナム、フィリピンなど、アジアを中心とする各国のサプライヤーから調達した現地製品を、全米7都市にある自社倉庫へ納品し、消費者から受注後、翌日までに自宅へ配送するモデル。製品は1.5万点を超え、農産物などの生鮮品が6割、米や調味料、菓子などの常温・冷凍食品と料理配送が3割、化粧品・インテリアなどの工業製品が1割を占める。売上の約75%は在米中国人。

　日本のサプライヤーはJFC、Wismettacフーズ、セントラルトレーディングの3社（日本製品は基本的に当社倉庫を経由せずに、当社契約のDHLの配送網で直接販売）。日本の食品は在米日本人だけでなく、米国人にも広まっており、今後、サプライヤー網の拡張と日本現地での自社倉庫建設を計画中。売上高は既に8億ドルを超えるが、製品ラインナップや倉庫面積、PB製品の拡充などでメインストリームの白人市場を開拓し、長期売上目標として100億ドルを計画。

日本企業との連携機会

　日本製品の調達拡大に向けて、日本から生鮮・食品を輸出可能なパートナーとの連携。

ビジネスモデル・特徴

```
主要サプライヤー              → 農産品           Weee!              サービスローンチ
・中国企業                    → 水産・畜産品      (開発サービス)      [2015年～]
・日本企業（JFC、              → 乳製品          食品ECプラットフォーム
  Wismettacフーズ、           → 冷凍食品                            (主な顧客層)
  セントラルトレーディング）     → 調味料                              ・中国系
・韓国企業                    → 菓子類          食品ECプラットフォーム ・日本系
・ベトナム企業                 → 化粧品          「Weee!」            ・韓国系
・米国企業                    → 惣菜・料理 他                         ・ベトナム系
                                             (運営モデル)          ・フィリピン系
  RICEPO            買収      海外バイヤーから調達した製品を在米ア    ・インド系
 (料理宅配スタートアップ)      在米のアジア    ジア系・ヒスパニック系住民へ配送。  ・メキシコ系       米国
                          レストラン網獲得                          ・キューバ系
                                             (運営エリア)          ・白人系
  主要株主           出資      全米7都市に直営倉庫を有し、同30都市
                                             でサービス展開。       (主な流通パートナー)
・SoftBank Vision           直近調達                               ・個人配送事業者
  Fund                    シリーズE            (提供製品・サービス)   ・DHL　他
・iFly.vc                  [2022年2月]        取扱製品1.5万点超で
・Goodwater Capital        4.25億ドル          生鮮品6割、食品3割。
・VMG Partners
・Silicon Valley Bank      次回調達計画
・DST Global               [未定]
・XVC
```

バリューチェーン
(付加価値・差別化)

- アジア系とヒスパニック系を対象としながら、中国や日本、韓国、ベトナム系住民などターゲットを細分化。
- 登録ベンダー数は2,000万を超え、豊富な調達資金で全米各都市に直営倉庫を展開するなど、当分野で他社を圧倒。

イノベーション
(新しい価値創造)

- 大量調達や大型倉庫、ITを駆使した効率的な需要予測・在庫管理・配送システム等により、現地大手アジア系スーパーと比較して、圧倒的な製品ラインナップと価格帯を実現。
- 消費者同士が交流できるSNS機能が付加サービスに定着。

出所：Weee! HP

Misfits Market, Inc.

見た目が不揃いなどの理由で廃棄予定の有機農産物を、市場価格よりも安く消費者に届ける食品EC（宅配）プラットフォーマー

会社概要

- 所在地　　：7481 Coca Cola Dr, Ste 100.Hanover, MD
- 代表者　　：Abhi Ramesh（Founder & CEO）
- 事業内容　：食品ECプラットフォーム「Misfits Market」の運営
- 従業員数　：約2,300名（子会社含む）
- 累計調達額：USD 526 million（シリーズC）

事業沿革

- 2018年：元プライベート・エクイティ会社のアナリストで、起業家の現CEOが設立。700平方フィート（約65㎡）の保管庫に規格外農産物を集荷し、ECサービスを開始
- 2019年：ペンシルベニア州に1万平方フィート（約930㎡）の流通施設を開設
- 2020年：ニュージャージ州に23万平方フィート（約21,400㎡）の流通施設を開設
- 2021年：乳製品やワイン等の新製品を追加し、独自パントリーブランド「Odds & Ends」発表
- 2022年：競合他社のImperfect Foods（累計調達額2.3億ドル）を買収
- 2023年：8つある流通施設の3つを閉鎖（Imperfect Foodsの自社物流を活用）

事業概要・計画

　見た目が不揃いな農産物をはじめ、余剰品やラベル違いのアイテム、消費期限が迫った食料品などを買い取り、自社ECサイト「Misfits Market」を経由して、従来の食品小売店よりも最大4割安い価格で消費者に販売（宅配）するモデル。製品は有機農産物を中心に、水産品や畜産品、乳製品、ワイン、飲料、菓子など100種類を超え、いずれも「環境」と「健康」に重点を置いた製品構成。ハワイとアラスカを除く米国本土48州全てで事業展開し、Z世代やミレニアル世代（25～49歳）を中心とした顧客数は50万世帯を超える。注文は基本的に毎週1回または隔週配送のサブスクリプションモデル。配送は子会社のImperfect Foodsが所有する自社配送網（500台以上のバン）を使用。今後の目標は収益化で、Imperfect Foods買収のスケール効果もあり、2024年中の黒字化を見据える。

日本企業との連携機会

　将来的な事業拡張の際の製品輸出入などにおける日本企業との連携。

ビジネスモデル・特徴

主要サプライヤー
- 野菜・果実農家
- ブドウ農家
- 畜産農家
- 農業・漁業団体
- 農水産業商社
- 菓子メーカー
- 加工食品メーカー

→ 有機野菜
→ 有機果実
→ 牛・豚・鶏肉
→ 卵、牛乳
→ 水産品
→ ワイン
→ 飲料・乳製品
→ 菓子類 他

Misfits Market
(開発サービス)
食品ECプラットフォーム

食品ECプラットフォーム「Misfits Market」

(運営モデル)
規格外や余剰在庫の有機農産物等を買い取り、登録消費者へ継続販売(サブスクモデル)

(運営エリア)
全米5カ所の流通施設と500台以上の配送トラックを有し、同48州でサービスを展開

(提供製品・サービス)
取扱製品は100種類以上で、有機野菜・果実が大半を占める

Imperfect Foods
(食品ECスタートアップ)

← 買収
顧客・物流網獲得

主要株主
- SoftBank Vision Fund
- Greenoaks
- Quiet Capital
- Accel
- D1 Capital Partners
- Wormhole Capital
- Sound Ventures

出資 →
直近調達 シリーズC
[2021年9月]
4.25億ドル
次回調達計画 [未定]

サービスローンチ [2018年〜]

(主な顧客層)
- 25-49歳のZ世代やミレニアル世代が主対象
- 全米48州で50万世帯超へサービスを展開

(主な流通パートナー)
- 買収子会社Imperfect Foodsが有する500台以上のラストワンマイル配送トラック
- 米国5カ所の流通施設

米国

バリューチェーン
(付加価値・差別化)

○ 競合他社のImperfect Foodsを買収し、広域型食品ECの損益分岐点の目安といわれる売上高10億ドル近辺に到達。
○ 圧倒的な品揃えを誇る当社に、強固な自社配送網を持つImperfect Foodsが加わり、唯一無二の業界ポジションへ。

イノベーション
(新しい価値創造)

○ 規格外や見た目等の理由から、米国で収穫される農産物の約半分が破棄。当社モデルは食品ロス削減や農家収入向上に寄与。
○ スケール化の他、農産物等を効率的に集荷・在庫管理し、需要予測するIT技術で、持続可能な新たな収益モデルを創造。

出所:Misfits Market HP

GrubMarket, Inc.

IT技術とM&A戦略で、米国食品サプライチェーンのデジタル変革を目指す、米国最大規模のフードテック・ユニコーン企業

会社概要
- 所在地　　：1925 Jerrold Ave San Francisco, CA
- 代表者　　：Mike Xu（Founder & CEO）
- 事業内容　：農産物ECプラットフォーム「GrubMarket」の運営等
- 従業員数　：約5,500名（子会社含む）
- 累計調達額：USD 499 million（シリーズF）

事業沿革
- 2014年：中国の農村で生まれ、米国大手IT企業のエンジニア出身の現CEOが設立
- 2016年：農産物ECの競合他社FarmBoxを買収し、ロサンゼルス市場へ本格進出
- 2021年：農産物ECの競合他社Farmigoを買収。農家向けソフトウェア市場へ本格進出
  カナダの食品EC企業Funtech Softwareを買収し、カナダ市場へ参入
- 2022年：食品ソフトウェア企業・Fresh Software Solution、決済サービス企業・IOT Payを買収
- 2023年：高級トロピカル果実で高いシェアを持つテキサスの大手輸入商社London Fruitを買収
  農家の作物選択を最適化する意思決定AIシステム「Farm-GPT」を発表

事業概要・計画
　農家や卸売事業者等の供給者と消費者や食品小売店・外食等の需要者をマッチングして、新鮮な農産物等を配送するECプラットフォーム「GrubMarket」を運営。当初は一般消費者向けに（食品小売店よりも最大5割安い）有機野菜を宅配するDtoC事業が主体であったが、次第に企業向けへシフト。現在、全米2万を超える食品小売・外食、EC企業等へ農産物を販売し、BtoB事業が全体売上の9割以上を占める。収益のもう1つの柱は、自社開発のSaaS型ソフトウェア事業。取引先の農家や流通事業者に生産や販売・顧客、在庫等の効率的な管理、意思決定に資する各種ソフトウェアを提供。調達資金で食品サプライチェーン各社の買収を繰り返し、取扱製品数は既に3,000を超え、主に米国50州とカナダ全土でサービスを展開。2022年の売上高は1億ドル（年間ランレート（ARR）は2億ドル）を超える。

日本企業との連携機会
　調達をはじめとする今後の事業展開における日本を含むアジア企業との連携機会。

ビジネスモデル・特徴

主要サプライヤー
- 農家・農業団体他

主な買収先
- FarmBox
- Farmigo
- London Fruit
- Regatta Tropicals
- Oakwood Transportation
- Funtech Software
- Fresh Software S
- IOT Pay

主要株主
- GGV Capital
- Y Combinator
- Tiger Global Management
- General Mills
- BrackRock
- INP Capital
- Digital Garage
- Marubeni
- Japan Post Capital

→ 有機青果物
→ 一般青果物
→ 卵・牛乳・畜産物
→ 加工食品等

→ 物流、ソフトウェア、決済システム等
← 買収（70社超）
← 製品・物流網・顧客等を獲得

→ 出資
← 直近調達 シリーズF ［2022年9月］ 1.2億ドル 次回調達計画 ［未定］

GrubMarket
（開発サービス）
農産物ECプラットフォーム

農産物ECプラットフォーム「GrubMarket」

（運営モデル）
北米や南米の農家等から青果物等を調達し、小売・外食等の企業や一般消費者へ販売

（運営エリア）
全米50州とカナダ全土でサービス展開。子会社経由で南米等でも事業を展開

（提供製品・サービス）
農産物流通と農家・食品流通各社へSaaS型ソフトウェアを提供

サービスローンチ ［2014年～］

（主な顧客層）
- 一般消費者
- 小売・外食等
  - Whole Foods Market
  - Kroger
  - Albertson
  - Safeway
  - Sprouts Farmers Market
  - Blue Apron
  - Hello Fresh
  - Fresh Direct
  - Imperfect Foods
  - Misfit Market

（主な流通パートナー）
- 調達、加工、保管、宅配などのサプライチェーン網を全てグループ所有

米国、カナダ
買収子会社を通じて、南米等の世界各地でも青果物流通を実施。

バリューチェーン
（付加価値・差別化）

- 農産物流通や物流、EC、ソフトウェア、フィンテック等の企業をこれまで70件以上買収し、取扱製品やサービス等を急拡大。
- M&A子会社とのシナジー発揮と経営面の「再生産可能なモデル」を意識しEC業界では珍しく、2018年より黒字転換。

イノベーション
（新しい価値創造）

- 消費者に加え、より市場への影響力が強い小売・外食産業にもサービスを浸透させ、米国農産物流通のデジタル化に寄与。
- 農家や卸売事業者等の各取引先へ販売や在庫管理等に資する自社開発のSaaS型ソフトウェアを提供し、取引先の経営全般のIT化に寄与。

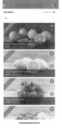

出所：GrubMarket HP

Delightful Gourmet Pvt. Ltd. (Licious)

「Farm to Fork（農場から食卓へ）」モデルでインドの食肉流通の
近代化に取り組む、DtoCカテゴリーで同国初のユニコーン企業

会社概要
- 所在地　　：12, HAL Old Airport Rd, HAL 2nd Stage, Kodihalli, Bengaluru
- 代表者　　：Abhay Hanjura（Co-Founder & CEO）
- 事業内容　：精肉・鮮魚ECプラットフォーム
　　　　　　　「Licious」の運営
- 従業員数　：約3,500名
- 累計調達額：USD 490 million（シリーズF）

事業沿革
- 2015年：保険会社出身の現CEOとIT企業出身の現COOが設立し、同年サービス開始
- 2021年：FY2021の売上高が5,000万ドルを超える
- 2022年：資金調達ラウンド（シリーズF）で3.95億ドルを調達
　　　　　植物由来の代替肉ブランド「UnCrave」を発表し、2種類の製品ローンチ
- 2023年：FY2023の売上高が9,000万ドルを超える

事業概要・計画
　鶏肉や羊肉、鮮魚、卵、ケバブ、タンドリーチキン、チキンマリネなどの肉類・魚介類など200SKUを超える製品を、自社ECプラットフォーム「Licious」を経由してインドの大都市近郊の消費者へ宅配。特徴は、①サプライチェーンとコールドチェーンを自社完備した「Farm to Fork」モデル、②注文から90-120分で宅配する高速物流、③9割を超える高いリピート率など。製品は主に契約農家・漁師から調達。畜産では抗生物質を注入せずに適切な飼料を与えるなど、定期的な衛生管理に関する勉強会や品質検査を実施。各製品はバンガロールやムンバイなど国内都市にある合計5ヵ所の加工センターで加工・真空包装され、加工センターを囲むように配置された計90ヵ所以上の自社配送センターを経由して、自社冷蔵車・バイク便で宅配される。

　現在、インド国内20都市以上で事業を展開し、毎月180万件以上の注文に対応。顧客数は毎月約6万人のペースで増加しており、直近期の売上高は約9,000万ドル。今後はさらに展開都市を拡大するとともに、早期に黒字化を図る。

日本企業との連携機会
　将来計画する当社モデルの海外展開等における連携機会。

ビジネスモデル・特徴

主要サプライヤー
- 畜産農家・団体
- 漁師・漁業団体
- 食肉メーカー
- 水産メーカー
- 農水産業商社

↓
- 鶏肉
- 羊肉
- 魚介類
- 卵
- ケバブ
- 調理済食品（タンドリーチキン等）他

→

Licious（開発サービス）
食肉ECプラットフォーム

食肉ECプラットフォーム「Licious」

（運営モデル）
契約農家・漁師から食肉や魚介類を調達し、自社加工場・配送センターを経由して宅配。

（運営エリア）
インド国内に5つの加工場と90ヵ所以上の配送センターを有し、20都市以上でサービス展開。

（提供製品・サービス）
取扱製品は200SKU超で、鶏肉・羊肉の精肉、鮮魚（魚介類）が主。

主要株主
- Temasek Holdings
- 3one4 Capital
- Amansa Capital
- 360 ONE Asset
- University of California
- UCLA Investment
- Mayfield Fund
- Bertelsmann
- Nichirei Foods

出資
直近調達
シリーズF
[2022年3月]
3.95億ドル
次回調達計画
[未定]

サービスローンチ
[2015年～]

（主な顧客層）
- 大都市近郊の一般消費者
- バンガロール、チェンナイ、ハイデラバード、アーメダバード、プネー、ムンバイ、デリー等20都市以上で展開

（主な流通パートナー）
- 調達、加工、保管、宅配などのサプライチェーン網を全て自社所有。
- 調達から宅配までのコールドチェーン網も整備。

インド

バリューチェーン
（付加価値・差別化）
- 製品の企画・開発や調達、加工、保管、配送、クレーム対応までの全てを自社で完結する「Farm to Fork」モデルを採用。
- 大都市近郊の商圏内に調達先や加工場・配送センターを集約し、受注後90-120分で宅配する高速モデルを実現。

イノベーション
（新しい価値創造）
- 食肉流通の組織化とコールドチェーンが未整備なインドにおいて、食肉流通の近代化に貢献する新たな流通モデルを開発。
- 購買履歴等のデータを基に将来の顧客需要を予測し、調達や在庫、配送等を最適化する独自のAIシステムを開発。

出所：Licious HP

第7章 農業デジタルプラットフォーム

63Ideas Infolabs Private Limited (Ninjacart) インド

データサイエンスを駆使した高速配送ECプラットフォーム「Ninjacart」を運営する、資金調達額でインド最大のアグリテックスタートアップ

会社概要

- 所在地　　：9, 1st C Main Rd, MCHS Colony, Sector 6, HSR Layout 5th Sector Bengaluru
- 代表者　　：Thirukumaran Nagarajan（Co-Founder & CEO）
- 事業内容　：農産物ECプラットフォーム「Ninjacart」の運営
- 従業員数　：約3,500名
- 累計調達額：USD 357 million（シリーズD）

事業沿革

- 2015年：ライドシェア大手TaxiForSure出身メンバー6名（現CEO含む）が設立
- 2019年：インドEC最大手のFlipkart（Walmart傘下）と資本業務提携
- 2020年：RFIDタグを利用したトレーサビリティシステム「FoodPrint」を発表
- 2023年：農業プラットフォーム企業Aradoと戦略提携し、ブラジル市場へ進出

事業概要・計画

　農産物の供給者である農家と、需要者である食品小売店や農産物商社をマッチングするECプラットフォーム「Ninjacart」を運営。創業時はBtoCモデルだったが、すぐにBtoBへ転換。流通製品の8割強が青果物で、残りは穀物や加工食品等。需要者から注文が入ると、農業者は全国250以上ある最寄りの自社集荷センターへ農産物を持ち込み、当社が集荷後、全国1,500以上の自社配送センターを経て、受注から12時間以内に需要者へ配送される。配送中はRFIDタグでリアルタイムに追跡管理。当社は供給者と需要者から一定の手数料を得る。畑から店舗まで100%追跡可能な「Ninjacart」を経た農産物は小売店舗で「Powered by Ninjacart」と記されブランド化。

　サービス展開都市はインド国内20都市以上、参加農家は80万件、小売店舗数は10万、商社は2万社をそれぞれ超え、毎日2,000t以上の農産物が流通。取引先である農家には、自社開発のアプリを提供し、需要予測や収穫計画、価格決定、ファイナンス等を支援。2022年度の売上高は前年比25%増の約1.5億ドルで、23年度は約2億ドル、24年度は3億ドル以上を見込む。26年度までの黒字化を計画。

日本企業との連携機会

　コールドチェーンをはじめとする食品サプライチェーン技術を持つ企業との連携機会。

ビジネスモデル・特徴

主要サプライヤー
- 野菜・果物農家
- 野菜・果物商社
- 穀物農家
- 畜産農家　他

→ 野菜／果物／穀物／卵・畜産品／加工食品 等

63Ideas Infolabs
（開発サービス）
農産物ECプラットフォーム

農産物ECプラットフォーム「Ninjacart」

（運営モデル）
農家と食品小売店・農産物商社をマッチングし、当社が農産物を配送。双方から手数料を徴収

（運営エリア）
インド国内に250超の集荷場と1,500超の配送センターを有し、20都市以上でサービス展開

（提供製品・サービス）
青果物が全体の8割強を占め、残りは穀物や畜産・加工食品等

Flipkart（インドEC最大手、Walmart傘下）
── 資本業務提携 ── FlipkartのECへ農産物供給

主要株主
- Tiger Global Management
- Accel
- Walmart
- Flipkart
- Qualcomm Ventures
- Syngenta Ventures
- NRJN Trust
- Mistletoe

出資　直近調達シリーズD [2022年5月] 1.54億ドル
次回調達計画 [2024年以降]

サービスローンチ [2015年～]

（主な顧客層）
- 大都市の食品小売店（スーパーマーケット、キラナ店等）、農産物卸売・輸出入事業者、一般消費者
- バンガロール、ニューデリー、等20都市以上

（主な流通パートナー）
- 調達側の集荷場、流通側の配送センター網を保管、宅配を自社所有

インド

サービスローンチ [2023年～]
ブラジルEC企業Aradoと共同展開

ブラジル

バリューチェーン（付加価値・差別化）
- インドの生鮮EC業界で、2015年の創業から高成長を維持し続ける稀有な企業。高速物流を支える予測技術が肝。
- 機械学習に多額投資を継続し、農家向け支援アプリの需要予測（作物種類、価格、数量等）の精度が大幅に向上。

イノベーション（新しい価値創造）
- 需給ミスマッチや非効率・不透明な流通システムにより農産物の廃棄ロスが3割を超えるインド農業の構造的な課題解決に寄与。
- 農業経営者の約2割の所得向上に寄与する他、資金繰り改善（24時間以内の代金決算）、帳票等のペーパレス化等にも貢献。

出所：Ninjacart HP

おわりに―グローバルスタートアップ企業の今後の経営シナリオと日本企業のビジネス戦略―

アグリ分野における大きな技術革命は、過去二度、60年サイクルで起きている。第一次農業革命は1900〜10年代の量産型（エンジン式）トラクター開発による農業機械の歴史の幕明け期、そして第二次農業革命は1960〜70年代の「緑の革命」と呼ばれる品種改良・化学肥料などの農業資材の開発・普及期である。現在の2020〜30年代は第二次農業革命からちょうど60年後にあたり、筆者は、フード＆アグリテックが「第三次農業革命（農業GX：グリーントランスフォーメーション）」の主役になると考える。

これまで2回の農業革命に共通する当時のグローバル社会課題は、一言でいうと、世界人口の増加に対する食料増産や食料危機回避であった。現在にも共通する課題だが、今後はもう1つ解決すべき重要課題がある。「脱炭素を軸とするフード＆アグリ産業の新たなエコシステムの構築」である。すなわち、20世

フード＆アグリテックと第三次農業革命（農業GX）

第一次農業革命 (1900〜10年代)	第二次農業革命 (1960〜70年代)	第三次農業革命 (2020〜30年代) 予測
（主な社会課題） ● 食料増産 ● 機械化による効率・省力化	**（主な社会課題）** ● 食料危機回避 ● 単位収量の増加	**（主な社会課題）** ● 食料需給のひっ迫解消 ● 持続可能な産業への転換
（主なソリューション） ● 量産型トラクターの開発 ● 米国Ford「フォードソントラクターF型」	**（主なソリューション）** ●「緑の革命」 ● 主に品種改良、化学肥料・灌漑設備の開発	**（主なソリューション予想）** ● 農業GX（グリーントランスフォーメーション） ● フード＆アグリテックが牽引
（結果） ● 機械化の歴史が幕開け	**（結果）** ● 単収急増で食料危機回避	**（結果予想）** ● 2030年代に持続可能なフード＆アグリ産業へ移行

約60年後／約60年後

出所：野村證券フード＆アグリビジネス・コンサルティング部
　　　写真はすべてGetty Images

紀型の資源消費経済から、21世紀型の資源「循環」経済への移行である。そのソリューションがフード＆アグリテックであり、2020年代から30年代にかけて、持続可能なフード＆アグリ産業を牽引するであろう。

それでは、農業GXをリードするフード＆アグリテックの社会実装はいつか。それはサブセクターによって異なる。本書ではフード＆アグリテックを5つの注目セクターに大分類し、さらに19のサブセクターに中分類しているが、既に社会実装済み（確立期）のステージにあるのは、植物ミルク（代替ミルク）と生鮮EC（生鮮流通プラットフォーム）のサブセクターのみである。

その他のサブセクターの大半が、製品やサービスがローンチするステージ（上市期）から、浸透しはじめるステージ（普及期）にあり、今後、2030～35

フード＆アグリテック・サブセクターの社会実装ステージと想定グローバル市場規模

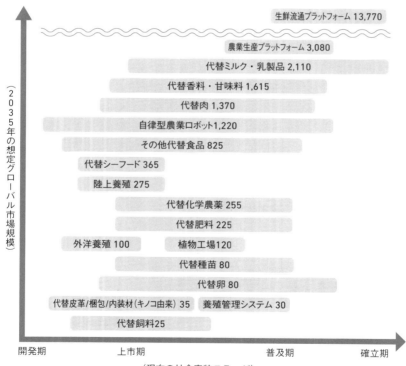

注：各図形内の数字は想定市場規模で単位は「億ドル」。
出所：野村證券フード＆アグリビジネス・コンサルティング部

年にかけての社会実装が期待される。

19のサブセクターの想定グローバル市場規模は本書の各章で述べたが、それらの一覧と現在の社会実装ステージをまとめた図は前頁のとおりである（代替皮革と梱包材・内装は市場推計において1つのサブセクターに合算したため、合計18のサブセクターを記載）。

このように、農業GXを牽引するフード＆アグリテックの想定グローバル市場は巨大である。それだけでなく、1850年代のゴールドラッシュ時に一番儲かったのは金の採掘者ではなく、作業者にジーパン（作業着）を提供したLevi's（Levi's Strauss & Co.）だったといわれるように、フード＆アグリテックの周辺市場の成長も予期される。例えば、代替食品セクターでは3Dフードプリンター市場やパーソナライズされた家電製品市場、自律型農業ロボットセクターでは高価なロボットのリース市場や農業経営者に代わって防除作業などを行うコントラクター市場、植物工場セクターでは「常春」の環境下で高齢者や障がい者が活躍するヘルスケア人材市場、DAC（大気中の二酸化炭素を分離・回収する技術）による脱炭素市場 ―などである。

これらのビジネス機会は、フード＆アグリテックが先行する欧米のグローバル企業だけの話ではなく、昨今の事業環境を踏まえると、日本の国内大手企業にも十分な可能性がある。その際、フード＆アグリテック市場の「主役」である海外スタートアップ各社との連携（資本・業務提携など）が不可欠であろう。本書事例として紹介した70社のグローバル・ユニコーン企業は、各セクターにおけるフロントランナーであり、連携候補の筆頭かもしれない。

以下、海外フード＆アグリテック・スタートアップ企業の今後の4つの経営シナリオを考察し、日本企業の当業界におけるグローバル・ビジネス機会を探りたい。

（1）持続成長シナリオ

海外フード＆アグリテック・スタートアップ企業の1つ目の経営シナリオは、基本的にはこれまでの資本政策と事業計画を推し進め、必要に応じて資金調達を行いながらスケール化し、IPO（株式上場）に向けた持続的成長を目指すパターンである。もちろん、この戦略を採ることができるのは、①投資家と約束

したマイルストーンを達成している相対的に業況の良いスタートアップと、②資本調達環境が急変した2022年半ばまでに大型の資金調達ラウンドを完了した（当面の資金調達が不必要な）スタートアップなどに限定される。このシナリオは、サステナブル代替食品や同代替製品、植物工場のセクターにおいて散見される。

(2)「ダウンラウンド」による持続成長シナリオ

2つ目のシナリオは、これまでの資本政策と事業計画を推し進めるための必要な資金を、「ダウンラウンド（前回増資時の株価を下回る価格での新たな増資実行）」で調達しながら、持続的成長を目指すシナリオである。ダウンラウンドのため、当然、創業オーナーや既存株主の持分割合を犠牲にせざるを得ないが、引き続き、現経営陣が当初ビジョンとオーナーシップを持ち、当初事業計画を推進する点で、後述の2つのシナリオとは意味合いが異なる。

このシナリオは、フード＆アグリテック業界の各セクターに共通するが、中でも農業デジタルプラットフォームに属するスタートアップ企業が圧倒的に多く、ユニコーン企業も例外ではない。

(3) 事業構造再構築による「再」成長シナリオ

3つ目のシナリオは、不採算事業（拠点・エリアなど含む）の縮小や撤退、統廃合、固定費削減などの事業構造を再構築しながら再成長を模索するシナリオである。このシナリオは、厳密には上述のシナリオ（2）と重なる部分はあるものの、ダウンラウンドで資金を調達することで「収益化の目途が立つのかそうでないのか」が判断基準となる。つまり、現在の収益モデルの延長で、近い将来、月次ベースの営業CFの黒字化が見通せるのが（2）で、そうでないのが本シナリオである。スタートアップ企業の創業オーナー（CEO）が事業構造の再構築を自ら判断するケースもあるが、その数は極めて少なく、現実的にはニューマネーを投下する既存株主や新たな投資家の判断に依ることが多い。このシナリオは、フード＆アグリテック業界のすべてのセクターに共通し、2022年半ば以降の業界環境の激変後に活発化している。

(4) 大手企業傘下入りによる持続成長シナリオ

　4つ目のシナリオは、大手企業の傘下に入って持続成長を目指すシナリオである。傘下入り後は、創業オーナーが引き続き子会社の社長として経営の指揮を執るケースが多い。創業オーナーからみると、他のシナリオと異なり、自らのオーナーシップ（経営権）は失うものの、大手企業の経営資源を活用して、創業オーナーが引き続き研究開発や事業展開に邁進できる環境が整う。

　シナリオ（2）や（3）のような状況下で大手企業の傘下入りを選択（決意）する創業オーナーもいれば、スタートアップ創業時の「死の谷」を乗り越えた段階、つまり、これから成長段階に入るタイミングで早々に大手企業のグループ入りを選ぶ創業オーナーも少なくない。そのような創業オーナーは、「自社ビジョンや技術、製品の社会への早期普及」が最優先であり、そのための最適手段として大手企業の傘下入りを選択することが多い。このシナリオも、規制強化による特別買収目的会社（SPAC）上場の道がほぼ閉ざされた2022年5月以降、フード＆アグリテック業界全般で増加している。

フード＆アグリテック・スタートアップ企業の今後の経営シナリオ

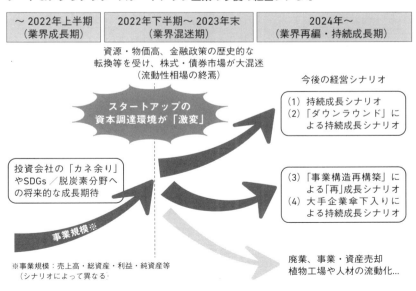

出所：野村證券フード＆アグリビジネス・コンサルティング部

スタートアップ企業の今後の経営シナリオを4つ紹介したが、もちろん、事業継続を断念する「廃業」の選択肢もある。また、特にシナリオ（3）においては、事業や資産を売却するケースも伴い、その過程で技術や人材の流動化も進む。シナリオ（1）または（4）を採るスタートアップにとっては、これら流動化した優れた技術や人材、資産を調達する好機でもある。昨今、特にフード＆アグリテックの各分野で専門知識を有する人材の移動は、日本を含むグローバルで活発化している。

海外フード＆アグリテック・スタートアップのこのような環境下において、日本企業のビジネス機会をどう捉えるか。筆者は、先述の通り、本分野で出遅れ感のある日本企業のグローバル・ビジネス機会が多分に存在するものと考えている。例えば、これまで日本企業ではコンタクトが困難であったグローバル・ユニコーン各社との戦略提携の他、有望な技術や製品、サービスを有する海外スタートアップの自社グループへの取り込みも可能かもしれない。

日本企業のグローバル・ビジネス戦略は、大きく2つに集約される。1つは、フード＆アグリテック市場が既に開花している欧米市場の開拓戦略である。シナリオ（2）・（3）・（4）の状態にある欧米スタートアップへの経営参画または資本業務提携を通じて、フード＆アグリテック業界の「本丸」マーケットに参入する好機である。日本企業の中には、現地拠点を経由した市場アプローチを試みている企業があるものの、思うような成果が現れていない。一般的に日本企業は経営の自由度が高い「フルスクラッチ」での参入を試みる傾向が強いが、現地で調達・物流・流通網を有するローカルのスタートアップを通じたアプローチが有効なことは言うまでもない。もちろん選別は必要だが、シナリオ（2）または（3）に属する欧米スタートアップ企業の中には、優れた技術や現地サプライチェーンなどの稀有なネットワークを有するスタートアップ企業は確実に存在している。

もう1つのビジネス機会は、欧米スタートアップ各社と連携した日本またはアジアにおける共同市場開拓である。例えば、フード＆アグリテックにグローバルで多大な注目が集まっていた2020年前後では考えられないことだが、日本企業が、シナリオ（1）に該当する欧米スタートアップと連携して、日本やアジア市場を開拓できる潜在機会が高まっている。本書で紹介したグローバル・ユニコーン企業70社は、シナリオ（1）に該当するスタートアップ企業が

多いが、これらのユニコーン企業経営者と現地で意見交換をした際、日本を含むアジア市場への進出に対する関心の高さは予想以上であった。背景として、「競合他社が（資金調達などで事業展開に）苦しんでいる中、余裕のあるうちに新市場へ進出し『先行者利得』を得たい」旨を述べる経営者が多かった。その際、日本を含むアジア市場への進出の際には、現地企業との協働が「不可欠」との認識である。連携における課題は多々あるものの、優れた技術や製品、サービスを有する著名なグローバル・ユニコーン企業との踏み込んだ連携は、本業界の事業開発を検討する日本企業においても千載一遇のビジネス機会となろう。

　2019年5月、代替肉（植物肉）のパイオニアであるBeyond Meat（米国）がNASDAQ市場に上場し、一時、150億ドルを超える時価総額を付けた。その後、投資家の高い成長期待に業績が追いつかず、今は当時の40分の1程度の株価に甘んじている。確かにフード＆アグリテック業界は、環境や動物福祉などの社会課題への意識が高い欧米で先行的に市場が興隆しているが、未だにグローバルで市場が拡がり切れていない。個別セクター（サブセクター）で見ても、先述のとおり、「植物ミルク」と「生鮮EC」以外の分野では黎明期を脱していない。

　しかし、2000年を境に「ITバブル」が弾けた以降も、IT業界がグローバルで持続的成長を遂げてきたように、脱炭素社会に向けたフード＆アグリ産業のビジネスの枠組みがグローバルで構造的に変化していく中、フード＆アグリテック業界が果たす役割は明確である。

　フード＆アグリテック業界は過度な成長期待が一服し、各セクター（サブセクター）における海外スタートアップ企業の優勝劣敗も明確になりつつある。まさに「これからの市場」であり、日本企業においても遅きに失する状況でもない。かつて、セブン-イレブン・ジャパンが米国・7-Elevenをグループ化したように、現在のフード＆アグリテック業界の状況を絶好の機会と捉え、技術や製品、サービスで先行する海外スタートアップとの連携を通じて、「日本風にアレンジしてグローバル市場に再投入する」といった新たな価値を提供する日本企業の出現に期待したい。

【著者紹介】

佐藤　光泰（さとう　みつやす）

野村證券株式会社 フード＆アグリビジネス・コンサルティング部
アドバイザリーグループ長　エグゼクティブ・ディレクター

【経歴】
2002年　早稲田大学法学部（法律学科・会社法専攻）を卒業し、野村證券株式会社へ入社
2005年　野村リサーチ＆アドバイザリー株式会社へ出向
　　　　（農水産／食品製造・卸売・小売／外食セクターにおける産業・企業アナリスト業務に従事）
2010年　野村アグリプランニング＆アドバイザリー株式会社へ出向
　　　　（フード＆アグリ産業の調査／戦略コンサルティング・アドバイザリー業務に従事）
2024年　野村證券 フード＆アグリビジネス・コンサルティング部へ異動　現在に至る

【現業務の主なプロジェクト実績】
「6次産業化生産性向上調査（2011年／農林水産省）」「6次産業化財務動向調査（同）」「農業参入の事業構想・計画策定支援（2011-12年／民間）」「東北農業復興計画の策定支援（2012-14年／自治体）」「東北被災地域の農業参入可能性調査（2012年／民間）」「ロシアの農業市場調査（2013年／民間）」「カット野菜メーカーの戦略提携アドバイザリー（2013年／民間）」「水産食品メーカーの戦略提携アドバイザリー（2013年／民間）」「食品EC企業の戦略提携アドバイザリー（2013年／民間）」「製粉メーカーの戦略提携アドバイザリー（2014年／民間）」「ワインメーカーの戦略提携アドバイザリー（2014年／民間）」「食品商社の戦略提携アドバイザリー（2014年／民間）」「香港・シンガポールの食品小売事業開発調査（2014年／民間）」「東南アジアの生鮮流通・輸出可能性調査（2015年／農林水産省）」「タイの農業ビジネス開発調査・構想策定支援（2015年／民間）」「国際農産物等市場推進計画策定支援（2016年／自治体）」「卸売市場の基本計画策定支援（2016年／自治体）」「農水産物・花卉の輸出戦略・計画策定支援（2016年／民間）」「グローバル生鮮流通市場調査（2016-17年／民間）」「卸売市場の移転再整備支援（2017-18年／自治体）」「卸売市場の経営展望策定支援（2018年／自治体）」「欧州・東南アジア・中国の農業ICTシステム実態等調査（2018年／民間）」「欧州・米国のアグリテック事業実施可能性調査（2019年／民間）」「農食ビジネスの戦略策定支援（2020年／民間）」「フードテック事業開発調査・構想策定支援（2020年／民間）」「アグリテック事業開発調査・構想策定支援（2020年／民間）」「畜産法人の経営譲渡アドバイザリー（2020年／民間）」「農業ビジネスの事業開発調査・構想策定支援（2020年／民間）」「植物工場事業戦略策定支援（2021年／民間）」「農業参入の市場調査・事業構想・計画策定・実行支援（2021年／民間）」「農林漁業・食品関連産業分野のスタートアップ支援調査（2022年／農林水産省）」「アグリテック企業の財務戦略アドバイザリー（2022年／民間）」「外食企業の戦略提携アドバイザリー（2023年／民間）」「食品小売／食肉卸売企業の経営譲渡アドバイザリー（2023年／民間）」 他

石井　佑基（いしい　ゆうき）

野村證券株式会社 フード＆アグリビジネス・コンサルティング部
アドバイザリーグループ　ヴァイス・プレジデント

【経歴】
2006年　筑波大学第二学群生物資源学類を卒業
2008年　筑波大学大学院生命環境科学研究科を修了（生物工学修士）し、資産運用会社入社
　　　　（証券トレーディング／企業アナリスト業務に従事）
2018年　野村證券株式会社へ入社し、野村アグリプランニング＆アドバイザリー株式会社へ出向
　　　　（フード＆アグリ産業の調査／戦略コンサルティング・アドバイザリー業務に従事）
2024年　野村證券 フード＆アグリビジネス・コンサルティング部へ異動　現在に至る

【現業務の主なプロジェクト実績】
「農業ビジネス開発支援（2017年／民間）」「海外における農業データの利活用に関する調査・研究（2017年／民間）」「農業データ知財保護・活用推進事業（2018年／農林水産省）」「農林水産分野の知財に関する調査研究（2018年／特許庁）」「新規事業開発に向けた閉鎖型植物工場の市場・技術動向調査（2018年／民間）」「農林水産分野における弁理士の役割等に関する調査研究（2018年／特許庁）」「農業法人（6次産業化企業）の誘致支援事業（2018-19年／自治体）」「輸出に関する優良事業者表彰事業（2019年／農林水産省）」「農業参入に関する事業戦略策定支援（2019年／民間）」「ゲノム育種技術のグローバル動向調査（2019年／民間）」「フードテック事業開発調査・構想策定支援（2020年／民間）」「植物工場事業戦略策定支援（2020年／民間）」「タイ農家プラットフォーム構想策定支援（2021年／民間）」「農業機械のレンタル市場調査（2021年／民間）」「農林畜産分野の脱炭素関連事業構想策定支援（2021年／民間）」「畜産・酪農業におけるGHG排出量削減関連事業開発支援（2022年／民間）」「農林漁業・食品関連産業分野のスタートアップ支援調査（2022年／農林水産省）」「内閣府ムーンショット型農林水産研究開発事業開発戦略ラウンドテーブル支援（2022-23年／農研機構生研支援センター）」 他

【編者紹介】

野村證券 フード＆アグリビジネス・コンサルティング部

2024年5月に野村アグリプランニング＆アドバイザリー株式会社（NAPA）が野村證券と合併して発足した部署。

NAPAは「アグリビジネスを軸に、地域活性化を通じて日本経済の発展に貢献する」という理念のもと、野村ホールディングス株式会社が2010年9月に設立した農と食の産業を専門領域とする調査・戦略コンサルティング会社。リサーチをベースとした実践的なコンサルティング・サービスと経験豊富な人材、全国の先進的な農と食の事業者とのネットワークを特徴に、野村グループの国内外ネットワークも活用して、事業会社や省庁、自治体などへ調査・戦略コンサルティング・サービスを提供。
野村グループの組織再編の一環として、NAPAを野村證券に合併し、野村證券の新部署としてフード＆アグリビジネス・コンサルティング部（F&ABC部）を発足。F&ABC部は、戦略コンサルティング・サービスを提供する「コンサルティンググループ」と、経営譲渡や戦略提携のファイナンシャル・アドバイザリーサービスを提供する「アドバイザリーグループ」、管理業務全般を担う「業務企画グループ」の3グループで構成され、フード＆アグリ産業の戦略立案（調査・コンサルティング）から実行支援（アドバイザリー）までを一貫して支援する。

https://www.nomuraholdings.com/jp/sustainability/sustainable/services.html

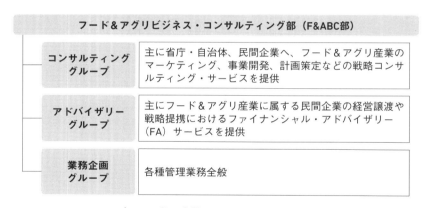

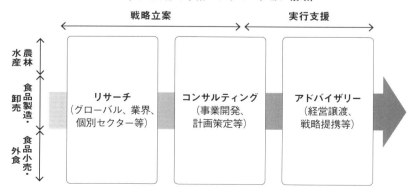

本書は、ご参考のために野村證券株式会社が独自に作成したものです。本書に関する事項について意思決定を行う場合には、事前に弁護士、会計士、税理士等にご確認いただきますようお願い申し上げます。本書は、新聞その他の情報メディアによる報道、民間調査機関等による各種刊行物、インターネットホームページ、有価証券報告書及びプレスリリース等の情報に基づいて作成しておりますが、野村證券株式会社はそれらの情報を、独自の検証を行うことなく、そのまま利用しており、その正確性及び完全性に関して責任を負うものではありません。また、本資料のいかなる部分も一切の権利は野村證券株式会社に属しており、電子的または機械的な方法を問わず、いかなる目的であれ、無断で複製または転送等を行わないようお願い致します。

野村證券株式会社で取り扱う商品等へのご投資には、各商品等に所定の手数料等（国内株式取引の場合は約定代金に対して最大1.43%（税込み）（20万円以下の場合は、2,860円（税込み））の売買手数料、投資信託の場合は銘柄ごとに設定された購入時手数料（換金時手数料）および運用管理費用（信託報酬）等の諸経費、等）をご負担いただく場合があります。また、各商品等には価格の変動等による損失が生じるおそれがあります。商品ごとに手数料等およびリスクは異なりますので、当該商品等の契約締結前交付書面、上場有価証券等書面、目論見書等をよくお読みください。

外国株式の売買取引には、売買金額（現地約定金額に現地手数料と税金等を買いの場合には加え、売りの場合には差し引いた額）に対し最大1.045%（税込み）（売買代金が75万円以下の場合は最大7,810円（税込み））の国内売買手数料をいただきます。外国の金融商品市場での現地手数料や税金等は国や地域により異なります。外国株式を相対取引（募集等を含む）によりご購入いただく場合は、購入対価のみお支払いいただきます。ただし、相対取引による売買においても、お客様との合意に基づき、別途手数料をいただくことがあります。外国株式は株価の変動および為替相場の変動等により損失が生じるおそれがあります。

野村證券株式会社
金融商品取引業者　関東財務局長（金商）　第142号
加入協会／日本証券業協会、一般社団法人 日本投資顧問業協会、一般社団法人 金融先物取引業協会、一般社団法人 第二種金融商品取引業協会

2024 年 11 月 20 日　　初版発行　　　　　　　略称：アグリテック 2

フード＆アグリテックのグローバル・ユニコーン
―脱炭素社会で躍進するサステナブルなビジネスモデル―

編　者　Ⓒ　野村證券株式会社
　　　　　　　フード＆アグリビジネス・コンサルティング部
著　者　　　　佐藤光泰・石井佑基
発行者　　　　中　島　豊　彦

発行所　同 文 舘 出 版 株 式 会 社
　　　　　東京都千代田区神田神保町 1-41　　〒 101-0051
　　　　　営業（03）3294-1801　　編集（03）3294-1803
　　　　　振替 00100-8-42935　https://www.dobunkan.co.jp

Printed in Japan 2024　　　　　　　　　DTP：マーリンクレイン
　　　　　　　　　　　　　　　　　　　印刷・製本：三美印刷

ISBN978-4-495-39078-5

JCOPY 〈出版者著作権管理機構 委託出版物〉
本書の無断複製は著作権法上での例外を除き禁じられています。複製される場合は、そのつど事前に、出版者著作権管理機構（電話 03-5244-5088,
FAX 03-5244-5089, e-mail: info@jcopy.or.jp）の許諾を得てください。

本書とともに

A5判　256頁
税込2,530円（本体2,300円）
2020年3月刊行

同文舘出版株式会社